深度学习

细说 PyTorch

理论、算法、模型与编程实现

凌 峰　丁麒文◎编著

U0235855

清華大學出版社
北京

内 容 简 介

　　本书由业界专家编撰，采用理论描述加代码实践的思路，详细介绍PyTorch的理论知识及其在深度学习中的应用。全书分为两篇，共16章。第一篇为基础知识，主要介绍PyTorch的基本知识、构建开发环境、卷积网络、经典网络、模型保存和调用、网络可视化、数据加载和预处理、数据增强等内容；第二篇为高级应用，主要介绍数据分类、迁移学习、人脸检测和识别、生成对抗网络、目标检测、ViT等内容。本书内容涵盖PyTorch从入门到深度学习的各个方面，是一本基础应用与案例实操相结合的参考书。

　　本书理论兼备实例，深入浅出，适合PyTorch初学者使用，也可以作为理工科高等院校本科生、研究生的教学用书，还可作为相关科研工程技术人员的参考书。

本书封面贴有清华大学出版社防伪标签，无标签者不得销售。

版权所有，侵权必究。举报：010-62782989，beiqinquan@tup.tsinghua.edu.cn。

图书在版编目（CIP）数据

细说PyTorch深度学习：理论、算法、模型与编程实现/凌峰，丁麒文编著. —北京：清华大学出版社，2023.6（2024.7重印）

ISBN 978-7-302-63194-1

Ⅰ.①细… Ⅱ.①凌… ②丁… Ⅲ.①机器学习 Ⅳ.①TP181

中国国家版本馆CIP数据核字（2023）第052569号

责任编辑：王金柱
封面设计：王　翔
责任校对：闫秀华
责任印制：宋　林

出版发行：清华大学出版社

　　　　　网　　　址：https://www.tup.com.cn，https://www.wqxuetang.com
　　　　　地　　　址：北京清华大学学研大厦A座　　　　邮　　编：100084
　　　　　社 总 机：010-83470000　　　　　　　　　　邮　　购：010-62786544
　　　　　投稿与读者服务：010-62776969，c-service@tup.tsinghua.edu.cn
　　　　　质量反馈：010-62772015，zhiliang@tup.tsinghua.edu.cn

印 装 者：北京嘉实印刷有限公司

经　　销：全国新华书店

开　　本：185mm×235mm　　　印　　张：20.75　　　字　　数：498千字
版　　次：2023年6月第1版　　　　　　　　　　　印　　次：2024年7月第3次印刷
定　　价：99.00元

产品编号：101495-01

前　言

　　21世纪大国之间的竞争归根结底是人才的竞争，人工智能作为目前促进产业升级的关键技术，在学术界和工业界都有广泛的应用，被国家提高到了战略高度。广大国民掌握人工智能技术将极大地促进生产力发展，提升国家综合竞争力，为国家发展做出技术上的贡献。出于这样的思考，本书为有志于在21世纪从事人工智能事业的读者编写，希望通过本书为促进国家人工智能技术的进步做出微薄贡献。

　　众所周知，在国家层面，人工智能技术已经成为社会经济发展的新引擎，该技术已经被应用于人们日常生活的方方面面。PyTorch是实现人工智能的重要技术途径之一，学好PyTorch将十分有利于掌握人工智能技术。

　　人工智能技术作为新一轮产业变革的核心驱动技术，将进一步释放历次科技革命和产业变革积蓄的巨大势能，进一步促进经济巨大发展，形成宏观经济、微观经济等领域的社会智能化新需求，激发新技术、新产品、新产业、新业态、新模式不断涌现，引发社会经济结构重大变革，深刻改变国民日常生产生活方式和经济社会生活思维模式，实现国家生产力的跨越提升。

　　我国经济社会发展已经进入了新阶段，实现共同富裕已经成为当前主要的社会发展目标和任务，需要加快人工智能应用于实体经济产业领域，提升人工智能技术产业化水平，为我国社会发展注入强大的技术支持和核心科技动力。

　　随着我国社会发展和工业升级的需求，人工智能技术人才需求越来越大，但是由于人工智能技术是一门交叉学科，涉及的基础知识繁杂，因此不易入门和学习。为了降低人工智能技术的入门门槛，本书从理论出发，结合实例，尽量用简单易懂的语言讲述高深的知识点，为有志于从事基于PyTorch进行人工智能开发的从业者提供一本好的PyTorch技术参考书。

本书内容

本书结合多年PyTorch使用经验与实际工程应用案例，将PyTorch的编程方法与技巧详细地讲解给读者。本书在讲解过程中步骤详尽、内容新颖，辅以相应的图示，使读者在阅读时能一目了然，从而快速掌握书中所讲的内容。

第一篇为基础知识，包括以下章节：

第1章 人工智能和PyTorch   第2章 开发环境

第3章 PyTorch入门   第4章 卷积网络

第5章 经典神经网络   第6章 模型的保存和调用

第7章 网络可视化   第8章 数据加载和预处理

第9章 数据增强

第二篇为高级应用，包括以下章节：

第10章 图像分类   第11章 迁移学习

第12章 人脸检测和识别   第13章 生成对抗网络

第14章 目标检测   第15章 图像风格迁移

第16章 ViT

本书特点

本书由资深业界专家精心编写，内容涵盖PyTorch的基础知识、经典算法、模型训练及编程实现。

从PyTorch的安装与基本知识开始，首先介绍和深度学习相关的库NumPy和Matplotlib、Scikit-Learn，然后逐步深入细致地讲解各个知识点，确保读者可以快速上手。

基础理论结合热点应用，比如，介绍了PyTorch在经典的神经网络、卷积网络、模型调用和保存、数据可视化、数据增强等方面的编程实现，介绍了PyTorch在人脸识别、生成对抗网络、图像分类、目标检测、迁移学习中的应用以及前沿技术热点Vit等。

每个知识点在讲解的过程中，配套大量示例，全书涉及100多个编程实例，向读者展示PyTorch在深度学习中的应用。

读者对象

本书适合PyTorch初学者和期望应用PyTorch技术进行机器学习开发的读者，具体说明如下：

- 初学 PyTorch 的技术人员
- 广大从事深度学习的科研工作人员
- 大、中专院校的教师和学生
- 相关培训机构的教师和学员
- 刚参加工作实习的深度学习"菜鸟"
- PyTorch 深度学习技术爱好者

配书源码

本书提供了程序源代码，读者可扫描下面的二维码，按扫描后的页面提示填写你的邮箱，把下载链接转发到邮箱中下载。如果下载有问题或阅读中发现问题，请用电子邮件联系booksaga@126.com，邮件主题写"细说PyTorch深度学习：理论、算法、模型与编程实现"。

读者服务

为了方便解决本书的疑难问题，读者朋友在学习过程中遇到与本书有关的技术问题，可以关注"算法仿真"公众号获取帮助，我们将竭诚为您服务。

本书由凌峰、丁麒文编著，虽然作者在本书的编写过程中力求叙述准确、完善，但由于水平有限，书中疏漏之处在所难免，希望广大读者和同仁及时指出，共同促进本书质量的提高。

最后，再次希望本书能为读者的学习和工作提供帮助！

编者

2023年3月

目　录

第 1 篇　基础知识

第 2 篇　高级应用

第
1 篇

基础知识

细说
PyTorch深度学习
理论、算法、模型
与编程实现

## 第 1 章

人工智能和PyTorch

1

本章主要介绍PyTorch在人工智能（Artificial Intelligence，AI）领域的重要性，内容包括PyTorch的发展历史、应用前景和应用领域，以及快速入门PyTorch的方法，为读者建立关于PyTorch的初步概念，帮助读者了解PyTorch的基础知识，增强学习兴趣，以便读者可以快速入门PyTorch。

学习目标：

（1）熟悉人工智能和深度学习。
（2）熟悉PyTorch的应用领域。
（3）熟悉PyTorch的应用前景。

1.1 人工智能和深度学习

深度学习是人工智能的一个重要分支，尤其是近十多年来随着计算机算力的提升，深度学习技术重塑了人工智能。本节从人工智能入手，带领读者熟悉深度学习的基础知识。

1.1.1 人工智能

人工智能是一个十分宽泛的概念，现代研究通常认为人工智能是计算机学科的一个分支，是研究、开发用于模拟、延伸和扩展人的智能的理论、方法、技术及应用系统的一门新的技术科学。

1956年，约翰·麦卡锡在美国达特茅斯学院主持召开了一场人工智能夏季研讨会，创建了人工智能这一科学领域，并掀起了科技界的一场革命，从此人工智能技术逐渐改变了整个世界的科技发展。

人工智能是一门极富挑战性的科学，从事这项工作的人必须懂得计算机知识、心理学和哲学。人工智能是内容十分广泛的科学，它由不同的领域组成，如机器学习、计算机视觉等，总的来说，人工智能研究的一个主要目标是使机器能够胜任一些通常需要人类智能才能完成的复杂工作。但不同的时代、不同的人对这种复杂工作的理解是不同的。在当代，人工智能的研究应用已经深入百姓的吃、穿、住、行等日常生活中，实际应用包括指纹识别、人脸识别、虹膜识别、掌纹识别、专家系统、自动规划、智能搜索、博弈、自动程序设计、智能控制、机器人学、语言和图像理解、遗传编程等。具体的，例如滴滴打车、百度搜索、有道翻译、搜狗输入法、天猫商城、京东商城、掌上生活、火车票人脸识别系统、核酸检测系统等，其中都涉及大量人工智能技术的应用。

当今没有统一的原理或范式指导人工智能研究，在许多问题上研究者都存在争论，其中几个长久以来仍没有结论的问题是：是否应从心理或神经方面模拟人工智能，或者像鸟类生物学对于航空工程一样，人类生物学与人工智能研究是没有关系的，智能行为能否用简单的原则（如逻辑或优化）来描述，还是必须解决大量完全无关的问题等，这些问题还都没有明确的答案。这些都需要在后续继续进行研究，但是所有的这一切都不妨碍人工智能技术取得巨大成功。

1.1.2　深度学习

深度学习由浅层学习发展而来。实际上，在20世纪50年代，就已经有浅层学习的相关研究，代表性工作主要是罗森布拉特（F. Rosenblatt）基于神经感知科学提出的计算机神经网络，即感知器，在随后的10年中，浅层学习的神经网络曾经风靡一时，特别是马文·明斯基提出了著名的XOR问题和感知器线性不可分的问题。但随后进入了一段时间的冷却期。

1986年诞生了用于训练多层神经网络的真正意义上的反向传播算法，这是现在的深度学习中仍然在使用的训练算法，奠定了神经网络走向完善和应用的基础。

1989年，LeCun设计出了第一个真正意义上的卷积神经网络，用于手写数字的识别，该算法在当时的美国银行系统得到了成功应用，需要重点说明的是，这是现在被广泛使用的深度卷积神经网络的鼻祖。

在1986—1993年，神经网络的理论得到了极大的丰富和完善，但当时很多因素限制了它的大规模使用，例如工业发展水平、计算机网络水平、计算机硬件水平等。

到了20世纪90年代，可以说进入了机器学习百花齐放的年代。在1995年诞生了两种经典的算法：支持向量机（Support Vector Machine，SVM）和AdaBoost（自适应增强），此后它们纵横江湖数十载，神经网络则黯然失色，主要由于神经网络算法计算复杂度、梯度消失以及爆炸问题，在当时计算机网络和硬件计算水平有限的大环境下限制了神经网络算法的使用。

支持向量机算法代表了核（Kernel）技术的胜利，这是一种思想，通过隐式地将输入向量映射到高维空间中，使得原本非线性的问题得到很好的处理，因此在当时得到了广泛的应用，在当今若问题规模不大时支持向量机算法仍然具有广泛的应用领域。而AdaBoost算法则代表了集成学习算法的胜利，通过将一些简单的弱分类器集成起来使用，能够达到惊人的精度，该思想现在仍被使用。

当今语音领域炙手可热的LSTM（Long Short-Term Memory，长短期记忆网络）在2000年就出现了，这让很多读者感到惊讶。LSTM在很长一段时间内一直默默无闻，直到2013年后与深度循环神经网络（Deep-Recurrent Neural Network，Deep-RNN）整合，才在语音识别上取得成功。

由于计算机的运算能力有限，多层网络训练困难，通常都是只有一层隐含层的浅层模型，虽然各种各样的浅层机器学习模型相继被提出，在理论分析和应用方面都产生了较大的影响，但是理论分析的难度和训练方法需要很多经验和技巧，随着最近邻（K-Nearest Neighbor，KNN）等算法的相继提出，浅层模型在模型理解、准确率、模型训练等方面被超越，机器学习的发展几乎处于停滞状态。

虽然真正意义上的人工神经网络诞生于20世纪80年代，反向传播算法（BP算法）、卷积神经网络（Convolutional Neural Networks，CNN）、LSTM等早就被提出，但遗憾的是神经网络在过去很长一段时间内并没有得到大规模的成功应用，在与SVM等机器学习算法的较量中处于下风。原因主要有：算法本身的问题，如梯度消失问题，导致深层网络难以训练；训练样本数的限制；计算能力的限制。直到2006年，随着计算机硬件技术的飞速发展，算力不再受限，移动网络技术飞速发展，世界互联，产生了巨量的数据，情况才慢慢改观。

神经网络研究领域领军者Hinton在2006年提出了神经网络深度学习（Deep Learning）算法，被众多学习者奉为该领域的经典著作，使神经网络的能力大大提高，向支持向量机算法发出挑战。2006年，机器学习领域的泰斗Hinton和他的学生Salakhutdinov在顶尖学术刊物《科学》（*Science*）上发表了一篇文章，开启了深度学习在学术界和工业界的浪潮，微软、IBM等工业巨头投入了大量资源开展研究，MIT等科研机构更是成果层出不穷。

Hinton的学生Yann LeCun的LeNets深度学习网络可以被广泛应用在全球的ATM机和银行之中。同时，Yann LeCun和吴恩达等认为卷积神经网络允许人工神经网络进行快速训练，因为它所占用的内存非常小，无须在图像上的每一个位置上都单独存储滤镜，因此非常适合构建可扩展的深度网络，因此卷积神经网络非常适合识别模型。这些人都是机器学习领域全球的领导者。

目前，新的深度学习算法面临的主要问题更加复杂，深度学习的应用领域从广度向深度发展，这对模型训练和应用都提出了更高的要求。随着人工智能的发展，冯•诺依曼式的有限状态机的理论基础越来越难以应对目前神经网络中层数的要求，这些都对深度学习新的算法的发展和应用提出了挑战。

深度学习的发展并不是一帆风顺的，经历了螺旋式上升的过程，机遇与困难并存。凝聚国内外大量的研究学者的成果才有了今天人工智能的空前繁荣，是量变到质变的过程，也是内因和外因的共同结果，符合客观事物发展规律。目前处于一个美好的时代，是深度学习的波峰时期。

深度学习技术通过具体的深度学习框架来实现，下一节简要介绍目前一些常见的深度学习框架。

1.2　深度学习框架

深度学习是目前人工智能的重要发展方向，在开始深度学习项目之前，选择一个合适的框架是非常重要的，因为选择一个合适的框架能起到事半功倍的效果。研究者使用各种不同的框架来达到研究目的，也从侧面印证了深度学习领域的百花齐放。

在深度学习初始阶段，每个深度学习研究者都需要写大量的重复代码，为了提高工作效率，研究者就将这些代码写成了一个框架放到网上让所有研究者一起使用，接着网上就出现了不同的框架。随着时间的推移，最为好用的几个框架被大量的人使用从而流行了起来，全世界最为流行的深度学习框架有PaddlePaddle、TensorFlow、Caffe、Theano、MXNet、Torch和PyTorch。

1. PaddlePaddle

PaddlePaddle（飞桨）以百度多年的深度学习技术研究和业务应用为基础，是中国首个自主研发、功能完备、开源开放的产业级深度学习平台，集深度学习核心训练和推理框架、基础模型库、端到端开发套件和丰富的工具组件于一体。

目前，PaddlePaddle已凝聚超过265万开发者，服务企业10万家，基于飞桨开源深度学习平台产生了34万个模型。PaddlePaddle可以助力开发者快速实现AI想法，快速上线AI业务，帮助越来越多的行业完成AI赋能，实现产业智能化升级。

PaddlePaddle在业内率先实现了动静统一的框架设计，兼顾灵活性与高性能，并提供一体化设计的高层API和基础API，确保用户可以同时享受开发的便捷性和灵活性。

在大规模分布式训练技术上，PaddlePaddle率先支持了千亿稀疏特征、万亿参数、数百节点并行训练的能力，并推出了业内首个通用异构参数服务器架构，已达到国际领先水平。

PaddlePaddle拥有强大的多端部署能力，支持云端服务器、移动端以及边缘端等不同平台设备的高速推理；PaddlePaddle推理引擎支持广泛的AI芯片，已经适配和正在适配的芯片或IP达到29款，处于业界领先地位。

PaddlePaddle还围绕企业实际研发流程量身定制打造了大规模的官方模型库，算法总数达到270多个，服务企业遍布能源、金融、工业、农业等多个领域。

2. TensorFlow

Google（谷歌）开源的TensorFlow是一款使用C++语言开发的开源数学计算软件，使用数据流图（Data Flow Graph）的形式进行计算。图中的节点代表数学运算，而图中的线条表示多维数据数组（Tensor，张量）之间的交互。

TensorFlow灵活的架构可以部署在一台或多台具有多个CPU、GPU的台式机及服务器中，或者使用单一的API应用于移动设备中。TensorFlow最初是由研究人员和Google Brain（谷歌大脑）团队针对机器学习和深度神经网络进行研究而开发的，开源之后几乎可以在各个领域使用。

TensorFlow是全世界使用人数最多、社区最为庞大的一个框架，因为是Google公司出品的，所以维护与更新比较频繁，并且有着Python和C++的接口，教程也非常完善，同时很多论文复现的第一个版本的设计都是基于TensorFlow编写的，所以是深度学习界设计框架默认的老大。

3. Caffe

和TensorFlow名气一样大的是深度学习框架Caffe，由加州大学伯克利分校计算机科学博士获得者的贾扬清开发，全称是Convolutional Architecture for Fast Feature Embedding，是一个清晰而高效的开源深度学习框架，由伯克利视觉中心（Berkeley Vision and Learning Center，BVLC）进行维护。

Caffe对于卷积网络的支持特别好，同时也是用C++写的，提供C++接口，也提供MATLAB接口和Python接口。

Caffe之所以流行，是因为之前很多ImageNet比赛里面使用的网络都是用Caffe编写的，所以如果想使用这些比赛的网络模型就只能使用Caffe，这也就导致很多人直接转到Caffe这个框架下面。

Caffe的缺点是不够灵活，同时内存占用高，Caffe的升级版本Caffe 2已经开源了，修复了一些问题，同时工程水平得到了进一步提高。

4. Theano

Theano于2008年诞生于蒙特利尔理工学院，其派生出了大量的深度学习Python软件包，最著名的包括Blocks和Keras。Theano的核心是一个数学表达式的编译器，它了解如何获取结构，并将其转化为高效代码，以便在CPU或GPU上尽可能快地运行NumPy高效的本地库，如BLAS和本地代码（C++）。它是为深度学习中处理大型神经网络算法所需的计算而专门设计的，是这类库的首创之一（发展始于2007年），被认为是深度学习研究和开发的行业标准。

但是开发Theano的研究人员大多去了Google参与TensorFlow的开发，所以某种程度来讲，TensorFlow就像Theano的孩子。

5. MXNet

MXNet的主要作者是李沐，最早就是几个人抱着纯粹对技术和开发的热情做起来的，如今成为亚马逊的官方框架，有着非常好的分布式支持，而且性能特别好，占用显存低，同时它开发的语言接口不仅有Python和C++，还有R、MATLAB、Scala、JavaScript等，可以说能够满足使用任何语言的人。

但是MXNet的缺点也很明显，教程不够完善，使用的人不多，导致社区不大，同时每年很少有比赛和论文是基于MXNet实现的，这就使得MXNet的推广力度和知名度不高。

6. Torch

Torch是一个有大量机器学习算法支持的科学计算框架，它已经存在了10年，但真正开始流行起来是因为Facebook开源了大量Torch的深度学习模块和扩展。Torch的特点在于非常灵活，但另一个特殊之处是采用了Lua编程语言。在深度学习大部分以Python为编程语言的环境下，一个以Lua为编程语言的框架处于不小的劣势，这使得使用Torch框架的学习成本更高。

7. PyTorch

PyTorch是2017年1月FAIR（Facebook AI Research）发布的一款深度学习框架，从名称可以看出，PyTorch是由Py和Torch构成的。

PyTorch提供了两个高级功能：一是具有强大的GPU加速的张量计算（如NumPy）；二是包含自动求导系统的深度神经网络。

PyTorch的前身便是Torch，其底层和Torch框架一样，但是使用Python重新写了很多内容，不仅更加灵活，支持动态图，而且提供了Python接口。

除了Facebook外，PyTorch已经被Twitter、CMU和Salesforce等机构采用。

深度学习框架的出现降低了深度学习入门的门槛，不需要从复杂的神经网络开始编代码，可以根据需要选择已有的模型，通过训练得到模型参数，也可以在已有模型的基础上增加自己的神经网络层（Layer），或者是在顶端选择自己需要的分类器和优化算法（比如常用的梯度下降法）。当然正因如此，没有什么框架是完美的，就像一套积木里可能没有需要的那一种积木，所以不同的框架适用的领域不完全一致。总的来说，深度学习框架提供了一系列的深度学习组件（包括通用算法的实现），当需要使用新的算法时，用户需要自行定义并调用深度学习框架提供的函数接口来使用用户自定义的新算法。

经过这些年的发展，PyTorch受到越来越多从业者的使用和青睐，目前学术界大量使用该框架，参与这些学术研究的学生毕业之后将逐渐进入产业界，因此PyTorch必定在将来得到越来越广泛的应用。

1.3　PyTorch

本节介绍 PyTorch 及其应用领域。

1.3.1　PyTorch 简介

PyTorch是一个基于Torch的Python开源机器学习库，用于自然语言处理等应用程序。它主要由Facebook的人工智能小组开发，不仅能够实现强大的GPU加速，同时还支持动态神经网络，这一点是现在很多主流框架（如TensorFlow）都不支持的。

　　TensorFlow 和 Caffe 都是命令式的编程语言，而且是静态的，首先必须构建一个神经网络，然后一次又一次使用相同的结构，如果想要改变网络的结构，就必须从头开始。但是对于 PyTorch，通过反向求导技术，可以零延迟地任意改变神经网络的行为，而且实现速度快。正是这一灵活性，是 PyTorch 对比 TensorFlow 的最大优势。

　　另外，对比 TensorFlow，PyTorch 的代码更加简洁直观，底层代码也更容易看懂，这对于使用它的人来说理解底层肯定是一件令人激动的事。

　　PyTorch 主要经历了以下发展阶段：

- 2017年1月正式发布 PyTorch。
- 2018年4月更新0.4.0版，支持 Windows 系统，Caffe 2正式并入 PyTorch。
- 2018年11月更新1.0稳定版，是 GitHub 增长第二快的开源项目。
- 2019年5月更新1.1.0版，支持 TensorBoard，增强可视化功能。
- 2019年8月更新1.2.0版，更新 torchvision、torchaudio 和 torchtext，增加了更多功能。

　　PyTorch 具有以下优点：

- PyTorch 是相当简洁且高效快速的框架。
- 设计追求最少的封装。
- 设计符合人类思维，它让用户尽可能地专注于实现自己的想法。
- 与 Google 的 TensorFlow 类似，FAIR 的支持足以确保 PyTorch 获得持续的开发更新。
- PyTorch 作者亲自维护的论坛供用户交流和求教问题。
- 讨论社区发达，学习材料丰富。
- 学术界和工业界广泛使用，从而强者愈强。
- 入门简单。

　　当然，现今任何一个深度学习框架都有其缺点，PyTorch 也不例外，针对移动端、嵌入式部署以及高性能服务器端的部署其性能表现有待提升。

　　PyTorch 现在已经从 Meta "独立" 出来了。2022年9月，扎克伯格亲自宣布，PyTorch 基金会已新鲜成立，并归入 Linux 基金会旗下、其管理委员会成员包括 Meta、AMD、AWS、谷歌云、微软和英伟达。

　　Meta 表示：PyTorch 成功背后的驱动力是开源社区充满活力的持续增长，成立基金会将确保在今后的许多年中，社区成员以透明和公开的方式做出决定。

　　成立 PyTorch 基金会核心就是两个字：中立。而其优先任务是确保 PyTorch 商业化和技术治理之间的相互独立。

　　Linux 基金会进一步对 PyTorch "中立" 的重要性进行了解释：PyTorch 最初由 Meta 的 AI 团队孵化，现在已经发展成为一个由贡献者和用户组成的庞大社区。在 AI/ML（人工智能/机器学习）领域，PyTorch恰如一把瑞士军刀——AI/ML社区中的大量技术都是基于PyTorch构建的。

截至2022年8月，PyTorch已经和Linux内核、Kubernetes等并列成为世界上增长最快的5个开源社区之一。从2021年8月到2022年8月，PyTorch统计了超过65000次提交，有超过2400个贡献者参与其中。对于这样的关键技术基础平台而言，中立性和真正归属于社区的特性将加速其增长，并使之更加成熟。PyTorch基金会加入Linux基金会旗下使社区成员相信，PyTorch是可以永久依赖和信任的公共资源的一部分。

1.3.2　PyTorch 的应用领域

PyTorch应用广泛，无论是在军事领域还是民用领域，都有PyTorch施展的机会，主要包括以下几个方面。

1．数据分析与挖掘

数据挖掘和数据分析通常被相提并论，并在许多场合被认为是可以相互替代的术语。关于数据挖掘，已有多种文字不同但含义接近的定义，例如识别出巨量数据中有效的、新颖的、潜在有用的最终可理解的模式的非平凡过程，无论是数据分析还是数据挖掘，都是帮助人们收集、分析数据，使之成为信息，并做出判断，因此可以将这两项合称为数据分析与挖掘。

数据分析与挖掘技术是机器学习算法和数据存取技术的结合，利用机器学习提供的统计分析、知识发现等手段分析海量数据，同时利用数据存取机制实现数据的高效读写。机器学习在数据分析与挖掘领域拥有不可取代的地位，2012年Hadoop进军机器学习领域就是一个很好的例子。

2．模式识别

模式识别起源于工程领域，而机器学习起源于计算机科学，这两个不同学科的结合带来了模式识别领域的调整和发展。模式识别研究主要集中在两个方面：

（1）研究生物体（包括人）是如何感知对象的，属于认识科学的范畴。

（2）在给定的任务下，如何用计算机实现模式识别的理论和方法，这些是机器学习的长项，也是机器学习研究的内容之一。

模式识别的应用领域广泛，包括计算机视觉、医学图像分析、光学文字识别、自然语言处理、语音识别、手写识别、生物特征识别、文件分类、搜索引擎等，而这些领域正是机器学习大展身手的舞台，因此模式识别与机器学习的关系越来越密切。

3．生物信息学

随着基因组和其他测序项目的不断发展，生物信息学研究的重点正逐步从积累数据转移到如何解释这些数据。机器学习的强大学习能力和推理能力已经被用在生物信息学。在未来，生物学的新发现将极大地依赖于在多个维度和不同尺度下对多样化的数据进行组合和关联的分析能力，而不再仅依赖于对传统领域的继续关注。

序列数据（Sequence Data）将与生物信息（包括结构和功能数据、基因表达数据、生化反应通路数据、表现型和临床数据等一系列数据）相互集成。如此庞大的数据量，在生物信息的存储、获取、处理、浏览和可视化等方面，都对理论算法和软件的发展提出了迫切的需求。

另外，由于基因组数据本身的复杂性，也对理论算法和软件的发展提出了迫切的需求。而机器学习方法，如神经网络、遗传算法、决策树和支持向量机等正适合处理这种数据量大、含有噪声并且缺乏统一理论的领域。例如，目前有大量关于新冠肺炎的机器学习论文发表。

4．其他领域

国内外的IT巨头正在深入研究和应用机器学习，这些巨头把目标定位于全面模仿人类大脑，试图创造出拥有人类智慧的机器大脑。另外，还有一些深入日常生活的具体应用。

（1）虚拟助手。顾名思义，当使用语音发出指令后，它们会协助查找信息。对于回答，虚拟助手会查找信息，回忆相关查询，或向其他资源（如电话应用程序）发送命令以收集信息，甚至可以指导助手执行某些任务，例如设置7点的闹钟等。

（2）交通预测。生活中经常使用GPS导航服务，当这样做时，当前的位置和速度被保存在中央服务器上进行流量管理，之后使用这些数据用于构建当前流量的映射。通过机器学习可以解决配备GPS的汽车数量较少的问题，在这种情况下，机器学习有助于根据估计找到拥挤的区域。

（3）过滤垃圾邮件和恶意软件。电子邮件客户端使用了许多垃圾邮件过滤方法，为了确保这些垃圾邮件过滤器能够不断更新，使用了机器学习技术。多层感知器和决策树归纳等是由机器学习提供支持的一些垃圾邮件过滤技术，每天可检测到超过400 000个恶意软件，每个代码与之前版本有90%～98%相似，由机器学习驱动的系统安全程序理解编码模式。因此，可以轻松检测到2%～10%变异的新恶意软件，并提供针对它们的保护。

（4）快速揭示细胞内部结构。借由高功率显微镜和机器学习，科学家们可查看各种新冠肺炎病毒的变种，并使用机器学习方法模拟病毒变异和传播的规律，为人类健康做出贡献。

1.3.3　PyTorch 的应用前景

值得一提的是，有统计数据显示，现在NeurIPS、ICML等机器学习顶会中，有超过80%研究人员使用的都是PyTorch。

随着DeepMind的AlphaGo在2016年战胜了围棋世界冠军李世石，人工智能这个词开始进入大众的视野。从那时起，无论是大型互联网公司还是初创企业都开始大规模招聘机器学习的相关从业者，无论是社招的求职者还是校招的应聘学生都出现了大规模的增长。

1. 计算机视觉

计算机视觉（Computer Vision，CV）方向无论是在学校还是在公司，都有着大量的从业者，并且ImageNet项目可以提供上千万的标注图片供相关从业者使用。既然ImageNet是开源的数据集，那么无论是学校的教授还是学生，无论是大型互联网公司还是初创企业，都可以轻易地获取这些数据集，不仅可以进行CV算法的研究工作，还可以进行相关的工程实践。

由于计算机视觉方向历史悠久，计算机系、工程系甚至数学系都有着大量的老师和相应的学生从事该方向的研究工作，因此学校或者研究所对工业界输出的计算机视觉人才数量也是可观的。

2. 自然语言处理

与计算机视觉相比，自然语言处理（Natural Language Processing，NLP）在自动驾驶的车机系统、自动翻译系统、人工助手系统等领域都有广阔的应用前景。

3. 推荐系统

机器学习为客户推荐引擎提供了动力，增强了客户体验，并能提供个性化体验。在这种场景中，算法处理单个客户的数据点，比如客户过去的购买记录、公司当前的库存、其他客户的购买历史等，来确定适合向每个客户推荐的产品和服务。

大型电子商务公司使用推荐引擎来增强个性化并加强购物体验，这种机器学习应用程序的另一个常见应用是流媒体娱乐服务，它使用客户的观看历史、具有类似兴趣客户的观看历史、有关个人节目的信息和其他数据点，向客户提供个性化的推荐，在线视频平台则使用推荐引擎技术帮助用户快速找到适合自己的视频。

4. 客户流失评估

企业使用人工智能和机器学习可以预测客户关系何时开始恶化，并找到解决办法。通过这种方式，新型机器学习能帮助公司处理最古老的业务问题：客户流失。

在这里，算法从大量的历史、人数统计和销售数据中找出规律，确定和理解为什么一家公司会失去客户。然后，公司就可以利用机器学习能力来分析现有客户的行为，以提醒业务人员哪些客户面临着将业务转移到别处的风险，从而找出这些客户离开的原因，然后决定公司应该采取什么措施留住客户。

流失率对于任何企业来说都是一个关键的绩效指标，对于订阅型和服务型企业来说尤为重要，例如媒体公司、音乐和电影流媒体公司、软件即服务公司以及电信公司等技术主要适用行业都面临着高流失率的压力。

5. 欺诈检测

机器学习理解模式的能力，以及立即发现模式之外异常情况的能力使它成为检测欺诈活动的宝贵工具。事实上，金融机构多年来一直在这个领域使用机器学习。

它的工作原理是这样的：数据科学家利用机器学习来了解单个客户的典型行为，比如客户在何时何地使用信用卡。机器学习可以利用这些信息以及其他数据集，在短短几毫秒内准确判断哪些交易属于正常范围，因此是合法的，而哪些交易超出了预期的规范标准，因此可能是欺诈的。机器学习在各行业中检测欺诈的应用包括金融服务、旅行、游戏和零售等。

6. 自动驾驶

自动驾驶软件技术主要分为计算机视觉、行为预测以及路径规划。很多人误以为，自动驾驶面临最难攻克的技术在于计算机视觉，但实际上并非如此。过去数年里，随着深度学习的广泛应用，计算机视觉技术发展迅速，只要经过足够的训练和提供充足的数据，计算机视觉就可以探测大部分的情景。如今，自动驾驶面临的难题主要集中在行为预测和路径规划方面。

如果回忆小时候是如何学会骑自行车的，会发现其实大人们并不会告诉孩子到底该怎么骑，主要还是靠自己探索，最终习惯了也就熟练了。

近年来，一些自动驾驶公司开始探索这一种方式，通过利用有限的人类提供的数据"主动学习"如何驾驶。这就需要将大量的机器学习运用于行为预测以及路径规划。例如特斯拉公司的L2自动驾驶系统、丰田公司的THS L2自动驾驶系统。

目前深度学习已经应用于人们日常生活的各个方面，如智能手机、购物网站、旅游网站、导航地图、支付系统等，虽然有些人不知道这些领域已经应用了深度学习算法，但是深度学习确实已经深入老百姓的日常生活。学习基于PyTorch的深度学习技术必将有一个广阔的就业前景。

1.4　小结

本章讲解了人工智能、深度学习以及PyTorch的概念、应用领域和应用前景，读者通过本章的学习可以对PyTorch有一个大致的了解，引起读者的学习兴趣，PyTorch的相关内容将在后续章节逐一展开学习。

第 2 章

开 发 环 境

本章主要介绍PyTorch的开发环境，初学者需要掌握配置PyTorch开发环境的技能和常用的Python模块，方便后续学习。学习PyTorch需要熟练掌握机器学习中常用的Python库，主要包括NumPy、Matplotlib、Scikit-Learn等库，为读者快速进行编程实践打下基础。

学习目标：

（1）掌握PyTorch开发环境的安装。
（2）掌握Python的NumPy库。
（3）掌握Python的Matplotlib库。
（4）掌握Python的Scikit-Learn库。

2.1 PyTorch 的安装

俗话说，工欲善其事，必先利其器。在学习机器学习算法之前，需要做一些准备工作。本节首先学习PyTorch的安装方法，然后学习一些在PyTorch深度学习中常用的Python模块，在讲解过程中会给出详细的示例代码，希望读者能够自己一行一行实现书中的代码，这样有助于掌握书中介绍的知识。

PyTorch的安装有多种方法，但是技术进步非常快，一些安装方法随着PyTorch版本的更新、硬件技术的进步将不再适用。目前官网的安装方式已经相当方便，这里建议直接采用官网的安装教程，直接搜索PyTorch官网，然后根据PyTorch官网提示找到适合自己硬件的PyTorch版本和方法进行安装即可。

图2-1是PyTorch官网安装界面截图，这里给出的是PyTorch Stable（1.12.1）版本，该版本提供了Linux、Mac、Windows三种系统，Conda、Pip、LibTorch、Source四种安装方法，Python、C++/Java等PyTorch版本，CPU、CUDA 10.2、CUDA 11.3等CUDA环境。

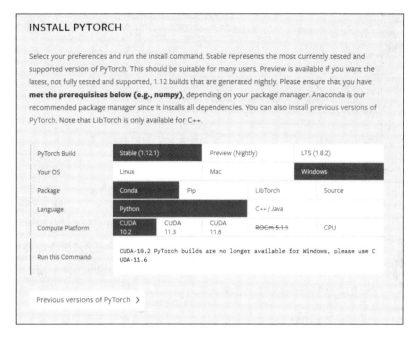

图 2-1 PyTorch 官网安装界面

分别单击对应的选项就可以生成相应的安装命令，然后在自己的硬件环境运行对应的安装命令就可以安装了（这里默认读者已经具备初步的Python知识，掌握了Anaconda等，如果读者对这些内容不了解，请查阅相关教程学习补充相关知识）。

如果读者的CUDA环境为10.2，根据图2-1最下方的提示，PyTorch 1.12.1没有CUDA 10.2环境下对应的版本，这一点非常重要，读者在安装PyTorch之前需要先查看自己的CUDA版本，再选择合适的PyTorch版本进行安装。

如果读者的CUDA环境是11.3，可以根据图2-2自动生成的命令安装PyTorch 1.12.1，生成的安装命令为：

```
conda install pytorch torchvision torchaudio cudatoolkit=11.3 -c pytorch
```

根据这个命令直接安装即可，系统会自动下载对应的安装包进行安装。

观察界面左下角并单击Previous versions of PyTorch，就可以看到PyTorch之前的版本，并可以选择适合自己的安装文件和命令。

图2-3是PyTorch官网上列出的PyTorch之前版本的列表，读者下拉官网的页面就可以找到各个版本的PyTorch，然后可以选择适合自己硬件环境的版本进行安装。

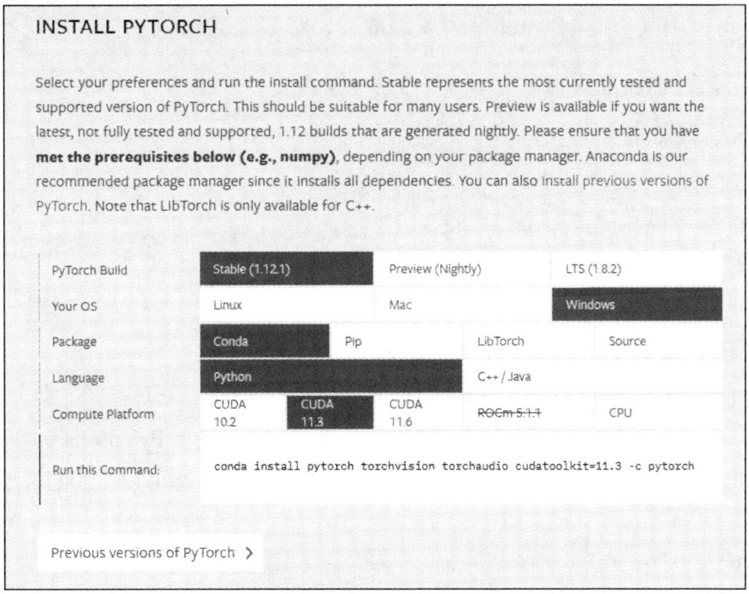

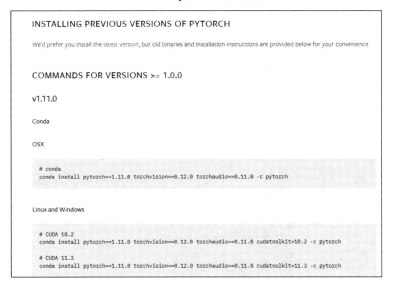

图 2-2　PyTorch 安装界面

图 2-3　PyTorch 官网上也列出 PyTorch 之前的版本

例如在Windows环境下使用conda安装只支持CPU的PyTorch v1.10.0，其安装命令为：

```
conda install pytorch==1.10.0 torchvision==0.11.0 torchaudio==0.10.0 cpuonly -c
pytorch
```

相信读者根据官网提示一定可以顺利安装PyTorch，需要注意显卡驱动和CUDA环境的配置，这些内容请参考相关资料。

以下的例2-1可以用来查看PyTorch是否安装成功，以及是否可以支持GPU进行计算。

【例2-1】　查看PyTorch版本，并查看PyTorch是否支持GPU进行计算。

输入如下代码：

```
import torch
print(torch.__version__)
print(torch.cuda.is_available())
```

运行结果如下：

```
1.12.1+cu113
True
```

观察运行结果，显示了已经安装的PyTorch的版本号，说明PyTorch已经安装成功，并且torch.cuda.is_available()的返回结果是True，说明已经安装的PyTorch可以支持GPU进行计算。

2.2　NumPy

NumPy是深度学习中常用的Python库之一，NumPy库也是Python科学计算库中的基础库，许多其他著名的科学计算库（如Pandas、Scikit-Learn等）都要用到NumPy库的一些功能，本节首先学习NumPy库，后续章节将陆续学习其他常用的Python库。

NumPy是Python的一种开源的数值计算扩展，该工具可用来存储和处理大型矩阵，比Python自身的嵌套列表结构（Nested List Structure）要高效得多（该结构也可以用来表示矩阵），支持大量的维度数组与矩阵运算，此外也针对数组运算提供了大量的数学函数库。

NumPy中一个用Python实现的科学计算包括：

（1）一个强大的N维数组对象Array。
（2）比较成熟的（广播）函数库。
（3）用于整合C/C++和Fortran代码的工具包。
（4）实用的线性代数、傅里叶变换和随机数生成函数。

NumPy和稀疏矩阵运算包SciPy配合使用更加方便。

NumPy提供了许多高级的数值编程工具，如矩阵数据类型、矢量处理以及精密的运算库，专为进行严格的数字处理而产生。NumPy多为大型金融公司，以及核心的科学计算组织使用，如Lawrence Livermore、NASA用它处理一些本来使用C++、Fortran或MATLAB等处理的任务。

NumPy是开放源代码并且由许多协作者共同维护开发的。其前身为Numeric，最早由Jim Hugunin与其他协作者共同开发。2005年，Travis Oliphant在Numeric中结合了另一个同性质的程序库Numarray的特色，并加入了其他扩展而开发了NumPy。

2.2.1 NumPy 的安装与查看

NumPy是基于Python的，因此在安装NumPy之前，需要先安装Python。目前建议安装Anaconda，Anaconda是一个用于科学计算的Python工具，支持Linux、Mac、Windows系统，它包含众多流行的用于科学计算、数据分析的Python包。如果已经安装了Anaconda，那么NumPy就已经安装成功了。

如果通过Python官网安装，NumPy在Windows、各种Linux发布版以及Mac OS上均有二进制安装包。在各个系统环境下，安装NumPy的命令都是pip install numpy。以下简要介绍一些NumPy的基本操作，方便读者后续进行机器学习方法的学习。

NumPy是一个Python库，部分用Python编写，但是大多数需要快速计算的部分都是用C或C++编写的。

如果已经在系统上安装了Python和Pip，那么安装NumPy非常容易。可使用以下命令安装它：

```
pip install numpy
```

安装NumPy后，通过添加import关键字将它导入用户的应用程序：

```
import numpy
```

NumPy通常以np别名导入。在Python中，别名是用于引用同一事物的替代名称。可在导入时使用as关键字创建别名：

```
import numpy as np
```

现在，可以将NumPy包称为np了。

版本字符串存储在__version__属性中。

【例2-2】　检查NumPy版本。

输入如下代码：

```
import numpy as np
print(np.__version__)
```

运行结果如下：

```
1.22.3
```

2.2.2 NumPy 对象

NumPy的一个最重要的特点是其N维数组对象ndarray，它是一系列同类型数据的集合，以0下标开始进行集合中元素的索引。

ndarray对象是用于存放同类型元素的多维数组。

ndarray中的每个元素在内存中都有相同存储大小的区域。

ndarray内部由以下内容组成：

（1）一个指向数据（内存或内存映射文件中的一块数据）的指针。

（2）数据类型或dtype，描述在数组中的固定大小值的格子。

（3）一个表示数组形状（Shape）的元组，表示各维度大小的元组。

（4）一个跨度元组（Stride），其中的整数指的是为了前进到当前维度下一个元素需要"跨过"的字节数。

跨度可以是负数，这样会使数组在内存中后向移动，切片中的obj[::-1]或obj[:,::-1]就是如此。

创建一个ndarray只需调用NumPy的array函数即可：

```
numpy.array(object, dtype = None, copy = True, order = None, subok = False, ndmin = 0)
```

其中参数说明如表2-1所示。

表 2-1　numpy.array 函数的参数说明

参　　数	描　　述
object	数组或嵌套的数列
dtype	数组元素的数据类型，可选
copy	对象是否需要复制，可选
order	创建数组的样式，C 为行方向，F 为列方向，A 为任意方向（默认）
subok	默认返回一个与基类类型一致的数组
ndmin	指定生成数组的最小维度

接下来举例说明。

【例2-3】　numpy.array函数应用举例。

输入如下代码：

```
import numpy as np
a = np.array([4,5,6,7])
print(a)
print('*'*20)
# 多于一个维度
b = np.array([[7,  2],  [9,  4]])
print(b)
print('*'*20)
# 最小维度
c = np.array([91, 72, 63, 74, 5], ndmin = 2)
print(c)
print('*'*20)
# dtype 参数
d = np.array([15,  26,  38], dtype = complex)
print(d)
```

运行结果如下：

```
[4 5 6 7]
*********************
[[7 2]
 [9 4]]
*********************
[[91 72 63 74  5]]
*********************
[15.+0.j 26.+0.j 38.+0.j]
```

ndarray对象由计算机内存的连续一维部分组成，并结合索引模式，将每个元素映射到内存块中的一个位置。内存块以行为主序（C语言方式）或以列为主序（Fortran语言或MATLAB方式）来保存元素。

NumPy支持的数据类型比Python内置的类型多得多，基本上可以和C语言的数据类型对应上，其中部分类型对应为Python内置的类型。表2-2列举了常用的NumPy基本类型。

表 2-2　NumPy 基本数据类型

类　　　型	描　　述
bool_	布尔数据类型（True 或 False）
int_	默认的整数类型（类似于 C 语言中的 long、int32 或 int64）
intc	与 C 语言的 int 类型一样，一般是 int32 或 int64
intp	用于索引的整数类型（类似于 C 语言中的 ssize_t，一般为 int32 或 int64）
int8	字节（取值范围：−128～127）
int16	整数（取值范围：−32 768～32 767）
int32	整数（取值范围：−2 147 483 648～2 147 483 647）
int64	整数（取值范围：−9 223 372 036 854 775 808～9 223 372 036 854 775 807）
uint8	无符号整数（取值范围：0～255）
uint16	无符号整数（取值范围：0～65 535）
uint32	无符号整数（取值范围：0～4 294 967 295）
uint64	无符号整数（取值范围：0～18 446 744 073 709 551 615）
float_	float64 类型的简写
float16	半精度浮点数，包括：1 个符号位，5 个指数位，10 个尾数位
float32	单精度浮点数，包括：1 个符号位，8 个指数位，23 个尾数位
float64	双精度浮点数，包括：1 个符号位，11 个指数位，52 个尾数位
complex_	complex128 类型的简写，即 128 位复数
complex64	复数，表示双 32 位浮点数（实数部分和虚数部分）
complex128	复数，表示双 64 位浮点数（实数部分和虚数部分）

NumPy的数值类型实际上是dtype对象的实例，并对应唯一的字符。

数据类型对象（numpy.dtype类的实例）用于描述与数组对应的内存区域的使用方式，它描述了以下几个方面的数据：

（1）数据的类型（整数、浮点数或Python对象）。

（2）数据的大小（例如，整数使用多少字节存储）。

（3）数据的字节顺序（小端法或大端法）。

（4）在结构化类型下，字段的名称、每个字段的数据类型以及每个字段所占用的内存块的部分。如果数据类型是子数组，则还描述其形状和数据类型（注：子数组是一个数组中的一个连续部分，是原数组的一个子集）。

dtype对象是使用以下语法构造的：

```
numpy.dtype(object, align, copy)
```

参数说明：

- object：要转换为数据类型对象的对象。
- align：如果为true，则填充字段，使其类似于C语言的结构类型。
- copy：复制dtype对象，如果为false，则是对内置数据类型对象的引用。

【例2-4】　NumPy数据类型应用举例。

输入如下代码：

```
import numpy as np
# 使用标量类型
dt = np.dtype(np.int32)
print(dt)
print('*'*10)
# int8、int16、int32、int64 四种数据类型可以使用字符串 'i1', 'i2','i4','i8' 代替
s2 = np.dtype('i4')
print(s2)
print('*'*10)
# 字节顺序标注
s3 = np.dtype('<i4')
print(s3)
print('*'*10)
# 首先创建结构化数据类型
s4 = np.dtype([('age',np.int8)])
print(s4)
print('*'*10)
# 将数据类型应用于ndarray对象
w = np.dtype([('age',np.int8)])
s5 = np.array([(10,),(20,),(30,)], dtype = w)
print(s5)
print('*'*10)
```

```
# 类型字段名可以用于存取实际的 age 列
y = np.dtype([('age',np.int8)])
s6 = np.array([(10,),(20,),(30,)], dtype = y)
print(s6['age'])
print('*'*10)
student = np.dtype([('name','S20'), ('age', 'i1'), ('marks', 'f4')])
print(student)
print('*'*10)
student = np.dtype([('name','S20'), ('age', 'i1'), ('marks', 'f4')])
s8 = np.array([('abc', 21, 50),('xyz', 18, 75)], dtype = student)
print(s8)
```

运行结果如下：

```
int32
**********
int32
**********
int32
**********
[('age', 'i1')]
**********
[(10,) (20,) (30,)]
**********
[10 20 30]
**********
[('name', 'S20'), ('age', 'i1'), ('marks', '<f4')]
**********
[(b'abc', 21, 50.) (b'xyz', 18, 75.)]
```

每个内建类型都有一个唯一定义它的字符代码，如表2-3所示。

表 2-3　内建类型标识符

字　　符	对应类型	字　　符	对应类型
b	布尔型	m	timedelta（时间间隔）
i	（有符号）整型	M	datetime（日期时间）
u	（无符号）整型 integer	S, a	（byte-）字符串
f	浮点型	U	Unicode
c	复数浮点型	V	原始数据（void）
O	（Python）对象		

2.2.3　数组

ndarray数组除了可以使用底层ndarray构造器来创建外，也可以通过以下几种方式来创建。

1. numpy.empty

numpy.empty方法用来创建一个指定形状（shape）、数据类型（dtype）且未初始化的数组：

```
numpy.empty(shape, dtype = float, order = 'C')
```

参数说明：

- shape，数组形状。
- dtype，数据类型，可选。
- order，有"C"和"F"两个选项，分别代表以行为主序和以列为主序，是计算机内存中存储元素的顺序。

【例2-5】　numpy.empty创建空数组。

输入如下代码：

```
import numpy as np
s = np.empty([4, 6], dtype = int)
print(s)
```

运行结果如下：

```
[[4128860 6029375 3801155 5570652 6619251 7536754]
 [3670108 3211318 3538999 4259932 6357102 7274595]
 [6553710 3342433 7077980 6422633 6881372 7340141]
 [7471215 7078004 6422633 2752604 2752558       0]]
```

数组元素为随机值，因为它们未初始化。

2. numpy.zeros

创建指定大小的数组，数组元素以0来填充：

```
numpy.zeros(shape, dtype = float, order = 'C')
```

参数说明：

- shape：数组形状。
- dtype：数据类型，可选。
- order："C"表示数组采用C语言的以行为主序的存储方式，或者"F"表示数组采用Fortran语言的以列为主序的存储方式。

【例2-6】　numpy.zeros应用举例说明。

输入如下代码：

```
import numpy as np
# 默认为浮点数
x = np.zeros(5)
print(x)
# 设置类型为整数
y = np.zeros((5,), dtype=np.int)
print(y)
```

02

```
# 自定义类型
z = np.zeros((2, 2), dtype=[('x', 'i4'), ('y', 'i4')])
print(z)
```

运行结果如下：

```
[0. 0. 0. 0. 0.]
[0 0 0 0 0]
[[(0, 0) (0, 0)]
 [(0, 0) (0, 0)]]
```

3. numpy.ones

创建指定形状的数组，数组元素以1来填充：

```
numpy.ones(shape, dtype = None, order = 'C')
```

参数说明：

- shape：数组形状。
- dtype：数据类型，可选。
- order："C"表示数组采用C语言的以行为主序的存储方式，或者"F"表示数组采用Fortran语言的以列为主序的存储方式。

【例2-7】　numpy.ones应用举例说明。

输入如下代码：

```
import numpy as np
# 默认为浮点数
x = np.ones(5)
print(x)
print('*'*10)
# 自定义类型
x = np.ones([3, 3], dtype=int)
print(x)
```

运行结果如下：

```
[1. 1. 1. 1. 1.]
**********
[[1 1 1]
 [1 1 1]
 [1 1 1]]
```

还可以从已有数组创建数组。

1. numpy.asarray

numpy.asarray类似于numpy.array，但numpy.asarray的参数只有3个，比numpy.array少两个。

```
numpy.asarray(a, dtype = None, order = None)
```

参数说明：

- a：任意形式的输入参数，可以是列表、列表的元组、元组、元组的元组、元组的列表、多维数组。
- dtype：数据类型，可选。
- order：可选，有 "C" 和 "F" 两个选项，分别代表以行为主序和以列为主序，是计算机内存中存储数组元素的顺序。

【例2-8】　将列表转换为ndarray。

输入如下代码：

```
import numpy as np
x = [4, 5, 6, 10000]
a = np.asarray(x)
print(a)
```

运行结果如下：

```
[    4    5    6 10000]
```

【例2-9】　将元组转换为ndarray。

输入如下代码：

```
import numpy as np

x = (100, 2000, 300000)
a = np.asarray(x)
print(a)
```

运行结果如下：

```
[   100   2000 300000]
```

【例2-10】　将元组列表转换为ndarray。

输入如下代码：

```
import numpy as np
x = [(1, 2, 3), (4, 5)]
a = np.asarray(x)
print(a)
print('*'*10)
# 设置了dtype参数
y = [1,2,3]
b = np.asarray(y, dtype = float)
print(b)
```

运行结果如下：

```
[(1, 2, 3) (4, 5)]
**********
[1. 2. 3.]
```

2. numpy.frombuffer

numpy.frombuffer用于实现动态数组。

numpy.frombuffer接收buffer输入的参数，以流的形式读入并转化成ndarray对象。

buffer是字符串时，Python 3默认str是Unicode类型，所以要转成bytestring，在原str前加上b。

```
numpy.frombuffer(buffer, dtype = float, count = -1, offset = 0)
```

参数说明：

- buffer：可以是任意对象，以流的形式读入。
- dtype：返回数组的数据类型，可选。
- count：读取的数据数量，默认为−1，读取所有数据。
- offset：读取的起始位置，默认为0。

【例2-11】　numpy.frombuffer应用实例。

输入如下代码：

```
import numpy as np
s = b'Hello World'
a = np.frombuffer(s, dtype='S1')
print(a)
```

运行结果如下：

```
[b'H' b'e' b'l' b'l' b'o' b' ' b'W' b'o' b'r' b'l' b'd']
```

3. numpy.fromiter

numpy.fromiter方法从可迭代对象中建立ndarray对象，返回一维数组。

```
numpy.fromiter(iterable, dtype, count=-1)
```

参数说明：

- iterable：可迭代对象。
- dtype：返回数组的数据类型。
- count：读取的数据数量，默认为−1，读取所有数据。

【例2-12】　numpy.fromiter应用实例。

输入如下代码：

```
import numpy as np
# 使用 range 函数创建列表对象
list = range(10)
it = iter(list)
# 使用迭代器创建 ndarray
x = np.fromiter(it, dtype=float)
print(x)
```

运行结果如下：

```
[0. 1. 2. 3. 4. 5. 6. 7. 8. 9.]
```

2.2.4　数学计算

NumPy包含大量的各种数学运算的函数，包括三角函数、算术函数、舍入函数等。

1．算术函数

NumPy算术函数包含简单的加、减、乘、除等，参与运算的数组必须具有相同的形状或符合数组广播规则。

【例2-13】　NumPy加、减、乘、除应用举例。

输入如下代码：

```
import numpy as np
a = np.arange(0, 27, 3, dtype=np.float_).reshape(3, 3)
print('第一个数组：')
print(a)
print('*'*20)
print('第二个数组：')
b = np.array([3, 6, 9])
print(b)
print('*'*20)
print('两个数组相加：')
print(np.add(a, b))
print('*'*20)
print('两个数组相减：')
print(np.subtract(a, b))
print('*'*20)
print('两个数组相乘：')
print(np.multiply(a, b))
print('*'*20)
print('两个数组相除：')
print(np.divide(a, b))
```

运行结果如下：

```
第一个数组：
[[ 0.  3.  6.]
 [ 9. 12. 15.]
```

```
 [18. 21. 24.]]
********************
第二个数组：
[3 6 9]
********************
两个数组相加：
[[ 3.  9. 15.]
 [12. 18. 24.]
 [21. 27. 33.]]
********************
两个数组相减：
[[-3. -3. -3.]
 [ 6.  6.  6.]
 [15. 15. 15.]]
********************
两个数组相乘：
[[  0.  18.  54.]
 [ 27.  72. 135.]
 [ 54. 126. 216.]]
********************
两个数组相除：
[[0.         0.5        0.66666667]
 [3.         2.         1.66666667]
 [6.         3.5        2.66666667]]
```

相关函数说明如下。

（1）numpy.reciprocal()函数返回参数各元素的倒数。

【例2-14】　numpy.reciprocal()函数应用举例。

输入如下代码：

```
import numpy as np
s = np.array([888, 1000, 20, 0.1])
print('原数组是： ')
print(s)
print('*'*20)
print('调用reciprocal函数： ')
print(np.reciprocal(s))
```

运行结果如下：

```
原数组是：
[8.88e+02 1.00e+03 2.00e+01 1.00e-01]
********************
调用reciprocal函数：
[1.12612613e-03 1.00000000e-03 5.00000000e-02 1.00000000e+01]
```

（2）numpy.power()函数将第一个输入数组中的元素作为底数，计算它与第二个输入数组中相应元素的幂。

【例2-15】   numpy.power()函数应用举例。

输入如下代码：

```
import numpy as np
s = np.array([2, 4, 8])
print('原数组是：')
print(s)
print('*'*20)
print('调用power函数：')
print(np.power(s, 2))
print('*'*20)
print('power之后数组：')
w = np.array([1, 2, 3])
print(w)
print('*'*20)
print('再次调用power函数：')
print(np.power(s, w))
```

运行结果如下：

```
原数组是：
[2 4 8]
********************
调用power函数：
[ 4 16 64]
********************
power之后数组：
[1 2 3]
********************
再次调用power函数：
[  2  16 512]
```

（3）numpy.mod()函数计算输入数组中的相应元素相除后的余数，而numpy.remainder()函数可产生相同的结果。

【例2-16】   numpy.mod()函数应用举例。

输入如下代码：

```
import numpy as np
s = np.array([3, 6, 9])
w = np.array([2, 4, 8])
print('第一个数组：')
print(s)
print('*'*20)
print('第二个数组：')
print(w)
print('*'*20)
print('调用mod()函数：')
print(np.mod(s, w))
```

```
print('*'*20)
print('调用remainder()函数: ')
print(np.remainder(s, w))
```

运行结果如下:

```
第一个数组:
[3 6 9]
********************
第二个数组:
[2 4 8]
********************
调用mod()函数:
[1 2 1]
********************
调用remainder()函数:
[1 2 1]
```

2. 三角函数

NumPy提供了标准的三角函数: sin()、cos()、tan()等。

【例2-17】 NumPy三角函数应用举例。

输入如下代码:

```
import numpy as np
a = np.array([0, 30, 45, 60, 90])
print('不同角度的正弦值: ')
# 通过乘 pi/180 转化为弧度
print(np.sin(a * np.pi / 180))
print('*'*20)
print('数组中角度的余弦值: ')
print(np.cos(a * np.pi / 180))
print('*'*20)
print('数组中角度的正切值: ')
print(np.tan(a * np.pi / 180))
```

运行结果如下:

```
不同角度的正弦值:
[0.         0.5        0.70710678 0.8660254 1.        ]
********************
数组中角度的余弦值:
[1.00000000e+00 8.66025404e-01 7.07106781e-01 5.00000000e-01
 6.12323400e-17]
********************
数组中角度的正切值:
[0.00000000e+00 5.77350269e-01 1.00000000e+00 1.73205081e+00 1.63312394e+16]
```

arcsin、arccos和arctan函数返回给定角度的sin、cos和tan的反三角函数。这些函数的结果可以通过numpy.degrees()函数将弧度转换为角度。

【例2-18】   arcsin、arccos和arctan函数应用举例。

输入如下代码：

```
import numpy as np
a = np.array([0, 30, 45, 60, 90])
print('含有正弦值的数组：')
sin = np.sin(a * np.pi / 180)
print(sin)
print('*'*20)
print('计算角度的反正弦，返回值以弧度为单位：')
inv = np.arcsin(sin)
print(inv)
print('*'*20)
print('通过转化为角度制来检查结果：')
print(np.degrees(inv))
print('*'*20)
print('arccos 和 arctan 函数行为类似：')
cos = np.cos(a * np.pi / 180)
print(cos)
print('*'*20)
print('反余弦：')
inv = np.arccos(cos)
print(inv)
print('*'*20)
print('角度制单位：')
print(np.degrees(inv))
print('*'*20)
print('tan 函数：')
tan = np.tan(a * np.pi / 180)
print(tan)
print('*'*20)
print('反正切：')
inv = np.arctan(tan)
print(inv)
print('*'*20)
print('角度制单位：')
print(np.degrees(inv))
```

运行结果如下：

```
含有正弦值的数组：
[0.        0.5        0.70710678 0.8660254 1.        ]
********************
计算角度的反正弦，返回值以弧度为单位：
[0.        0.52359878 0.78539816 1.04719755 1.57079633]
********************
通过转化为角度制来检查结果：
[ 0. 30. 45. 60. 90.]
********************
arccos 和 arctan 函数行为类似：
```

```
[1.00000000e+00 8.66025404e-01 7.07106781e-01 5.00000000e-01
 6.12323400e-17]
********************
```
反余弦:
```
[0.         0.52359878 0.78539816 1.04719755 1.57079633]
********************
```
角度制单位:
```
[ 0. 30. 45. 60. 90.]
********************
```
tan 函数:
```
[0.00000000e+00 5.77350269e-01 1.00000000e+00 1.73205081e+00
 1.63312394e+16]
********************
```
反正切:
```
[0.         0.52359878 0.78539816 1.04719755 1.57079633]
********************
```
角度制单位:
```
[ 0. 30. 45. 60. 90.]
```

3. 舍入函数

相关函数说明如下。

（1）numpy.around()函数返回指定数字的四舍五入值。

```
numpy.around(a,decimals)
```

参数说明:

- a: 数组。
- decimals: 舍入的小数位数，默认值为0，如果为负，则整数将四舍五入到小数点左侧的位置。

【例2-19】 numpy.around()函数应用举例。

输入如下代码:

```python
import numpy as np
a = np.array([100.0, 100.5, 123, 0.876, 76.998])
print('原数组: ')
print(a)
print('*'*20)
print('舍入后: ')
print(np.around(a))
print(np.around(a, decimals=1))
print(np.around(a, decimals=-1))
```

运行结果如下:

```
原数组:
[100.    100.5  123.      0.876 76.998]
********************
```

```
舍入后:
[100. 100. 123.   1.  77.]
[100. 100.5 123.   0.9 77. ]
[100. 100. 120.   0.  80.]
```

（2）numpy.floor()函数返回小于或者等于指定表达式的最大整数，即向下取整。

【例2-20】　numpy.floor()函数应用举例。

输入如下代码：

```
import numpy as np
s = np.array([-9999.7, 100333.5, -23340.2, 0.987, 10.88888])
print('提供的数组: ')
print(s)
print('*'*20)
print('修改后的数组: ')
print(np.floor(s))
```

运行结果如下：

```
提供的数组:
[-9.999700e+03  1.003335e+05 -2.334020e+04  9.870000e-01  1.088888e+01]
********************
修改后的数组:
[-1.00000e+04  1.00333e+05 -2.33410e+04  0.00000e+00  1.00000e+01]
```

（3）numpy.ceil()函数返回大于或者等于指定表达式的最小整数，即向上取整。

【例2-21】　numpy.ceil()函数应用举例。

输入如下代码：

```
import numpy as np
s = np.array([-100.3, 18.98, -0.49999, 0.563, 10])
print('提供的数组: ')
print(s)
print('*'*20)
print('修改后的数组: ')
print(np.ceil(s))
```

运行结果如下：

```
提供的数组:
[-100.3      18.98     -0.49999   0.563    10.     ]
********************
修改后的数组:
[-100.  19.  -0.   1.  10.]
```

2.3　Matplotlib

Matplotlib是Python的第三方绘图库，它为使用图表更好地探索、分析数据提供了一种直观的

02

方法，在学习Matplotlib之前，了解什么是数据可视化是非常有必要的。

如果将文本数据与图表数据相比较，人类的思维模式更适合理解后者，原因在于图表数据更加直观且形象化，它对于人类视觉的冲击更强，这种使用图表来表示数据的方法叫作数据可视化。

数据可视化是一个新兴名词，它表示用图表的形式对数据进行展示。当对一个数据集进行分析时，如果使用数据可视化的方式，那么会很容易地确定数据集的分类模式、缺失数据、离群值等。

数据可视化主要有以下应用场景：

（1）企业领域：利用直观多样的图表展示数据，从而为企业决策提供支持。

（2）股票走势预测：通过对股票涨跌数据的分析，给股民提供更合理化的建议。

（3）商超产品销售：对客户群体和所购买产品进行数据分析，促使商超制定更好的销售策略。

（4）预测销量：对产品销量的影响因素进行分析，可以预测出产品的销量走势。

其实无论是在日常生活还是工作中，都会根据过往的经验做出某些决定，这种做法叫作"经验之谈"。数据分析与之类似，通过对过往数据的大量分析，从而对数据的未来走势做出预测。

2.3.1　Matplotlib 的安装和简介

1．Matplotlib的安装

在使用Matplotlib软件包之前，需要对它进行安装，本节以Windows 10操作系统为例，介绍Matplotlib的几种安装方式。

1）使用 pip 包管理器安装

使用Python包管理器pip来安装Matplotlib是一种最轻量级的方式。打开"命令提示符"窗口，并输入以下命令：

```
pip install matplotlib
```

2）使用 Anaconda 安装

安装Matplotlib最好的方法是下载Python的Anaconda发行版，因为Matplotlib被预先集成在了Anaconda中，访问Anaconda的官方网站，然后选择相应的安装包下载并安装。

可以通过以下方式查看是否安装成功：

```
import matplotlib
matplotlib.__version__
```

2．Matplotlib.pyplot接口汇总

Matplotlib中的pyplot模块是一个类似于命令风格的函数集合，这使得Matplotlib的工作模式和MATLAB相似。

pyplot模块提供了可以用来绘图的各种函数，比如创建一个画布，在画布中创建一个绘图区域，或者在绘图区域添加一些线、标签等。以下表格对这些函数做了简单的介绍。

表2-4是Matplotlib.pyplot的绘图接口。

表 2-4　Matplotlib.pyplot 的绘图接口

函数名称	描　述	函数名称	描　述
Bar	绘制条形图	Polar	绘制极坐标图
Barh	绘制水平条形图	Scatter	绘制 x 与 y 的散点图
Boxplot	绘制箱型图	Stackplot	绘制堆叠图
Hist	绘制直方图	Stem	绘制二维离散数据图（火柴棒图）
his2d	绘制 2D 直方图	Step	绘制阶梯图
Pie	绘制饼状图	Quiver	绘制一个二维箭头
Plot	在坐标轴上画线或标记		

表2-5是Matplotlib.pyplot的图像函数接口。

表 2-5　Matplotlib.pyplot 的图像函数接口

函数名称	描　述
imread	从文件中读取图像的数据并形成数组
imsave	将数组另存为图像文件
imshow	在数轴区域内显示图像

表2-6是Matplotlib.pyplot的Axis函数。

表 2-6　Matplotlib.pyplot 的 Axis 函数

函数名称	描　述	函数名称	描　述
Axes	在画布（Figure）中添加轴	Xticks	获取或设置 x 轴刻标和相应标签
Text	向轴添加文本	Ylabel	设置 y 轴的标签
Title	设置当前轴的标题	Ylim	获取或设置 y 轴的区间大小
Xlabel	设置 x 轴标签	Yscale	设置 y 轴的缩放比例
Xlim	获取或者设置 x 轴区间大小	Yticks	获取或设置 y 轴的刻标和相应标签
Xscale	设置 x 轴缩放比例		

表2-7是Matplotlib.pyplot的Figure函数。

表 2-7　Matplotlib.pyplot 的 Figure 函数

函数名称	描　述	函数名称	描　述
Figtext	在画布上添加文本	Savefig	保存当前画布
Figure	创建一个新画布	Close	关闭画布窗口
Show	显示数字		

2.3.2 Matplotlib Figure 图形对象

1. 简单的图形对象

matplotlib.pyplot模块能够快速生成图像，但如果使用面向对象的编程思想，就可以更好地控制和自定义图像。

在Matplotlib中，面向对象编程的核心思想是创建图形对象（Figure Object）。通过图形对象来调用其他的方法和属性，这样有助于更好地处理多个画布。在这个过程中，pyplot负责生成图形对象，并通过该对象来添加一个或多个axes对象（绘图区域）。

Matplotlib提供了matplotlib.figure图形类模块，它包含创建图形对象的方法。通过调用pyplot模块中的figure()函数来实例化figure对象。具体方法如下：

```
from matplotlib import pyplot as plt
#创建图形对象
fig = plt.figure()
```

该函数的参数值如表2-8所示。

表 2-8　figure()函数的参数

函数名称	描　　述
figsize	指定画布的大小，即（宽度，高度），单位为英寸
dpi	指定绘图对象的分辨率，即每英寸多少个像素，默认值为80
facecolor	背景颜色
dgecolor	边框颜色
frameon	是否显示边框

接下来举例说明。

【例2-22】　绘制简单的图形对象。

输入如下代码：

```
from matplotlib import pyplot as plt
import numpy as np
import math
#定义输入输出变量
x = np.arange(0, math.pi*2, 0.05)
y = np.sin(x)
#画图
fig = plt.figure()
ax = fig.add_axes([0,0,1,1])
ax.plot(x,y)
ax.set_title("sine wave")
ax.set_xlabel('angle')
```

```
ax.set_ylabel('sine')
plt.show()
```

运行结果如图2-4所示。

add_axes()的参数值是一个序列，序列中的4个数字分别对应图形的左侧、底部、宽度和高度，且每个数字必须介于0和1之间。

设置x轴和y轴的标签以及标题，代码如下：

```
ax.set_title("sine wave")
ax.set_xlabel('angle')
ax.set_ylabel('sine')
```

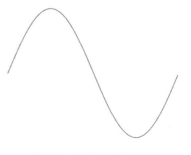

图 2-4　简单的图形对象

调用axes对象的plot()方法以x、y数组为参数执行绘图操作：

```
ax.plot(x,y)
```

2．axes类的使用方法

Matplotlib定义了一个axes类（轴域类），该类的对象被称为axes对象（轴域对象），它指定了一个有数值范围限制的绘图区域。在一个给定的画布（Figure）中可以包含多个axes对象，但是同一个axes对象只能在一个画布中使用。注：轴域表示具有数据空间的图像区域。

2D绘图区域包含两个axes对象；如果是3D绘图区域，则包含3个axes对象。

通过调用add_axes()方法能够将axes对象添加到画布中，该方法用来生成一个axes对象，对象的位置由参数rect决定。

rect是位置参数，接受一个由4个元素组成的浮点数列表，形如[left, bottom, width, height]，它表示添加到画布中的矩形区域的左下角坐标(x, y)，以及该矩形区域的宽度和高度，代码如下：

```
ax=fig.add_axes([0.5,0.6,0.8,0.8])
```

> **注意**　每个元素的值是画布宽度和高度的比例数值，也就是把画布的宽、高作为1个单位，那么[0.1, 0.1, 0.8, 0.8]就表示从画布10%的位置开始绘制，宽、高是画布的80%。

下面介绍axes类的其他成员函数，这些函数在绘图过程中承担着不同的作用。

axes类的legend()方法负责绘制画布中的图例，它需要3个参数，如下所示：

```
ax.legend(handles, labels, loc)
```

参数说明：

● handles: 它是一个序列，包含所有线型的实例。

- labels：它是一个字符串序列，用来指定标签的名称。
- loc：它是指定图例位置的参数，其参数值可以用字符串或整数来表示。

表2-9是loc参数的表示方法，分为字符串和整数两种。

表 2-9　legend()方法的 loc 参数

位　　置	字符串表示	整数数字表示	位　　置	字符串表示	整数数字表示
自适应	best	0	居中靠左	center left	6
右上方	upper right	1	居中靠右	center right	7
左上方	upper left	2	底部居中	lower center	8
左下	lower left	3	上部居中	upper center	9
右下	lower right	4	中部	center	10
右侧	right	5			

axes.plot()是axes类的基本方法，它将一个数组的值与另一个数组的值绘制成线或标记，plot()方法具有可选格式的字符串参数，用来指定线型、标记颜色、样式以及大小。

颜色代码如表2-10所示。

表 2-10　颜色代码

代　　码	颜　　色	代　　码	颜　　色	代　　码	颜　　色
'b'	蓝色	'c'	青色	'k'	黑色
'g'	绿色	'm'	品红色	'w'	白色
'r'	红色	'y'	黄色		

标记符号如表2-11所示。

表 2-11　标记符号

标记符号	描　　述	标记符号	描　　述
'.'	点标记	'H'	六角标记
'o'	圆圈标记	's'	正方形标记
'x'	'X'标记	'+'	加号标记
'D'	钻石标记		

线型表示符号如表2-12所示。

表 2-12　线型表示符号

标记符号	描　　述	标记符号	描　　述
'-'	实线	':'	虚线
'--'	虚线	'H'	六角标记
'-.'	点划线		

以下举例说明，以直线图的形式展示电视、智能手机广告费与所带来的产品销量的关系图。其中描述电视的是带有黄色和方形标记的实线，而代表智能手机的则是绿色和圆形标记的虚线。

【例2-23】　直线图展示销量关系。

输入如下代码：

```
import matplotlib.pyplot as plt
y = [1, 4, 9, 16, 25,36,49, 64]
x1 = [1, 16, 30, 42,55, 68, 77,88]
x2 = [1,6,12,18,28, 40, 52, 65]
fig = plt.figure()
ax = fig.add_axes([0,0,1,1])
#使用简写的形式color/标记符/线型
l1 = ax.plot(x1,y,'ys-')
l2 = ax.plot(x2,y,'go--')
ax.legend(labels = ('tv', 'Smartphone'), loc = 'lower right') # legend placed at lower right
ax.set_title("Advertisement effect on sales")
ax.set_xlabel('medium')
ax.set_ylabel('sales')
plt.show()
```

运行结果如图2-5所示。

3. subplot()函数用法详解

在使用Matplotlib绘图时，大多数情况下，需要将一张画布划分为若干个子区域，之后就可以在这些区域上绘制不用的图形。这里，将学习如何在同一张画布上绘制多个子图。

matplotlib.pyplot模块提供了一个subplot()函数，它可以均等地划分画布，该函数的格式如下：

```
plt.subplot(nrows, ncols, index)
```

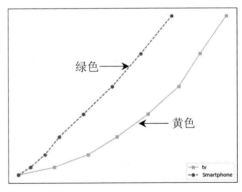

图 2-5　销量关系展示

参数nrows与ncols表示要划分几行几列的子区域（nrows×nclos表示子图数量）；参数index的初始值为1，用来选定具体的某个子区域。

如果新建的子图与现有的子图重叠，那么重叠部分的子图将会被自动删除，因为它们不可以共享绘图区域。

【例2-24】　新建的子图与现有的子图重叠。

输入如下代码：

```
import matplotlib.pyplot as plt
plt.figure(1)
plt.plot([1,2,3])
#现在创建一个子图，它表示一个有2行1列的网格的顶部图
#因为这个子图将与第一个重叠，所以之前创建的图将被删除
plt.subplot(211)
plt.plot(range(12))
#创建带有黄色背景的第二个子图
plt.subplot(212, facecolor='y')
plt.plot(range(12))
plt.show()
```

运行结果如图2-6所示。

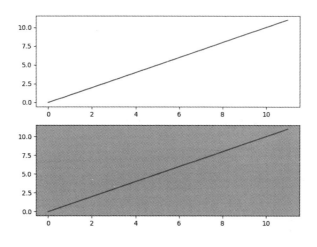

图 2-6   subplot 绘制结果

如果不想覆盖之前的图，则需要使用add_subplot()函数。

【例2-25】   add_subplot()函数的使用。

输入如下代码：

```
import matplotlib.pyplot as plt
plt.figure(1)
plt.plot([1,2,3])
#现在创建一个子图，它表示一个有2行1列的网格的顶部图
#因为这个子图将与第一个重叠，所以之前创建的图将被删除
plt.subplot(211)
plt.plot(range(12))
#创建带有黄色背景的第二个子图
plt.subplot(212, facecolor='y')
plt.plot(range(12))
plt.show()
```

运行结果如图2-7所示。

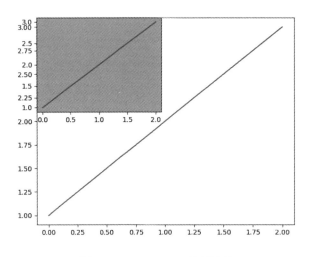

图 2-7   add_subplot()绘制结果

通过给画布添加axes对象可以实现在同一张画布中插入其他图像。

【例2-26】   通过给画布添加axes对象实现在同一张画布中插入其他图像。

输入如下代码：

```
import matplotlib.pyplot as plt
import numpy as np
import math
x = np.arange(0, math.pi*2, 0.05)
fig=plt.figure()
#主图像
axes1 = fig.add_axes([0.1, 0.1, 0.8, 0.8])
#内置图像
axes2 = fig.add_axes([0.55, 0.55, 0.3, 0.3] )
y = np.sin(x)
axes1.plot(x, y, 'b')
#画图
axes2.plot(x,np.cos(x),'r')
axes1.set_title('sine')
axes2.set_title("cosine")
plt.show()
```

运行结果如图2-8所示。

4．subplots()函数用法详解

matplotlib.pyplot模块提供了一个subplots()函数，它的使用方法和subplot()函数类似。不同之处在于：subplots()既可创建一个包含子图区域的画布，又可创建一个figure图形对象；而subplot()只是创建一个包含子图区域的画布。

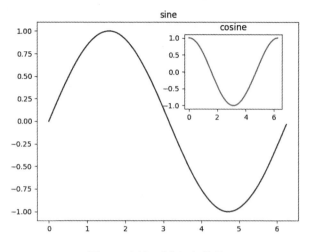

图 2-8　添加画布运行结果

subplots函数的格式如下：

```
fig , ax = plt.subplots(nrows, ncols)
```

nrows与ncols表示两个整数参数，它们指定子图所占的行数、列数。

函数的返回值是一个元组，包括一个图形对象和所有的axes对象。其中axes对象的数量等于nrows×ncols，且每个axes对象均可通过索引值访问（从1开始）。

【例2-27】　创建一个2行2列的子图，并在每个子图中显示4个不同的图像。

输入如下代码：

```
import matplotlib.pyplot as plt
fig,a =  plt.subplots(2,2)
import numpy as np
x = np.arange(1,5)
#绘制平方函数
a[0][0].plot(x,x*x)
a[0][0].set_title('square')
#绘制平方根图像
a[0][1].plot(x,np.sqrt(x))
a[0][1].set_title('square root')
#绘制指数函数
a[1][0].plot(x,np.exp(x))
a[1][0].set_title('exp')
#绘制对数函数
a[1][1].plot(x,np.log10(x))
a[1][1].set_title('log')
plt.show()
```

运行结果如图2-9所示。

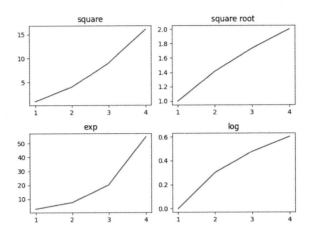

图 2-9   2 行 2 列的子图，每个子图显示 4 个不同的图像

5. 坐标轴格式

在一个函数图像中，有时自变量x与因变量y是指数对应关系，这时需要将坐标轴刻度设置为对数刻度。Matplotlib通过axes对象的xscale或yscale属性来实现对坐标轴的格式设置。

【例2-28】 显示坐标轴刻度。

输入如下代码：

```python
import matplotlib.pyplot as plt
import numpy as np
fig, axes = plt.subplots(1, 2, figsize=(10,4))
x = np.arange(1,5)
axes[0].plot( x, np.exp(x))
axes[0].plot(x,x**2)
axes[0].set_title("Normal scale")
axes[1].plot (x, np.exp(x))
axes[1].plot(x, x**2)
#设置y轴
axes[1].set_yscale("log")
axes[1].set_title("Logarithmic scale (y)")
axes[0].set_xlabel("x axis")
axes[0].set_ylabel("y axis")
axes[0].xaxis.labelpad = 10
#设置x、y轴标签
axes[1].set_xlabel("x axis")
axes[1].set_ylabel("y axis")
plt.show()
```

运行结果如图2-10所示。

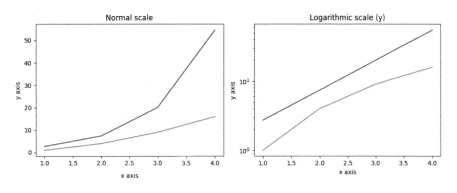

图 2-10　显示坐标轴刻度

　　轴是连接刻度的线，也就是绘图区域的边界，在绘图区域（axes对象）的顶部、底部、左侧和右侧都有一个边界线（轴）。通过指定轴的颜色和宽度，从而对显示格式进行设置，比如将所有轴的颜色设置为None，那么它们都会成为隐藏状态，也可以对轴添加相应的颜色。以下示例为左侧轴、底部轴分别设置了红色、蓝色。

【例2-29】　给坐标轴添加颜色。

输入如下代码：

```
import matplotlib.pyplot as plt
fig = plt.figure()
ax = fig.add_axes([0,0,1,1])
#为左侧轴、底部轴添加颜色
ax.spines['bottom'].set_color('blue')
ax.spines['left'].set_color('red')
ax.spines['left'].set_linewidth(2)
#将侧轴、顶部轴设置为None
ax.spines['right'].set_color(None)
ax.spines['top'].set_color(None)
ax.plot([1,2,3,4,5])
plt.show()
```

运行结果如图2-11所示。

图 2-11　给坐标轴添加颜色

Matplotlib可以根据自变量与因变量的取值范围，自动设置x轴与y轴的数值大小。当然，也可以用自定义的方式，通过set_xlim()和set_ylim()设置x轴、y轴的数值范围。

【例2-30】　Matplotlib设置坐标轴。

输入如下代码：

```
# 生成信号
fs = 1000
f = 10
t = list(range(0, 1000))
t = [x / fs for x in t]
a = [math.sin(2 * math.pi * f * x) for x in t]
# 作图
plt.figure()
plt.subplot(2, 2, 1)
plt.plot(a)
plt.title('Figure-1')
plt.subplot(2, 2, 2)
plt.plot(a)
plt.xticks([])
plt.title('Figure-2')
plt.subplot(2, 2, 3)
plt.plot(a)
plt.yticks([])
plt.title('Figure-3')
plt.subplot(2, 2, 4)
plt.plot(a)
plt.axis('off')
plt.title('Figure-4')
plt.show()
```

运行结果如图2-12所示。

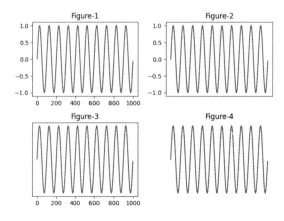

图 2-12　Matplotlib 设置坐标轴

　　刻度指的是轴上数据点的标记，Matplotlib能够自动在x轴、y轴上绘制出刻度。这一功能的实现得益于Matplotlib内置的刻度定位器和格式化器（两个内建类）。在大多数情况下，这两个类完全能够满足日常的绘图需求，但是在某些情况下，刻度标签或刻度也需要满足特定的要求，比如将刻度设置为"英文数字形式"或者"大写阿拉伯数字"，此时就需要对它们重新设置。

　　xticks()和yticks()函数接收一个列表对象作为参数，列表中的元素表示对应数轴上要显示的刻度，如下所示：

```
ax.set_xticks([2,4,6,8,10])
```

　　x轴上的刻度标记依次为2、4、6、8、10。也可以分别通过set_xticklabels()和set_yticklabels()函数设置与刻度线相对应的刻度标签。

【例2-31】 刻度和标签的使用。

输入如下代码：

```
import matplotlib.pyplot as plt
import numpy as np
import math
x = np.arange(0, math.pi*2, 0.05)
#生成画布对象
fig = plt.figure()
#添加绘图区域
ax = fig.add_axes([0.1, 0.1, 0.8, 0.8])
y = np.sin(x)
ax.plot(x, y)
#设置x轴标签
ax.set_xlabel('angle')
ax.set_title('sine')
ax.set_xticks([0,2,4,6])
#设置x轴刻度标签
ax.set_xticklabels(['zero','two','four','six'])
#设置y轴刻度
ax.set_yticks([-1,0,1])
plt.show()
```

运行结果如图2-13所示。

6. grid()设置网格格式

　　通过Matplotlib axes对象提供的grid()函数可以开启或者关闭画布中的网格（是否显示网格）以及网格的主、次刻度。除此之外，grid()函数还可以设置网格的颜色、线型以及线宽等属性。

　　grid()函数的格式如下：

```
grid(color='b', ls = '-.', lw = 0.25)
```

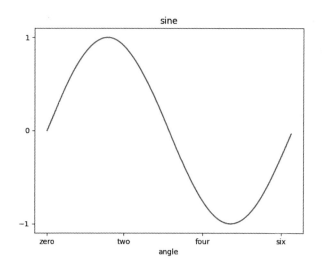

图 2-13　刻度和标签的使用

参数说明：

- color: 表示网格线的颜色。
- ls: 表示网格线的样式。
- lw: 表示网格线的宽度。

网格在默认状态下是关闭的，通过调用上述函数，网格会自动开启，如果只是想开启不带任何样式的网格，则可以通过grid(True)来实现。

【例2-32】　grid()设置网格格式。

输入如下代码：

```python
import matplotlib.pyplot as plt
import numpy as np
#fig画布；axes子图区域
fig, axes = plt.subplots(1,3, figsize = (12,4))
x = np.arange(1,11)
axes[0].plot(x, x**3, 'g',lw=2)
#开启网格
axes[0].grid(True)
axes[0].set_title('default grid')
axes[1].plot(x, np.exp(x), 'r')
#设置网格的颜色、线型、线宽
axes[1].grid(color='b', ls = '-.', lw = 0.25)
axes[1].set_title('custom grid')
axes[2].plot(x,x)
axes[2].set_title('no grid')
fig.tight_layout()
plt.show()
```

运行结果如图2-14所示。

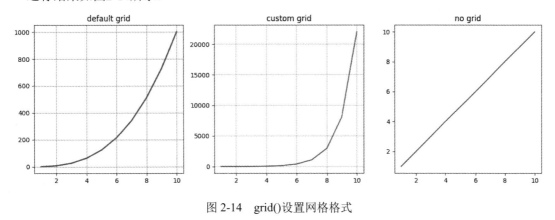

图 2-14 grid()设置网格格式

2.4 Scikit-Learn

Scikit-Learn（以前称为scikits.learn，也称为sklearn）是针对Python编程语言的免费软件机器学习库，它具有各种分类、回归和聚类算法，包括支持向量机、随机森林、梯度提升、K均值和DBSCAN，可以方便地与Python数值科学库NumPy和SciPy联合使用。Scikit-Learn也是GitHub上最受欢迎的机器学习库之一。

Scikit-Learn最初由David Cournapeau于2007年在Google的夏季代码项目中开发，后来Matthieu Brucher加入该项目，并开始将它用作论文工作的一部分。2010年，法国计算机科学与自动化研究所INRIA参与其中，并于2010年1月下旬发布了第一个公开版本（v0.1 beta）。目前，Scikit-Learn中文社区已更新到0.04版本。

Scikit-Learn库主要有以下特点：

- 完善的文档，上手较容易。
- 丰富的API，在学术界颇受欢迎。
- 封装了大量机器的算法，包含LIBSVM和LIBINEAR等。
- 内置了大量数据集，节省了获取和整理数据集的时间。

在Windows环境下可以使用包管理器pip进行安装：

```
pip install -U scikit-learn
```

可以使用以下语句检查：

```
python -m pip show scikit-learn # 查看Scikit-Learn安装的位置及安装的版本
python -m pip freeze # 查看所有在虚拟环境中已下载的包
python -c "import sklearn; sklearn.show_versions()"
```

也可以在Windows环境下使用conda进行安装：

```
conda install scikit-learn
```

可以使用以下语句检查：

```
conda list scikit-learn # 查看Scikit-Learn安装的位置及安装的版本
conda list # 查看所有在虚拟环境中已下载的包
python -c "import sklearn; sklearn.show_versions()"
```

Scikit-Learn库包含大量的机器学习基础算法，是入门深度学习的重要基础，本书只给出简要介绍，如果读者需要学习相关内容，请自行查阅相关资料。

2.5　小结

本章详细讲解了PyTorch的环境安装和PyTorch中常用的Python模块，读者通过对本章内容的学习和进行编程实践，可以掌握机器学习常用的Python模块的用法，方便对后面章节的理解和进行编程实践。虽然本章讲解了几个常用的Python库，但是后续学习中还会接触到其他库，人工智能学习的一个特点就是边学习边使用。

第 3 章

PyTorch入门

3

PyTorch是使用CPU和GPU优化的深度学习张量库。PyTorch是目前最为主流的深度学习框架之一，被学术界和工业界广泛采用。PyTorch作为一个开源的Python机器学习库，不仅更加灵活，支持动态图，而且提供了Python接口。本章将带领读者学习PyTorch的基础知识。

学习目标：

（1）了解PyTorch的主要模块。
（2）掌握PyTorch的张量。
（3）掌握torch.nn模块。
（4）掌握PyTorch的自动微分。

3.1 PyTorch 的模块

PyTorch作为一个深度学习框架，支持一些基本的功能模块，通过这些功能模块的组合来构建复杂的神经网络模型。PyTorch包括16个主要模块及一些辅助模块，本节简要介绍这些模块，以方便读者查阅使用。

3.1.1 主要模块

1. torch模块

torch模块本身包含PyTorch经常使用的一些激活函数，比如Sigmoid（torch.sigmoid）、ReLU（torch.relu）和Tanh（torch.tanh），以及PyTorch张量的一些操作，比如矩阵的乘法（torch.mm）、张量元素的选择（torch.select）。需要注意的是，这些操作的对象大多数都是张量，因此传入的参数须是PyTorch的张量，否则会报错（一般报类型错误，即TypeError）。另外，还有一类函数能够产生一定形状的张量，比如torch.zeros产生元素全为0的张量，torch.randn产生元素服从标准正态分布的张量等。

2. torch.Tensor模块

torch.Tensor模块定义了torch中的张量类型，其中的张量有不同的数值类型，如单精度、双精度浮点、整数类型等，而且张量有一定的维数和形状。同时，张量的类中也包含着一系列的方法，用于返回新的张量或者更改当前的张量。torch.Storage则负责torch.Tensor底层的数据存储，即前面提到的为一个张量分配连续的一维内存地址（用于存储相同类型的一系列元素，数目则为张量的总元素数目）。这里需要提到一点，如果张量的某个类方法会返回张量，按照PyTorch中的命名规则，如果张量方法后缀带下画线，则该方法会修改张量本身的数据，反之则会返回新的张量。比如，Tensor.add方法会让当前张量和输入参数张量做加法，返回新的张量，而Tensor.add_方法会改变当前张量的值，新的值为旧的值和输入参数之和。

3. torch.sparse模块

torch.sparse模块定义了稀疏张量，其中构造的稀疏张量采用的是COO（Coordinate）格式，主要方法是用一个长整型定义非零元素的位置，用浮点数张量定义对应非零元素的值。稀疏张量之间可以做元素加、减、乘、除运算和矩阵乘法。

4. torch.cuda模块

torch.cuda模块定义了与CUDA运算相关的一系列函数，包括但不限于检查系统的CUDA是否可用，查看当前进程运行时对应的GPU序号（在多GPU情况下）、清除GPU上的缓存、设置GPU的计算流（Stream）、同步GPU上执行的所有核函数（Kernel）等。

5. torch.nn模块

torch.nn是一个非常重要的模块，是PyTorch神经网络模块化的核心。这个模块定义了一系列模块，包括卷积层nn.ConvNd（N=1, 2, 3）和线性层（全连接层）nn.Linear等。当构建深度学习模型的时候，可以通过继承nn.Module类并重写forward方法来实现一个新的神经网络（后续会提到如何通过组合神经网络模块来构建深度学习模型）。另外，torch.nn中定义了一系列的损失函数，包括平方损失函数（torch.nn.MSELoss）、交叉熵损失函数（torch.nn.CrossEntropyLoss）等。一般来说，torch.nn中定义的神经网络模块都含有参数，可以对这些参数使用优化器进行训练。

6. torch.nn.functional函数模块

torch.nn.functional是PyTorch的函数模块，定义了一些核神经网络相关的函数，包括卷积函数和池化函数等，这些函数也是深度学习模型构建的基础。需要指出的是，torch.nn中定义的模块一般会调用torch.nn.functional中的函数，比如nn.ConvNd模块（N=1, 2, 3）会调用torch.nn.functional.convNd

函数（N=1,2,3）。另外，torch.nn.functional 中还定义了一些不常用的激活函数，包括 torch.nn.functional.relu6和torch.nn.functional.elu等。

7. torch.nn.init模块

torch.nn.init模块定义了神经网络权重的初始化。前面已经介绍过，如果初始的神经网络权重取值不合适，就会导致后续的优化过程收敛很慢，甚至不收敛。这个模块中的函数就是为了解决神经网络权重的初始化问题，其中使用了很多初始化方法，包括均匀分布初始化torch.nn.init.uniform_和正态分布归一化torch.nn.init.normal_等。在前面提到过，在PyTorch中，函数或方法如果以下画线结尾，则这个函数或方法会直接改变作用于张量的值，同时会返回改变后的张量。

8. torch.optim模块

torch.optim模块定义了一系列的优化器，包括但不限于前一章介绍的优化器，如torch.optim.SGD（随机梯度下降算法）、torch.optim.Adagrad（AdaGrad算法）、torch.optim.RMSprop（RMSProp算法）和torch.optim.Adam（Adam算法）等。当然，这个模块还包含学习率衰减算法的子模块，即torch.optim.lr_scheduler中包含诸如学习率阶梯下降算法torch.optim.lr_scheduler.StepLR和余弦退火算法torch.optim.lr_scheduler.CosineAnnealingLR等学习率衰减算法。

9. torch.autograd模块

torch.autograd模块是PyTorch的自动微分算法模块，其定义了一系列的自动微分函数，包括：torch.autograd.backward函数，主要用于在求得损失函数之后进行反向梯度传播；torch.autograd.grad函数，用于一个标量张量（只有一个分量的张量）对另一个张量求导，以及在代码中设置不参与求导的部分。另外，这个模块还内置了数值梯度功能和检查自动微分引擎是否输出正确结果的功能。

10. torch.distributed模块

torch.distributed模块是PyTorch的分布式计算模块，主要功能是提供PyTorch并行运行环境，主要支持的后端有MPI、Gloo和NCCL三种。

PyTorch的分布式工作原理主要是启动多个并行的进程，每个进程都拥有一个模型的备份，然后输入不同的训练数据到多个并行的进程，计算损失函数，每个进程独立地做反向传播，最后对所有进程权重张量的梯度进行归约（Reduce）。

用到后端的部分主要是数据的广播（Broadcast）和数据的收集（Gather），其中，前者是把数据从一个节点（进程）传播到另一个节点（进程），比如归约后梯度张量的传播，后者则是把数据从其他节点（进程）转移到当前节点（进程），比如把梯度张量从其他节点转移到某个特定的节点，然后对所有的张量求平均。

PyTorch的分布式计算模块不但提供了后端的一个包装，还提供了一些启动方式来启动多个进程，包括但不限于通过网络（TCP）、环境变量和共享文件等。

11．torch.distributions模块

torch.distributions模块提供了一系列类，使得PyTorch能够对不同的分布进行采样，并且生成概率采样过程的计算图。在一些应用过程中，比如强化学习（Reinforcement Learning），经常会使用一个深度学习模型来模拟在不同环境条件下采取的策略（Policy），其最后的输出是不同动作的概率。

当深度学习模型输出概率之后，需要根据概率对策略进行采样来模拟当前的策略概率分布，最后用梯度下降方法来让最优策略的概率最大，这个算法称为策略梯度（Policy Gradient）算法。

实际上，因为采样的输出结果是离散的，无法直接求导，所以不能使用反向传播的方法来优化网络。torch.distributions模块存在的目的就是为了解决这个问题。可以结合torch.distributions.Categorical进行采样，然后使用对数求导技巧来规避这个问题。

当然，除了服从多项式分布的torch.distributions.Categorical类，PyTorch还支持其他的分布（包括连续分布和离散分布），比如torch.distributions.Normal类支持连续的正态分布的采样，可以用于连续的强化学习的策略。

12．torch.hub模块

torch.hub模块提供了一系列预训练的模型供用户使用。比如，可以通过torch.hub.list函数来获取某个模型镜像站点的模型信息。通过torch.hub.load来载入预训练的模型，载入后的模型可以保存到本地，并可以看到这些模型对应类支持的方法。更多torch.hub支持的模型可以参考PyTorch官网中的相关页面。

13．torch.jit模块

torch.jit模块是PyTorch的即时编译器（Just-In-Time，JIT）模块。这个模块存在的意义是把PyTorch的动态图转换成可以优化和序列化的静态图，其主要工作原理是通过输入预先定义好的张量，追踪整个动态图的构建过程，得到最终构建出来的动态图，然后转换为静态图（通过中间表示，即Intermediate Representation，来描述最后得到的图）。

通过JIT得到的静态图可以被保存，并且被PyTorch其他的前端（如C++语言的前端）支持。另外，JIT也可以用来生成其他格式的神经网络描述文件，如前文叙述的ONNX。需要注意的一点是，torch.jit支持两种模式，即脚本模式（Script Module）和追踪模式（Tracing Module）。

前者和后者都能构建静态图，区别在于前者支持控制流，后者不支持，但是前者支持的神经网络模块比后者少，比如脚本模式不支持torch.nn.GRU（详细的说明可以参考PyTorch官方提供的JIT相关的文档）。

14．torch.multiprocessing模块

torch.multiprocessing模块定义了PyTorch中的多进程API。通过使用这个模块可以启动不同的进程，每个进程运行不同的深度学习模型，并且能够在进程间共享张量（通过共享内存的方式）。共享的张量可以在CPU上，也可以在GPU上，多进程API还提供了与Python原生的多进程API（multiprocessing库）相同的一系列函数，包括锁（Lock）和队列（Queue）等。

15．torch.random模块

torch.random模块提供了一系列的方法来保存和设置随机数生成器的状态，包括使用get_rng_state函数获取当前随机数生成器的状态，使用set_rng_state函数设置当前随机数生成器的状态，并且可以使用manual_seed函数来设置随机种子，也可以使用initial_seed函数来得到程序初始的随机种子。因为神经网络的训练是一个随机的过程，包括数据的输入、权重的初始化都具有一定的随机性。设置一个统一的随机种子可以有效地帮助测试不同结构神经网络的表现，有助于调试神经网络的结构。

16．torch.onnx模块

torch.onnx模块定义了PyTorch导出和载入ONNX格式的深度学习模型描述文件。前面已经介绍过，ONNX格式的存在是为了方便不同深度学习框架之间交换模型。

引入这个模块可以方便PyTorch导出模型给其他深度学习框架使用，或者让PyTorch可以载入其他深度学习框架构建的深度学习模型。

3.1.2　辅助模块

1．torch.utils.bottleneck模块

torch.utils.bottleneck模块可以用来检查深度学习模型中模块的运行时间，从而找到导致性能瓶颈的模块，通过优化这些模块的运行时间，从而优化整个深度学习模型的性能。

2．torch.utils.checkpoint模块

torch.utils.checkpoint模块可以用来节约深度学习使用的内存。通过前面的介绍知道，因为要进行梯度反向传播，在构建计算图的时候需要保存中间的数据，这些数据大大增加了深度学习的内存消耗。为了减少内存消耗，让该批次的大小得到提高，从而提升深度学习模型的性能和优化时的稳定性，可以通过这个模块记录中间数据的计算过程，然后丢弃这些中间数据，等需要用到的时候再重新计算这些数据。这个模块设计的核心思想是以计算时间换内存空间，当使用得当的时候，深度学习模型的性能可以有很大的提升。

3．torch.utils.cpp_extension模块

torch.utils.cpp_extension模块定义了PyTorch的C++扩展，其主要包含两个类：CppExtension包含了使用C++编写的扩展模块的源代码及其相关信息，CUDAExtension则包含了用C++/CUDA编写的扩展模块的源代码及其相关信息。

在某些情况下，用户可能需要使用C++实现某些张量运算和神经网络结构（比如PyTorch没有类似功能的模块或者PyTorch类似功能的模块性能比较低），PyTorch的C++扩展模块就给开发者提供了一个方法，能够让Python来调用使用C++/CUDA编写的深度学习扩展模块。

4．torch.utils.data模块

torch.utils.data模块引入了数据集（Dataset）和数据载入器（DataLoader）的概念。前者代表包含所有数据的数据集，通过索引能够得到某一条特定的数据；后者通过对数据集的包装，可以对数据集进行随机排列（Shuffle）和采样（Sample），得到一系列打乱数据顺序的批次。

5．torch.utils.dlpack模块

torch.utils.dlpack模块定义了PyTorch张量和DLPack张量存储格式之间的转换，用于不同框架之间张量数据的交换。

6．torch.utils.tensorboard模块

torch.utils.tensorboard模块是PyTorch对TensorBoard数据可视化工具的支持。TensorBoard原来是TensorFlow自带的数据可视化工具，能够显示深度学习模型在训练过程中损失函数、张量权重的直方图，以及模型训练过程中输出的文本、图像和视频等。

TensorBoard的功能非常强大，而且是基于可交互的动态网页设计的，使用者可以通过预先提供的一系列功能来输出特定的训练过程的细节（如某一神经网络层的权重的直方图，以及训练过程中某一段时间的损失函数等）。

PyTorch支持TensorBoard可视化之后，在PyTorch的训练过程中，可以很方便地观察中间输出的张量，也可以方便地调试深度学习模型。

3.2　张量

在矩阵论中，一个单独的数可以称为一个标量，一列或一行数组可以构成向量，一个二维数组可以构成矩阵，矩阵中的每一个元素都可以被行索引或者列索引唯一确定，如果数组的维度超过2，则可以称该数组为张量（Tensor）。不同于数学中的表示，PyTorch中的张量是一个泛化的概念，它是一种数据结构，可以是一个标量、一个向量、一个矩阵，甚至是更高维度的数组。另外，PyTorch

中的张量和NumPy库中的数组（ndarray）非常相似，在使用时也会经常将PyTorch中的张量和NumPy中的数组相互转换。在深度网络中，基于PyTorch的相关运算和优化都是在张量的基础上完成的。

　　本书代码是基于PyTorch 1.12实现的。读者需要了解在PyTorch 0.4版本之前，张量是不能计算梯度的，因此在PyTorch网络中，需要计算梯度的张量都需要使用Variable将张量封装，然后构建计算图。但是在PyTorch 0.4版本之后，合并了Tensor和Variable类，可以直接计算张量梯度，不需要再使用Variable封装张量，因此Variable()的使用逐渐从PyTorch中消失。

03

3.2.1　张量的数据类型

　　目前，PyTorch中的张量一共支持9种数据类型，具体的数据类型如表3-1所示。

表 3-1　PyTorch 张量的数据类型

数据类型	PyTorch 类型	数据类型	PyTorch 类型
32 位浮点数	torch.float32	16 位带符号整数	torch.int16
64 位浮点数	torch.float64	32 位带符号整数	torch.int32
16 位浮点数	torch.float16	64 位带符号整数	torch.int64
8 位无符号整数	torch.uint8	布尔型	torch.bool
8 位带符合整数	torch.int8		

　　下面举例说明PyTorch的数据类型，主要说明NumPy数据转换成对应的PyTorch张量，这种操作在机器学习尤其是深度学习中是常用的操作之一。

　　【例3-1】　　NumPy数据转换成PyTorch张量。

　　输入如下代码：

```
# NumPy数据转换成PyTorch张量
import numpy as np
import torch
print('#'*20)
print('Python列表转换成PyTorch张量:')
a = [1, 2, 3, 4]
print(torch.tensor(a))
print(torch.tensor(a).shape)
print('#'*20)
print('查看张量数据类型')
print(torch.tensor(a).dtype)
print('#'*20)
print('指定张量数据类型')
b = torch.tensor(a, dtype=float)
print(b.dtype)
print('#'*20)
print('NumPy数据转换为张量')
c = np.array([1, 2, 3, 4])
```

```
print(c.dtype)
d = torch.tensor(c)
print(d.dtype)
print('#'*20)
print('列表嵌套创建张量')
e = torch.tensor([[1, 2, 3], [4, 5, 6]])
print(e)
print('#'*20)
print('从torch.float转换到torch.int')
f = torch.randn(3, 3)
g = f.to(torch.int)
print(g.dtype)
```

运行结果如下：

```
####################
Python列表转换成PyTorch张量：
tensor([1, 2, 3, 4])
torch.Size([4])
####################
查看张量数据类型
torch.int64
####################
指定张量数据类型
torch.float64
####################
NumPy数据转换为张量
int32
torch.int32
####################
列表嵌套创建张量
tensor([[1, 2, 3],
        [4, 5, 6]])
####################
从torch.float转换到torch.int
torch.int32
```

3.2.2　创建张量

在PyTorch中创建张量主要有4种方式，下面分别举例说明。

1. 使用torch.tensor函数创建张量

从下面的例子看到，torch.tensor函数可以通过输入dtype来指定生成的张量的数据类型，函数内部会自动进行数据类型的转换，也可以通过预先有的数据，比如列表和NumPy数据来生成张量。当传入的dtype为torch.float32时，可以看到输出的张量多了一个小数点，而且当查看dtype的值时，可以发现数值变为torch.float32，即32位单精度浮点数。下面举例说明使用torch.tensor函数生成张量。

【例3-2】　使用torch.tensor函数生成张量。

输入如下代码：

```
# 使用torch.tensor函数生成张量
import torch
a = torch.tensor([[2, 3], [100, 999], [8888, 9.999]], dtype=torch.float32)
print(a)
print(a.shape)
print(a.size(0))
print(a.size(1))
print(a.shape[1])
```

运行结果如下：

```
tensor([[2.0000e+00, 3.0000e+00],
        [1.0000e+02, 9.9900e+02],
        [8.8880e+03, 9.9990e+00]])
torch.Size([3, 2])
3
2
2
```

观察运行结果，生成了一个二维张量，并查看了该张量的详细信息。

2. 使用内置函数生成张量

可以通过torch的内置函数生成张量，通过指定张量的形状，返回指定形状的张量，这里举例说明几个常用的生成张量的内置函数。

（1）使用torch的库函数torch.rand可以生成一个3×3的矩阵，矩阵中各个元素都是随机生成的，torch.rand生成的矩阵各个元素符合均匀分布。

【例3-3】　使用torch.rand函数生成一个3×3的矩阵。

输入如下代码：

```
import torch
a = torch.rand([3, 3])
print(a)
```

运行结果如下：

```
tensor([[0.5949, 0.4439, 0.2521],
        [0.9859, 0.9483, 0.7961],
        [0.5372, 0.8168, 0.1399]])
```

观察运行结果，生成了一个3×3的矩阵，矩阵服从[0, 1]上的均匀分布。

（2）使用torch.randn函数生成一个2×3×4的张量。

【例3-4】　　使用torch.randn函数生成一个2×3×5的张量。

输入如下代码：

```
import torch
a = torch.randn([2, 3, 5])
print(a)
```

运行结果如下：

```
tensor([[[ 8.6563e-02, -1.5484e-01, -6.5909e-01,  2.2589e-03, -3.9120e-02],
         [-8.9160e-01, -4.5873e-02,  9.8039e-01, -1.9271e+00, -7.4796e-01],
         [-1.4473e+00,  2.8057e+00,  1.2902e+00, -1.3774e+00, -6.5223e-01]],

        [[ 1.9003e+00,  5.8693e-01,  3.3631e-01,  9.7624e-01,  9.6466e-01],
         [-1.7955e+00,  1.2490e+00, -4.8283e-01,  1.4397e-01,  9.5448e-01],
         [ 9.7605e-01,  2.1561e-01,  7.7768e-01,  5.3738e-01, -9.6352e-01]]])
```

观察运行结果，生成了一个2×3×5的张量，该张量服从标准正态分布。

（3）与TensorFlow类似，使用torch.ones函数也可以生成全1的张量。

【例3-5】　　torch生成全1张量。

输入如下代码：

```
import torch
a = torch.ones([2, 3, 4])
print(a)
```

运行结果如下：

```
tensor([[[1., 1., 1., 1.],
         [1., 1., 1., 1.],
         [1., 1., 1., 1.]],

        [[1., 1., 1., 1.],
         [1., 1., 1., 1.],
         [1., 1., 1., 1.]]])
```

观察运行结果，生成了全1的2×3×4的张量。

（4）类似地，使用torch.zeros函数也可以生成全0的张量。

【例3-6】　　torch生成全0张量。

输入如下代码：

```
import torch
a = torch.zeros([3, 3])
print(a)
```

运行结果如下：

```
tensor([[0., 0., 0.],
        [0., 0., 0.],
        [0., 0., 0.]])
```

观察运行结果，生成了全0的3×3的张量。

（5）使用torch.eye函数则可以生成单位张量。

【例3-7】　torch生成单位张量。

输入如下代码：

```
import torch
a = torch.eye(3)
print(a)
```

运行结果如下：

```
tensor([[1., 0., 0.],
        [0., 1., 0.],
        [0., 0., 1.]])
```

观察运行结果，生成了3×3的单位张量。

（6）使用torch.randint函数可以生成服从均匀分布的整数张量。

【例3-8】　torch.randint生成服从均匀分布的整数张量。

输入如下代码：

```
import torch
a = torch.randint(0, 100, [3, 3])
print(a)
```

运行结果如下：

```
tensor([[90, 86, 43],
        [40,  3, 48],
        [95, 83, 98]])
```

观察运行结果，torch.randint生成了服从均匀分布的整数张量，前两个参数分别决定整数的上限和下限，最后一个列表参数决定张量的维度。

3. 通过已知张量生成相同形状的张量

torch创建张量的第三种方式是通过已知张量创建一个和已知张量大小一样的张量，新创建的张量虽然和原始张量的形状相同，但里面填充的元素不同。

【例3-9】　通过已知张量生成相同维度的张量。

输入如下代码：

```
# 通过已知张量生成相同维度的张量
import torch
a = torch.randn([3, 3])
print('*'*20)
print('原始张量')
print(a)
print('相同维度的0张量')
print(torch.zeros_like(a))
print('相同维度的1张量')
print(torch.ones_like(a))
print('相同维度的[0,1]之间均匀分布的张量')
print(torch.rand_like(a))
print('相同维度的[0,1]之间正态分布的张量')
print(torch.randn_like(a))
```

运行结果如下：

```
********************
原始张量
tensor([[ 0.9223, -1.4147, -0.4978],
        [-0.7522, -1.0510,  0.3084],
        [-0.6027,  0.0472,  0.1742]])
相同维度的0张量
tensor([[0., 0., 0.],
        [0., 0., 0.],
        [0., 0., 0.]])
相同维度的1张量
tensor([[1., 1., 1.],
        [1., 1., 1.],
        [1., 1., 1.]])
相同维度的[0,1]之间均匀分布的张量
tensor([[0.6679, 0.9864, 0.1553],
        [0.2601, 0.0820, 0.6131],
        [0.0903, 0.5857, 0.2233]])
相同维度的[0,1]之间正态分布的张量
tensor([[-1.1081, -0.1217,  0.8838],
        [-0.2616,  0.0988,  1.2164],
        [ 1.7335, -0.5224,  0.1614]])
```

观察运行结果，生成一个张量之后，可以通过内置函数生成多种分布的相同维度的张量。

4. 通过已知张量生成形状不同但数据类型相同的张量

torch 创建张量的最后一种方法是已知张量的数据类型，创建一个形状不同但数据类型相同的新张量，这种方法在实际应用中尤其在深度学习中是一种十分方便的操作。

【例3-10】 生成与已知张量数据类型相同的张量。

输入如下代码：

```
import torch
a = torch.randn([3, 3])
print('*'*20)
print('原始张量')
print(a.dtype)
print(a)
print('生成新张量1')
print(a.new_tensor([3, 4, 5]))
print(a.new_tensor([3, 4, 5]).dtype)
print('生成新张量2')
print(a.new_zeros([3, 4]))
print(a.new_zeros([3, 4]).dtype)
print('生成新张量3')
print(a.new_ones([3, 4]))
print(a.new_ones([3, 4]).dtype)
```

运行结果如下：

```
********************
原始张量
torch.float32
tensor([[-1.1175, -0.7189,  1.0761],
        [ 0.8410, -0.3920,  0.1821],
        [ 0.6960, -0.3282, -0.0818]])
生成新张量1
tensor([3., 4., 5.])
torch.float32
生成新张量2
tensor([[0., 0., 0., 0.],
        [0., 0., 0., 0.],
        [0., 0., 0., 0.]])
torch.float32
生成新张量3
tensor([[1., 1., 1., 1.],
        [1., 1., 1., 1.],
        [1., 1., 1., 1.]])
torch.float32
```

观察运行结果，新生成的张量虽然与原张量维度不同，但是数据类型是相同的。

3.2.3　张量存储

PyTorch张量可以分别存储在CPU和GPU上，在没有指定设备时，PyTorch默认会把张量存储到CPU上，如果想要存储在GPU上，则要指定相应的GPU设备。一般来说，GPU设备在PyTorch环境中以cuda:0、cuda:1等形式来指定，其中数字代表的是GPU设备的编号，注意GPU的编号是从0开始的。GPU的信息可以使用nvidia-smi命令查看，查看结果如图3-1所示。

使用以下实例说明PyTorch在不同设备上可以生成张量。

图 3-1   通过命令查看 GPU 设备的信息

【例3-11】   PyTorch在不同设备上生成张量。

输入如下代码：

```
# PyTorch在不同设备上生成张量
import torch
print('*'*20)
print('获取一个CPU上的张量')
print(torch.randn(3, 3, device='cpu'))
print('*'*20)
print('获取一个GPU上的张量')
print(torch.randn(3, 3, device='cuda:0'))
print('*'*20)
print('获取当前张量的设备')
print(torch.randn(3, 3, device='cuda:0').device)
print('*'*20)
print('张量从CPU移动到GPU')
print(torch.randn(3, 3, device='cpu').cuda().device)
print('张量从GPU移动到CPU')
print(torch.randn(3, 3, device='cuda:0').cpu().device)
print('张量保持设备不变')
print(torch.randn(3, 3, device='cuda:0').cuda(0).device)
```

运行结果如下：

```
********************
获取一个CPU上的张量
tensor([[ 1.1025, -0.4615,  0.5404],
        [-0.3709, -0.3491,  0.1635],
        [ 0.3679, -0.6769, -0.4670]])
********************
获取一个GPU上的张量
tensor([[-1.5958, -0.2861,  0.1362],
        [-0.6859, -0.0527, -1.4020],
        [ 0.7773, -0.3713, -0.6168]], device='cuda:0')
********************
获取当前张量的设备
cuda:0
********************
张量从CPU移动到GPU
```

```
cuda:0
张量从GPU移动到CPU
cpu
张量保持设备不变
cuda:0
```

观察运行结果，通过访问张量的device属性可以获取张量所在的设备，运行结果还展示了张量在CPU和GPU之间如何进行转换。

3.2.4　维度操作

维度操作是机器学习张量中常见的操作，本小节学习PyTorch张量的常见操作。首先学习PyTorch查看张量形状的一些方法。

【例3-12】　PyTorch查看张量形状的相关函数。

输入如下代码：

```
import torch
a = torch.randn(3, 4, 5)
print('*'*20)
print('获取张量维度数目')
print(a.ndimension())
print('*'*20)
print('获取张量元素个数')
print(a.nelement())
print('*'*20)
print('获取张量每个维度的大小')
print(a.size())
print('*'*20)
```

运行结果如下：

```
********************
获取张量维度数目
3
********************
获取张量元素个数
60
********************
获取张量每个维度的大小
torch.Size([3, 4, 5])
********************
```

例3-12分别学习了获取张量维度数目、获取张量元素个数、获取张量每个维度的大小的方法。

接下来学习两个改变张量维度的方法：view方法和reshape方法。

1. view方法

view方法可以作用于原来的张量，改变原来张量的形状，形成新的张量，新张量的总元素数目和原来张量的总元素数目相同。view方法不改变原张量的底层数据，只是改变张量的维度信息。另外，加入新的张量有N维，可以指定其他N-1维的具体大小，留下的一个维度大小指定为-1，PyTorch会自动计算那个维度的大小。

【例3-13】　使用view方法改变张量的维度。

输入如下代码：

```
# 使用view方法改变张量维度
import torch
a = torch.randn(12)
print('*'*20)
print('改变维度为3×4')
print(a.view(3, 4))
print('*'*20)
print('改变维度为4×3')
print(a.view(4, 3))
print('*'*20)
print('使用-1改变维度为4×3')
print(a.view(-1, 3))
```

运行结果如下：

```
********************
改变维度为3×4
tensor([[ 0.5773, -0.1137,  0.2174, -0.5638],
        [-0.0054,  0.5639, -1.3464, -0.1199],
        [ 1.4629, -0.7174, -0.6110,  0.0470]])
********************
改变维度为4×3
tensor([[ 0.5773, -0.1137,  0.2174],
        [-0.5638, -0.0054,  0.5639],
        [-1.3464, -0.1199,  1.4629],
        [-0.7174, -0.6110,  0.0470]])
********************
使用-1改变维度为4×3
tensor([[ 0.5773, -0.1137,  0.2174],
        [-0.5638, -0.0054,  0.5639],
        [-1.3464, -0.1199,  1.4629],
        [-0.7174, -0.6110,  0.0470]])
```

2. reshape方法

直接调用reshape方法会在不改变形状信息的情况下自动生成一个新的张量。

【例3-14】 使用reshape方法改变张量的形状。

输入如下代码：

```
import torch
a = torch.randn(3, 4)
print('维度改变之前')
print(a)
print('维度改变之后')
b = a.reshape(4, 3)
print(b)
```

运行结果如下：

```
维度改变之前
tensor([[-2.2499,  0.2873,  0.3133, -0.7189],
        [ 0.0335,  1.3206, -0.4076,  0.3395],
        [ 1.3950,  1.0216,  0.6017,  0.2115]])
维度改变之后
tensor([[-2.2499,  0.2873,  0.3133],
        [-0.7189,  0.0335,  1.3206],
        [-0.4076,  0.3395,  1.3950],
        [ 1.0216,  0.6017,  0.2115]])
```

观察运行结果，可以发现使用reshape方法将3×4的张量变成了4×3的张量。

3.2.5 索引和切片

PyTorch张量支持类似NumPy的索引和切片操作，下面举例说明PyTorch张量的索引和切片。

【例3-15】 PyTorch张量的索引和切片。

输入如下代码：

```
# PyTorch张量的索引和切片
import torch
a = torch.randn(2, 3, 4)
print(a)
print('*'*20)
print('取张量第0维第1个，1维2个，2维3个元素')
print(a[1, 2, 3])
print('*'*20)
print('取张量第0维第1个，1维2个，2维3个元素')
print(a[:, 1:-1, 1:3])
print('*'*20)
print('更改元素的值')
a[1, 2, 3] = 100
print(a)
print('*'*20)
print('大于0的部分掩码')
print(a>0)
```

```
print('*'*20)
print('根据掩码选择张量的元素')
print(a[a>0])
```

运行结果如下：

```
tensor([[[-0.2308, -0.8221,  0.2367,  0.1757],
         [ 0.2471, -0.7636,  0.5529, -0.8272],
         [-1.1652,  0.9672, -1.7135, -1.6424]],

        [[ 0.5999,  1.7691, -0.3788,  0.0922],
         [-0.1962,  0.9952, -0.2081,  1.1362],
         [ 0.1118,  1.6435, -0.2671,  2.3579]]])
********************
取张量第0维第1个，1维2个，2维3个元素
tensor(2.3579)
********************
取张量第0维第1个，1维2个，2维3个元素
tensor([[[-0.7636,  0.5529]],

        [[ 0.9952, -0.2081]]])
********************
更改元素的值
tensor([[[-2.3079e-01, -8.2206e-01,  2.3667e-01,  1.7571e-01],
         [ 2.4715e-01, -7.6364e-01,  5.5286e-01, -8.2724e-01],
         [-1.1652e+00,  9.6715e-01, -1.7135e+00, -1.6424e+00]],

        [[ 5.9989e-01,  1.7691e+00, -3.7880e-01,  9.2214e-02],
         [-1.9623e-01,  9.9516e-01, -2.0813e-01,  1.1362e+00],
         [ 1.1184e-01,  1.6435e+00, -2.6705e-01,  1.0000e+02]]])
********************
大于0的部分掩码
tensor([[[False, False,  True,  True],
         [ True, False,  True, False],
         [False,  True, False, False]],

        [[ True,  True, False,  True],
         [False,  True, False,  True],
         [ True,  True, False,  True]]])
********************
根据掩码选择张量的元素
tensor([2.3667e-01, 1.7571e-01, 2.4715e-01, 5.5286e-01, 9.6715e-01, 5.9989e-01,
        1.7691e+00, 9.2214e-02, 9.9516e-01, 1.1362e+00, 1.1184e-01, 1.6435e+00,
        1.0000e+02])
```

PyTorch张量的基本操作都是基于PyTorch的索引操作，即[]，通过给定不同的参数实现构造新的张量。和Python一样，PyTorch的编号从0开始，同样可以使用[i:j]方法来获取张量的切片。

索引和切片后的张量与初始的张量共享一个内存区域，如果要在不改变初始张量的情况下改变索引和切片后的张量的值，则可以使用clone方法得到索引或切片后的张量的一个副本，然后进行赋值。

3.2.6　张量运算

本小节学习张量的各种运算。

1.　单个张量运算函数

单个张量运算简单易懂，这里直接举例说明。

【例3-16】　单个张量运算函数。

输入如下代码：

```
# 单个张量运算函数
import torch
a = torch.rand(3, 4)
print('*'*20)
print('查看原张量')
print(a)
print('*'*20)
print('张量内部方法，计算原张量的平方根')
print(a.sqrt())
print('*'*20)
print('函数形式，计算原张量的平方根')
print(a.sqrt())
print('*'*20)
print('直接操作，计算原张量的平方根')
print(a.sqrt_)
print('*'*20)
print('对所有元素求和')
print(torch.sum(a))
print('*'*20)
print('对第0维、1维元素求和')
print(torch.sum(a, [0, 1]))
print('*'*20)
print('对第0维、1维元素求平均')
print(torch.mean(a, [0, 1]))
```

运行结果如下：

```
********************
查看原张量
tensor([[0.1976, 0.1523, 0.4119, 0.9206],
        [0.6002, 0.5374, 0.3695, 0.8814],
        [0.1810, 0.4690, 0.8183, 0.8652]])
********************
张量内部方法，计算原张量的平方根
tensor([[0.4445, 0.3903, 0.6418, 0.9595],
        [0.7747, 0.7331, 0.6078, 0.9388],
        [0.4254, 0.6848, 0.9046, 0.9302]])
********************
```

```
函数形式，计算原张量的平方根
tensor([[0.4445, 0.3903, 0.6418, 0.9595],
        [0.7747, 0.7331, 0.6078, 0.9388],
        [0.4254, 0.6848, 0.9046, 0.9302]])
********************
直接操作，计算原张量的平方根
<built-in method sqrt_ of Tensor object at 0x000001EC182FD590>
********************
对所有元素求和
tensor(6.4044)
********************
对第0维、1维元素求和
tensor(6.4044)
********************
对第0维、1维元素求平均
tensor(0.5337)
```

观察运行结果，对于大多数常用的函数，比如平方根函数sqrt，一般有两种调用方式：一种是调用张量的内置函数；另一种是调用torch自带的函数。这两种操作的结果相同，均返回一个新的张量，该张量的每个元素都是原始张量的每个元素经过函数作用的结果。

另外，很多内置函数都有一个下画线的版本，该版本的方法会直接改变调用方法的张量的值，这个操作也叫作就地（In-Place）操作。对张量来说，也可以对自身的一些元素做四则运算，比如经常用到的函数，包括求和函数torch.sum、求积函数torch.prod、求平均函数torch.mean。

默认情况下，这些函数在进行求和、求积、求平均等计算的同时，会自动消除被计算的维度（张量的维度被缩减），如果要保留这些张量的维度，则需要设置参数keepdim=True，这样这个维度就会保留为1。

2. 多个张量运算函数

除了以一个参数为元素进行操作外，还有以两个张量作为参数的操作。最常见的是两个张量直接进行四则运算。这里既可以使用加、减、乘、除运算符进行张量的直接运算，也可以使用add、sub、mul和div方法进行运算，类似的这些内置方法也有原地操作版本：add_、sub_、mul_和div_，这种操作方式实现的效果是一样的，实际应用中读者可以根据需要选择适合的操作进行运算。

【例3-17】　PyTorch张量的四则运算。

输入如下代码：

```
# PyTorch张量的四则运算
import torch
a = torch.rand(2, 3)
b = torch.rand(2, 3)
print('*'*20)
print('加法实现方式1')
```

```
print(a.add(b))
print('加法实现方式2')
print(a + b)
print('*'*20)
print('减法实现方式1')
print(a - b)
print('减法实现方式2')
print(a.sub(b))
print('*'*20)
print('乘法实现方式1')
print(a * b)
print('乘法实现方式2')
print(a.mul(b))
print('*'*20)
print('除法实现方式1')
print(a/b)
print('除法实现方式2')
print(a.div(b))
```

运行结果如下：

```
* * * * * * * * * * * * * * * * * * * *
加法实现方式1
tensor([[0.8904, 1.0578, 0.7778],
        [0.9084, 1.1985, 0.5584]])
加法实现方式2
tensor([[0.8904, 1.0578, 0.7778],
        [0.9084, 1.1985, 0.5584]])
* * * * * * * * * * * * * * * * * * * *
减法实现方式1
tensor([[-0.2407, -0.7701,  0.7533],
        [ 0.1839, -0.1596, -0.4899]])
减法实现方式2
tensor([[-0.2407, -0.7701,  0.7533],
        [ 0.1839, -0.1596, -0.4899]])
* * * * * * * * * * * * * * * * * * * *
乘法实现方式1
tensor([[0.1837, 0.1315, 0.0094],
        [0.1978, 0.3527, 0.0180]])
乘法实现方式2
tensor([[0.1837, 0.1315, 0.0094],
        [0.1978, 0.3527, 0.0180]])
* * * * * * * * * * * * * * * * * * * *
除法实现方式1
tensor([[ 0.5744,  0.1574, 62.4957],
        [ 1.5075,  0.7650,  0.0653]])
除法实现方式2
tensor([[ 0.5744,  0.1574, 62.4957],
        [ 1.5075,  0.7650,  0.0653]])
```

观察运行结果，加法、乘法的几种实现方法的结果都是相同的，其他方法类似，此处不再赘述。

3．极值和排序

在机器学习中，经常需要计算张量沿某个维度的最大值或者最小值，以及这些值所在的位置。如果需要最大值或者最小值的位置，则可以使用argmax和argmin，通过输入参数要沿着哪个维度求最大值和最小值的位置，返回沿着该维度的最大值和最小值对应的序号是多少。

如果既要求计算最大值和最小值的位置，又要求获得具体的值，就需要使用max和min，通过输入具体的维度，同时返回沿着该维度的最大值和最小值的位置，以及对应的最大值和最小值组成的元组。

【例3-18】　PyTorch极值计算。

输入如下代码：

```python
# PyTorch极值计算
import torch
# 构建一个3×4的张量
a = torch.randn(3, 4)
print('*'*20)
print(a)
print('*'*20)
print('查看第0维极大值所在位置：')
print(torch.argmax(a, 0))
print('*'*20)
print('内置方法调用函数，查看第0维极小值所在位置：')
print(a.argmin(0))
print('*'*20)
print('沿着最后一维返回极大值和极大值的位置：')
print(torch.max(a, -1))
print('*'*20)
print('沿着最后一维返回极小值和极小值的位置：')
print(a.min(-1))
```

运行结果如下：

```
********************
tensor([[-0.2873, -0.9268, -0.3445, -1.8910],
        [ 1.3291, -2.8328,  1.2027,  0.6215],
        [-0.0554, -0.8786, -0.0258, -1.0102]])
********************
查看第0维极大值所在位置：
tensor([1, 2, 1, 1])
********************
内置方法调用函数，查看第0维极小值所在位置：
tensor([0, 1, 0, 0])
********************
沿着最后一维返回极大值和极大值的位置：
torch.return_types.max(
values=tensor([-0.2873,  1.3291, -0.0258]),
indices=tensor([0, 0, 2]))
```

```
********************
沿着最后一维返回极小值和极小值的位置：
torch.return_types.min(
values=tensor([-1.8910, -2.8328, -1.0102]),
indices=tensor([3, 1, 3]))
```

观察运行结果，分别使用内置函数方法和函数方法计算了张量的最大值、最小值以及对应的位置，读者可以举一反三进行实验。

PyTorch中还可以使用sort函数对张量元素进行排序，默认顺序是从小到大，如果要设置从大到小排序，则需要设置参数descending=True，类似地，传入具体需要排序的维度参数，返回的是排序完的张量，以及对应排序后的元素在原始张量上的位置。

如果想知道原始张量的元素沿着某个维度排第几位，只需要对相应排序后的元素在原始张量上的位置再次进行排序，得到的新位置的值即为原始张量沿着该方向进行大小排序后的序号。类似地，关于排序的函数，既可以使用PyTorch函数，也可以使用张量的内置方法，这两种方法调用效果是一样的。

【例3-19】　PyTorch张量排序。

输入如下代码：

```
# PyTorch张量排序
import torch
# 构建一个3×4的张量
a = torch.randn(3, 4)
print('*'*20)
print('沿着最后一维进行排序: ')
print(a.sort(-1))
```

运行结果如下：

```
********************
沿着最后一维进行排序:
torch.return_types.sort(
values=tensor([[-0.6962, -0.4064, -0.3000,  0.5713],
               [-0.6859, -0.2367,  0.5567,  0.6200],
               [-0.8764, -0.6555,  0.9474,  0.9530]]),
indices=tensor([[0, 3, 2, 1],
                [2, 1, 0, 3],
                [0, 3, 2, 1]]))
```

观察运行结果，返回的是排序后的张量和张量元素在该维度的原始位置。

4. 矩阵乘法

矩阵乘法是机器学习中被广泛应用的计算之一，矩阵乘法主要作用于两个张量的操作。矩阵乘法运算需要符合矩阵运算维度规则。

【例3-20】　　PyTorch矩阵乘法。

输入如下代码：

```
# PyTorch矩阵乘法
import torch
# 构建一个3×4的张量
a = torch.randn(3, 4)
# 构建一个4×3的张量
b = torch.randn(4, 3)
print('*'*20)
print('调用函数，返回3×3的矩阵：')
print(torch.mm(a, b))
print('*'*20)
print('内置函数，返回3×3的矩阵：')
print(a.mm(b))
print('*'*20)
print('@运算乘法，返回3×3的矩阵：')
print(a@b)
```

运行结果如下：

```
********************
调用函数，返回3×3的矩阵：
tensor([[-1.0345, -0.7913,  2.5026],
        [ 3.1115, -1.2465, -1.1551],
        [ 0.4183,  0.0984,  0.8743]])
********************
内置函数，返回3×3的矩阵：
tensor([[-1.0345, -0.7913,  2.5026],
        [ 3.1115, -1.2465, -1.1551],
        [ 0.4183,  0.0984,  0.8743]])
********************
@运算乘法，返回3×3的矩阵：
tensor([[-1.0345, -0.7913,  2.5026],
        [ 3.1115, -1.2465, -1.1551],
        [ 0.4183,  0.0984,  0.8743]])
```

观察运行结果，3种乘法实现的结果相同。

还可以使用torch.bmm函数实现批次矩阵乘法。

【例3-21】　　使用torch.bmm函数实现批次矩阵乘法。

输入如下代码：

```
# 使用torch.bmm函数实现批次矩阵乘法
import torch
# 构建一个2×3×4的矩阵
a = torch.randn(2, 3, 4)
# 构建一个2×4×3的矩阵
```

```
b = torch.randn(2, 4, 3)
print('*'*20)
print('内置函数，批次矩阵乘法：')
print(a.bmm(b))
print('*'*20)
print('函数形式，批次矩阵乘法：')
print(torch.bmm(a, b))
print('*'*20)
print('@符号，批次矩阵乘法：')
print(a@b)
```

运行结果如下：

```
********************
内置函数，批次矩阵乘法：
tensor([[[-0.7213, -1.0346, -0.6817],
         [ 2.9394,  1.4937,  0.9693],
         [ 0.1960,  5.0308,  0.5194]],

        [[-1.1051, -1.2298,  0.6826],
         [ 0.2770,  0.3015, -0.5334],
         [-0.2185, -2.5370,  0.9189]]])
********************
函数形式，批次矩阵乘法：
tensor([[[-0.7213, -1.0346, -0.6817],
         [ 2.9394,  1.4937,  0.9693],
         [ 0.1960,  5.0308,  0.5194]],

        [[-1.1051, -1.2298,  0.6826],
         [ 0.2770,  0.3015, -0.5334],
         [-0.2185, -2.5370,  0.9189]]])
********************
@符号，批次矩阵乘法：
tensor([[[-0.7213, -1.0346, -0.6817],
         [ 2.9394,  1.4937,  0.9693],
         [ 0.1960,  5.0308,  0.5194]],

        [[-1.1051, -1.2298,  0.6826],
         [ 0.2770,  0.3015, -0.5334],
         [-0.2185, -2.5370,  0.9189]]])
```

观察运行结果，3种方法的返回结果一样，这种方法在深度学习中常常需要用到。

5．张量拼接和分割

在机器学习中，经常会遇到需要把不同的张量按照某一个维度组合在一起，或者把一个张量按照一定的形状进行分割，这个时候需要用到张量分割和组合函数，主要有以下几个函数：torch.stack、torch.cat、torch.split和torch.chunk，其中前两个函数负责将多个张量堆叠和拼接成一个张量，后两个函数负责把一个张量分割成多个张量。这几个函数的运算较为复杂，下面详细说明。

torch.stack 函数的功能是在传入张量列表的同时指定并创建一个维度，把列表的张量沿着该维度堆叠起来，并返回堆叠以后的张量。传入张量列表中的所有张量的大小必须一致。

torch.cat 函数通过传入的张量列表指定某个维度，把列表中的张量沿着该维度堆叠起来，并返回堆叠以后的张量。传入的张量列表的所有张量除了指定堆叠的维度外，其他的维度大小必须一致。torch.cat 函数和 torch.stack 函数类似，都是对张量进行组合，这两个函数的区别在于：前者的维度一开始并不存在，会新建一个维度；后者的维度则是预先存在的，所有张量会沿着这个维度堆叠。

torch.split 函数的功能是执行前面的堆叠函数的反向操作，最后输出的是张量沿着某个维度分割后的列表。该函数需要传入3个参数，即被分割的张量、分割后维度的大小和分割后的维度。如果传入整数，则沿着传入的维度分割成好几段，每段沿着该维度的大小是传入的整数，如果传入的是整数列表，则按照列表整数的大小来分割这个维度。

torch.chunk 函数与 torch.stack 函数的功能类似，区别在于前者传入的整数参数是分段的函数，输入张量在该维度的大小需要被分割的段数整除。另外，类似地，张量有内置的 split 函数和 chunk 函数，与 torch.split 函数和 torch.chunk 函数等价。

下面举例说明这些函数的应用。

【例3-22】　PyTorch 张量的拼接和分割。

输入如下代码：

```
import torch
# 生成4个随机张量
a = torch.randn(3, 4)
b = torch.randn(3, 4)
c = torch.randn(3, 4)
d = torch.randn(3, 2)
print('*'*20)
print('沿着最后一个维度堆叠返回一个3×4×3的张量：')
e = torch.stack([a, b, c], -1)
print(e.shape)
print('*'*20)
print('沿着最后一个维度拼接返回一个3×9的张量：')
f = torch.cat([a, b, c], -1)
print(f.shape)
# 随机生成一个3×6的张量
g = torch.randn(3, 6)
print('*'*20)
print('沿着最后一个维度分割为3个张量：')
print(g.split([1, 2, 3], -1))
print('*'*20)
print('把张量沿着最后一维分割，分割为3个张量，大小均为3×2：')
print(g.chunk(3, -1))
```

运行结果如下：

```
* * * * * * * * * * * * * * * * * * * *
沿着最后一个维度堆叠返回一个3×4×3的张量：
torch.Size([3, 4, 3])
* * * * * * * * * * * * * * * * * * * *
沿着最后一个维度拼接返回一个3×9的张量：
torch.Size([3, 12])
* * * * * * * * * * * * * * * * * * * *
沿着最后一个维度分割为3个张量：
(tensor([[-0.5939],
        [ 0.6032],
        [-0.2311]]), tensor([[ 0.3763, -0.5403],
        [ 2.3555,  0.5978],
        [-0.4969, -0.2239]]), tensor([[ 0.4116,  0.6850,  0.6945],
        [-0.7743,  0.6834,  1.0178],
        [ 1.0816, -1.3302,  0.9424]]))
* * * * * * * * * * * * * * * * * * * *
把张量沿着最后一维分割，分割为3个张量，大小均为3×2：
(tensor([[-0.5939,  0.3763],
        [ 0.6032,  2.3555],
        [-0.2311, -0.4969]]), tensor([[-0.5403,  0.4116],
        [ 0.5978, -0.7743],
        [-0.2239,  1.0816]]), tensor([[ 0.6850,  0.6945],
        [ 0.6834,  1.0178],
        [-1.3302,  0.9424]]))
```

6. 维度扩充和压缩

在机器学习中，张量的一个常见操作是，沿着某个方向对张量进行扩增或者对张量进行压缩。对于一个张量来说，可以任意添加一个维度，该维度的大小为1，而不改变张量的数据，因为张量的大小等于所有维度大小的乘积，那些为1的维度不改变张量的大小。因此，可以在张量中添加任意数目维度为1的维度。在PyTorch中，使用torch.unsqueeze函数来增加维度，对应地使用torch.squeeze函数来减少维度。在深度学习中，经常需要用到维度扩充和压缩的操作。

【例3-23】　PyTorch维度的扩充和压缩。

输入如下代码：

```
# PyTorch维度的扩充和压缩
import torch
a = torch.randn(3, 4)
print('*'*20)
print('查看原张量a的维度：')
print(a.size())
print('*'*20)
print('扩增最后一维维度：')
print(a.unsqueeze(-1).shape)
print('*'*20)
```

```
print('再次扩增最后一维维度：')
b = a.unsqueeze(-1).unsqueeze(-1)
print(b.shape)
print('*'*20)
print('压缩所有大小为1的维度：')
print(b.squeeze().size())
```

运行结果如下：

```
********************
查看原张量a的维度：
torch.Size([3, 4])
********************
扩增最后一维维度：
torch.Size([3, 4, 1])
********************
再次扩增最后一维维度：
torch.Size([3, 4, 1, 1])
********************
压缩所有大小为1的维度：
torch.Size([3, 4])
```

观察运行结果，分别实现了对张量维度的扩增和压缩。

3.3　torch.nn 模块

torch.nn是专门为神经网络设计的模块化接口。torch.nn模块是PyTorch深度学习中最常用的模块之一，里面包含深度学习常用的一些层，本小节重点介绍卷积层、池化层、激活层、全连接层的使用方法。

3.3.1　卷积层

在计算机视觉（Computer Vision）中，卷积可以看作是输入层和卷积核之间的内积运算，是两个实数之间的一种数学运算。通过卷积运算，卷积核对输入数据进行卷积运算得到输出作为特征映射。输入数据通过每个卷积核均可以得到一个卷积映射。

使用卷积运算在图像识别、图像分割、图像重建等应用中有3个好处：

（1）稀疏连接：在卷积神经网络中，通过输入卷积核来进行卷积操作，使输入单元（图像或特征映射）和输出单元（特征映射）之间的连接是稀疏的，这样能够减少需要训练参数的数量，从而加快网络的计算速度。

（2）参数共享：模型中同一组参数可以被多个函数或操作共同使用。

（3）等变表示：由于卷积核尺寸可以远远小于输入尺寸，即减少需要学习的参数的数量，并且针对每个卷积层可以使用多个卷积核获取输入的特征映射，因此对数据具有很强的特征提取和表示能力，并且在卷积运算之后，使得卷积神经网络结构对输入的图像具有平移不变的性质。

在PyTorch中，针对卷积操作的对象和使用场景的不同，有一维卷积、二维卷积、三维卷积与转置卷积（卷积的逆操作），它们的使用方法比较相似，都是从torch.nn模块中调用，常用的卷积操作对应的类有torch.nn.Conv1d()、torch.nn.Conv2d()、torch.nn.Conv3d()、torch.nn.ConvTranspose1d()、torch.nn.ConvTranspose2d()、torch.nn.ConvTranspose3d()。在编程中，通常使用以下命令导入nn模块，然后通过nn模块导入相应的卷积模块：

```
import torch.nn as nn
```

常用的卷积模块类及其功能简介如表3-2所示。

表 3-2　常用的卷积模块类

对应的类	功能描述
nn.Conv1d()	在输入信号上应用 1D 卷积
nn.Conv2d()	在输入信号上应用 2D 卷积
nn.Conv3d()	在输入信号上应用 3D 卷积
nn.ConvTranspose1d()	在输入信号上应用 1D 转置卷积
nn.ConvTranspose2d()	在输入信号上应用 2D 转置卷积
nn.ConvTranspose3d()	在输入信号上应用 3D 转置卷积

这些卷积操作中的参数大多相似，下面以计算机视觉领域常用的nn.Conv2d()为例说明其参数，具体如表3-3所示。

表 3-3　nn.Conv2d()参数说明

参　　数	描　　述
in_channels	整数，输入图像的通道数，比如对于彩色图像而言，通道数为 3
out_channels	整数，经过卷积运算之后，输出图像的通道数
kernel_size	整数或者数组，卷积核的大小
stride	整数或者数组，如果是数组，则表示横向和纵向的移动不同，卷积的步长默认为 1
padding	整数或者数组，在输入的图像周围填充 0 的数量，主要是为了防止边缘信息的丢失
dilation	整数，卷积核元素之间的步幅，该参数可用于设置空洞卷积，多用在小物体检测中
groups	整数，从输入通道到输出通道的阻塞连接数
bias	布尔值，如果 bias=True，则添加偏置，默认为 True

在具体编程中，使用某些默认参数即可，通常需要设置的参数如下：

```
(in_channels, out_channels, kernel_size, stride, padding)
```

下面调用nn.Conv2d()举例说明对图像的卷积操作，为了简单起见，这里对灰度图像进行处理，首先将3通道的RGB彩色图像转换为单通道的灰色图像，待卷积处理的彩色图像如图3-2所示。

图 3-2　待 Conv2d 处理的卷积图像

【例3-24】　使用nn.Conv2d()对图像进行卷积处理。

输入如下代码：

```python
import torch
import torch.nn as nn
import matplotlib.pyplot as plt
from PIL import Image
import numpy as np

# 读取图片转化为灰度图，并转化为NumPy数组
img = Image.open("imgs/dog.jpg")
img_gray = np.array(img.convert("L"), dtype=np.float32)
plt.figure(figsize=(6, 6))
plt.imshow(img_gray, cmap=plt.cm.gray)
plt.axis("off")
plt.show()

# 将数组转化为张量
imh, imw = img_gray.shape
img_tensor = torch.from_numpy(img_gray.reshape(1, 1, imh, imw))

# 使用5×5的随机数构成的卷积核进行卷积操作
# 这里的卷积核是一个比较神奇的卷积核，中间的数值比较大，两边的数值比较小
kernel_size = 5
kernel = torch.ones(kernel_size, kernel_size, dtype=torch.float32) * -1
kernel[2, 2] = 24
kernel = kernel.reshape((1, 1, kernel_size, kernel_size))
# 进行卷积操作
conv2d = nn.Conv2d(1, 2, (kernel_size, kernel_size), bias=False)
conv2d.weight.data[0] = kernel
imgconv2dout = conv2d(img_tensor)
# 进行维度的压缩，这样图像才能展示出来
imgconv2dout_img = imgconv2dout.data.squeeze()
print("卷积之后的尺寸为：{}".format(imgconv2dout_img.shape))
```

```
# 显示图片
plt.figure(figsize=(12, 6))
plt.subplot(1,2,1)
plt.imshow(imgconv2dout_img[0], cmap=plt.cm.gray)
plt.axis("off")

plt.figure(figsize=(12, 6))
plt.subplot(1,2,2)
plt.imshow(imgconv2dout_img[1], cmap=plt.cm.gray)
plt.axis("off")
plt.show()
```

运行结果如下：

卷积之后的尺寸为：torch.Size([2, 496, 329])

程序运行之后的灰度化图像、边缘化卷积结果、随机处理结果分别如图3-3～图3-5所示。

图 3-3　灰度化结果

图 3-4　边缘化卷积结果

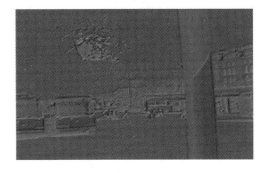

图 3-5　随机处理

观察运行结果，原图通过卷积操作实现了对图中特定区域的特征提取，增强了图中的某些区域，弱化了图中其他一些区域，这就是卷积实现的作用。

3.3.2　池化层

池化层通常在卷积层之后，其目的就是对卷积后得到的特征进行进一步的处理，经过池化后的数据会被降维。池化是一种几乎所有的卷积网络都会用到的操作。

在连续的卷积层中间存在的就是池化层，主要功能是：通过逐步减小表征的空间尺寸来减小参数量和网络中的计算，池化层在每个特征图（Feature Map）上独立操作。使用池化层可以压缩数据和参数的量，减小过拟合。

在池化层中，通过压缩减少特征数量的时候一般采用两种策略：

- Max Pooling：最大池化，一般采用该方式。
- Average Pooling：平均池化。

下面举例说明池化计算，如图3-6所示。假如输入是一个4×4的矩阵，用到的池化类型是最大池化。执行最大池化的树池是一个2×2的矩阵。执行过程非常简单，把4×4的输入拆分成不同的区域，把这个区域用不同颜色来标记。对于2×2的输出，输出的每个元素都是其对应颜色区域中的最大元素值。

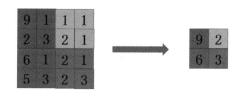

图 3-6　最大池化示意图

左上区域的最大值是9，右上区域的最大值是2，左下区域的最大值是6，右下区域的最大值是3。为了计算出右侧这4个元素值，需要对输入矩阵的2×2区域做最大值运算。这就像是应用了一个规模为2的过滤器，因为选用的是2×2区域，步幅是2，所以这些就是最大池化的超参数。

因为使用的滤波器为2×2，所以最后输出是9。然后向右移动2个步幅，计算出最大值2。然后是第二行，向下移动2步得到最大值6。最后向右移动3步，得到最大值3。这是一个2×2的矩阵，即f=2，步幅是2，即s=2。

这是对最大池化功能的直观理解，可以把这个4×4的输入看作是某些特征的集合，也就是神经网络中某一层的非激活值的集合。

数字大意味着可能探测到了某些特定的特征，左上象限具有的特征可能是一个垂直边缘、一只眼睛或是害怕遇到的CAP特征。显然左上象限中存在这个特征，这个特征可能是一只猫眼探测器。然而，右上象限并不存在这个特征。最大化操作的功能是只要在任何一个象限内提取到某个特征，它都会保留在最大化的池化输出里。所以最大化运算的实际作用就是，如果在过滤器中提取到某个特征，那么保留其最大值。如果没有提取到这个特征，可能在右上象限中不存在这个特征，那么其中的最大值还是很小，这就是最大池化的直观理解。

必须承认，人们使用最大池化的主要原因是该方法在很多实验中效果都很好，希望读者可以深入理解最大池化效率很高的真正原因。

其中一个有意思的特点是，它有一组超参数，但并没有参数需要学习。

另外，还有一种类型的池化——平均池化，它不太常用。简单介绍一下，顾名思义，这种运算选取的不是每个过滤器的最大值，而是平均值，如图3-7所示。

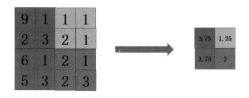

图 3-7　平均池化示意图

目前来说，最大池化比平均池化更常用。但也有例外，就是深度很深的神经网络，可以用平均池化来分解规模为$7\times7\times1000$的网络的表示层，在整个空间内求平均值，得到$1\times1\times1000$。但在神经网络中，最大池化要比平均池化用得更多。

总结一下，池化的超级参数包括过滤器大小f和步幅s，常用的参数值为f=2，s=2，应用频率非常高，其效果相当于高度和宽度缩减一半。也有使用f=3、s=2的情况。至于其他超级参数，就要看用的是最大池化还是平均池化了。也可以根据自己的意愿增加表示填充（padding）的其他超级参数，虽然很少这么用。大部分情况下，最大池化很少用填充。需要注意的一点是，池化过程中没有需要学习的参数。执行反向传播时，反向传播没有参数适用于最大池化。这些设置过的超参数，可能是手动设置的，也可能是通过交叉验证设置的。

类似于卷积层，在PyTorch中提供了多种池化的类，具体类和功能描述如表3-4所示。

表 3-4　PyTorch 中常用的池化操作

参　　数	描　　述
torch.nn.MaxPool1d()	1D 最大值池化
torch.nn.MaxPool2d()	2D 最大值池化
torch.nn.MaxPool3d()	3D 最大值池化
torch.nn.MaxUnPool1d()	1D 最大值池化的部分逆运算
torch.nn. MaxUnPool2d()	2D 最大值池化的部分逆运算
torch.nn. MaxUnPool3d()	3D 最大值池化的部分逆运算
torch.nn.AvgPool1d()	1D 平均池化

（续表）

参　　数	描　　述
torch.nn. AvgPool2d()	2D 平均池化
torch.nn. AvgPool3d()	3D 平均池化
torch.nn.AdaptiveMaxPool1d()	1D 自适应最大值池化
torch.nn.AdaptiveMaxPool2d()	2D 自适应最大值池化
torch.nn.AdaptiveMaxPool3d()	3D 自适应最大值池化
torch.nn.AdaptiveAvgPool1d()	1D 自适应平均池化
torch.nn.AdaptiveAvgPool2d()	2D 自适应平均池化
torch.nn.AdaptiveAvgPool3d()	3D 自适应平均池化

这些池化层类的参数基本类似，这里重点说明最常使用的torch.nn.MaxPool2d()池化用法，其具体用法如下：

```
torch.nn.MaxPool2d(kernel_size=1,
                   stride=None,
                   padding=0,
                   dilation=1,
                   return_indices=False,
                   ceil_mode=False)
```

其参数说明如表3-5所示。

表 3-5　池化操作的参数说明

参　　数	描　　述
kernel_size	表示做最大池化的窗口大小，可以是单个值，也可以是元组（tuple）
stride	步长，可以是单个值，也可以是元组
padding	填充，可以是单个值，也可以是元组
dilation	控制窗口中的元素的步幅
return_indices	布尔类型，返回最大值的位置索引
ceil_mode	布尔类型，为 True 时采用向上取整的方法来计算输出形状；默认是向下取整

下面举例说明池化层的用法。

【例3-25】　PyTorch验证池化层参数stride。

输入如下代码：

```
m = nn.MaxPool2d(kernel_size=(3, 3), stride=(2, 2))

# 定义输入
# 4个参数分别表示 (batch_size, C_in, H_in, W_in)
# 分别对应批处理大小、输入通道数、图像高度（像素）、图像宽度（像素）
# 为了简化表示，只模拟单张图片的输入，单通道图片，图片大小是6×6
input = torch.randn(1, 1, 6, 6)
print(input)
```

```
output = m(input)
print(output)
```

运行结果如下：

```
tensor([[[[-0.5081, -1.0308,  2.0305, -0.0715,  0.4716,  2.7853],
          [ 0.6709, -0.3137, -0.4656, -0.0875, -2.6933, -0.4369],
          [ 1.7701, -0.6315,  1.3389,  0.0091,  0.5041,  1.5466],
          [ 0.8449,  0.3311,  0.2811,  0.7226, -1.6229, -1.2715],
          [ 0.3366,  1.1876,  1.9532, -0.1924,  0.0430, -0.3897],
          [-0.6365,  0.4315,  1.6303,  0.4062, -1.3562,  0.7098]]]])
tensor([[[[2.0305, 2.0305],
          [1.9532, 1.9532]]]])
```

观察运行结果，这里使用stride=2，实现了池化操作，读者可以自己计算实现。

【例3-26】 PyTorch验证池化层的ceil_mode参数。

输入如下代码：

```
import torch
import torch.nn as nn

# 仅定义一个3×3 的池化层窗口
m = nn.MaxPool2d(kernel_size=(3, 3), stride=(2, 2), ceil_mode=True)

# 定义输入
# 4个参数分别表示 (batch_size, C_in, H_in, W_in)
# 分别对应批处理大小、输入通道数、图像高度（像素）、图像宽度（像素）
# 为了简化表示，只模拟单张图片的输入，单通道图片，图片大小是6×6
input = torch.randn(1, 1, 6, 6)
print(input)
output = m(input)
print('\n')
print(output)
```

运行结果如下：

```
tensor([[[[1.8843, 2.0371, 2.0371],
          [1.0227, 2.0371, 2.0371],
          [1.8134, 1.5055, 0.7914]]]])
```

观察运行结果，输出的大小由原来的2×2变成了现在的3×3，这就是向上取整的结果。这看起来像是对输入进行了填充，但是这个填充值不会参与到计算最大值中。

【例3-27】 PyTorch验证池化层的参数padding。

输入如下代码：

```
import torch
import torch.nn as nn

# 仅定义一个3×3的池化层窗口
```

```
m = nn.MaxPool2d(kernel_size=(3, 3), stride=(3, 3), padding=(1, 1))

# 定义输入
# 4个参数分别表示 (batch_size, C_in, H_in, W_in)
# 分别对应批处理大小、输入通道数、图像高度（像素）、图像宽度（像素）
# 为了简化表示，只模拟单张图片的输入，单通道图片，图片大小是6×6
input = torch.randn(1, 1, 6, 6)
print(input)
output = m(input)
print('\n')
print(output)
```

运行结果如下：

```
tensor([[[[0.6730, 0.9682],
          [0.7746, 1.1073]]]])
```

观察运行结果，对周围填充了一圈0，滑动窗口的范围就变化了，这就是填充的作用。但有一点需要注意，就是即使填充了0，这个0也不会被选为最大值。

【例3-28】　PyTorch验证池化层的参数return_indices。

输入如下代码：

```
import torch
import torch.nn as nn

# 仅定义一个3×3 的池化层窗口
m = nn.MaxPool2d(kernel_size=(3, 3), return_indices=True)

# 定义输入
# 4个参数分别表示 (batch_size, C_in, H_in, W_in)
# 分别对应批处理大小、输入通道数、图像高度（像素）、图像宽度（像素）
# 为了简化表示，只模拟单张图片输入，单通道图片，图片大小是6×6
input = torch.randn(1, 1, 6, 6)
print(input)
output = m(input)
print(output)
```

运行结果如下：

```
tensor([[[[ 0.3467, -0.6552, -0.7296,  0.6595, -1.1187,  0.5379],
          [ 0.0631,  0.3058, -0.1418,  0.0271, -0.8026, -0.1479],
          [-0.5973, -0.9574,  1.7868, -0.2455,  0.4184,  1.8019],
          [-0.6876, -0.3757, -0.3375,  1.3589, -1.0817,  2.0538],
          [-1.2885,  1.4778, -0.5707, -0.2192,  0.0051,  0.7479],
          [ 1.6132, -0.2888,  0.6017, -1.1512, -0.0520, -1.4696]]]])
(tensor([[[[1.7868, 1.8019],
          [1.6132, 2.0538]]]]), tensor([[[[14, 17],
          [30, 23]]]]))
```

观察运行结果，仅仅是多返回了一个位置信息。元素位置从0开始计数，6表示第7个元素，

9表示第10个元素，需要注意的是，返回值实际上是多维的数据，但是只看相关元素的位置信息，忽略维度的问题。

以上验证了池化操作的多个参数，下面使用图像举例说明池化操作的作用，待池化处理的图像如图3-8所示。

图 3-8　待池化处理的卷积图像

【例3-29】　PyTorch池化处理实际图像。

输入如下代码：

```python
from copy import deepcopy
from PIL import Image
import torch
import matplotlib.pyplot as plt
import numpy as np
from torch import nn

#输入图片
image = Image.open('./imgs/bridge.jpg')
image = image.convert("L")
image_np = np.array(image)

#读取图片信息并转换为张量
h, w = image_np.shape
image_tensor = torch.from_numpy(image_np.reshape(1, 1, h, w)).float()

kersize = 5
ker = torch.ones(kersize, kersize, dtype=torch.float32) * -1
temp = deepcopy(ker)

ker[2,2] = 24
conv2d = torch.nn.Conv2d(1, 2, (kersize, kersize), bias=False)
ker = ker.reshape((1, 1, kersize, kersize))
conv2d.weight.data[0] = ker
conv2d.weight.data[1] = temp
```

```
image_out = conv2d(image_tensor)
# 添加池化层——最大值池化层
# maxpool = nn.MaxPool2d(2,stride=2)
# pool_out = maxpool(image_out)

# 添加池化层——平均值池化层
# average_pool = nn.AvgPool2d(2,stride=2)
# pool_out = average_pool(image_out)

# 添加池化层——自适应平均池化层
adaverage_pool = nn.AdaptiveAvgPool2d(output_size=(100,100))
pool_out = adaverage_pool(image_out)

x = torch.linspace(-6,6,100)
print(type(x))

print(x)
pool_out_min = pool_out.squeeze()
image_out = image_out.squeeze()

#画图显示池化结果
plt.figure(figsize=(18,18),frameon=True)
plt.subplot(2,2,1)
plt.imshow(pool_out_min[1].detach(), cmap=plt.cm.gray)
plt.axis('off')

plt.subplot(2,2,2)
plt.imshow(image_out[1].detach(), cmap=plt.cm.gray)
plt.axis('off')

plt.subplot(2,2,3)
plt.imshow(pool_out_min[0].detach(), cmap=plt.cm.gray)
plt.axis('off')

plt.subplot(2,2,4)
plt.imshow(image_out[0].detach(), cmap=plt.cm.gray)
plt.axis('off')
plt.show()
```

运行结果如下：

```
<class 'torch.Tensor'>
tensor([-6.0000, -5.8788, -5.7576, -5.6364, -5.5152, -5.3939, -5.2727, -5.1515,
        -5.0303, -4.9091, -4.7879, -4.6667, -4.5455, -4.4242, -4.3030, -4.1818,
        -4.0606, -3.9394, -3.8182, -3.6970, -3.5758, -3.4545, -3.3333, -3.2121,
        -3.0909, -2.9697, -2.8485, -2.7273, -2.6061, -2.4848, -2.3636, -2.2424,
        -2.1212, -2.0000, -1.8788, -1.7576, -1.6364, -1.5152, -1.3939, -1.2727,
        -1.1515, -1.0303, -0.9091, -0.7879, -0.6667, -0.5455, -0.4242, -0.3030,
        -0.1818, -0.0606,  0.0606,  0.1818,  0.3030,  0.4242,  0.5455,  0.6667,
         0.7879,  0.9091,  1.0303,  1.1515,  1.2727,  1.3939,  1.5152,  1.6364,
         1.7576,  1.8788,  2.0000,  2.1212,  2.2424,  2.3636,  2.4848,  2.6061,
         2.7273,  2.8485,  2.9697,  3.0909,  3.2121,  3.3333,  3.4545,  3.5758,
         3.6970,  3.8182,  3.9394,  4.0606,  4.1818,  4.3030,  4.4242,  4.5455,
         4.6667,  4.7879,  4.9091,  5.0303,  5.1515,  5.2727,  5.3939,  5.5152,
```

5.6364, 5.7576, 5.8788, 6.0000])

运行结果得到的图像如图3-9所示，4个子图分别为左上普通卷积、右上普通卷积池化结果、左下自适应平均池化、右下自适应平均池化的结果。

同理，可以得到最大池化的结果，如图3-10所示，4个子图分别为左上普通卷积、右上普通卷积池化结果、左下自适应平均池化、右下自适应平均池化的结果。

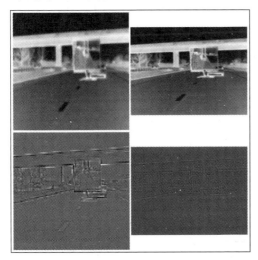

图 3-9　自适应平均池化操作之后的图像

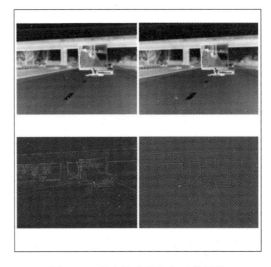

图 3-10　最大池化操作之后的图像

同理，可以得到平均池化的结果，如图3-11所示，4个子图分别为左上普通卷积、右上普通卷积池化结果、左下自适应平均池化、右下自适应平均池化的结果。

观察发现最大池化的结果比自适应平均池化的可视化结果要好，值得说明的是，实际使用中最大池化也是应用得最多的池化类型，以上实验的可视化结果也说明了这一现象。

3.3.3　激活层

神经网络中的每个神经元节点接受上一层神经元的输出值作为本神经元的输入值，并将输入值传递给下一层，输入层神经元节点会将输入属性值直接传递给下

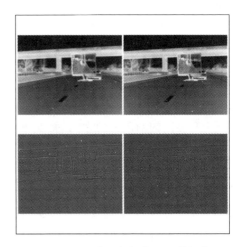

图 3-11　平均池化操作之后的图像

一层（隐层或输出层）。在多层神经网络中，上层节点的输出和下层节点的输入之间具有一个函数关系，这个函数称为激活函数（又称激励函数）。

如果不用激励函数，在这种情况下每一层节点的输入都是上一层输出的线性函数，很容易验

证，无论神经网络有多少层，输出都是输入的线性组合，与没有隐藏层效果相当，这种情况就是最原始的感知机（Perceptron）了，那么网络的逼近能力就相当有限。正是这个原因，神经网络必须引入非线性函数作为激励函数，这样深层神经网络的表达能力就更加强大（不再是输入的线性组合，而是几乎可以逼近任意函数）。

明确了这一点之后，就需要构建激活函数了。一个好的激活函数需要具备以下属性：

（1）非线性：即导数不是常数。这个条件是多层神经网络的基础，可保证多层网络不退化成单层线性网络。这也是激活函数的意义所在。

（2）几乎处处可微：可微性保证了在优化中梯度的可计算性。传统的激活函数，如Sigmoid等满足处处可微。对于分段线性函数，比如ReLU（Rectified Linear Unit，修正线性单元），只满足几乎处处可微（仅在有限个点处不可微）。对于随机梯度优化算法来说，由于几乎不可能收敛到梯度接近零的位置，因此有限的不可微点对于优化结果不会有很大影响。

（3）计算简单：非线性函数有很多，极端地说，一个多层神经网络也可以作为一个非线性函数，类似于 *Network In Network* 论文中把它当作卷积操作的做法。但激活函数在神经网络前向的计算次数与神经元的个数成正比，因此简单的非线性函数自然更适合用作激活函数，这也是ReLU之流比其他使用Exp（指数）等操作的激活函数更受欢迎的一个原因。

（4）非饱和性（Saturation）：饱和指的是在某些区间梯度接近零（梯度消失），使得参数无法继续更新的问题。最经典的例子是Sigmoid，它的导数在 x 为比较大的正值和比较小的负值时都接近0。更极端的例子是阶跃函数，由于它在几乎所有位置的梯度都为0，因此处处饱和，无法作为激活函数。ReLU在 $x>0$ 时导数恒为1，因此对于再大的正值也不会饱和。

（5）单调性（Monotonic）：即导数符号不变。这个性质大部分激活函数都有，除了sin、cos等。个人理解，单调性使得在激活函数处的梯度方向不会经常改变，从而让训练更容易收敛。

（6）输出范围有限：有限的输出范围使得网络对于一些比较大的输入也会比较稳定，这也是为什么早期的激活函数都以此类函数为主，如Sigmoid、Tanh。但这导致了前面提到的梯度消失问题，而且强行让每一层的输出限制到固定范围会限制其表达能力。因此，现在这类函数仅用于某些需要特定输出范围的场合，比如概率输出，此时损失（loss）函数中的log运算能够抵消其梯度消失的影响。

（7）接近恒等变换（Identity）：即约等于 x。这样的好处是使得输出的幅值不会随着深度的增加而发生显著的增加，从而使网络更为稳定，同时梯度也能够更容易地回传。这与非线性是有点矛盾的，因此激活函数基本只是部分满足这个条件，比如Tanh只在原点附近有线性区（在原点为0且在原点的导数为1），而ReLU只在 $x>0$ 时为线性。这个性质也让初始化参数范围的推导更为简单。

（8）参数少：大部分激活函数都是没有参数的。像PReLU（Parameteric Rectified Linear Unit，参数化修正线性单元）带单个参数会略微增加网络的大小。还有一个例外是Maxout（最大值函数），尽管本身没有参数，但在同样的输出通道数时，k 路Maxout需要的输入通道数是其他函数的 k 倍，这意味着神经元数目也需要变为 k 倍；但如果不考虑维持输出通道数，该激活函数又能将参数个数减少为原来的 k 倍。

（9）归一化（Normalization）：这是最近提出的概念，对应的激活函数是SELU（Scaled Exponential Linear Unit，比例指数线性单元），主要思想是使样本分布自动归一化到零均值、单位方差的分布，从而稳定训练。在这之前，这种归一化的思想也被用于网络结构的设计，比如Batch Normalization（批量归一化）。

（10）零中心化（Zero-Centered，ZC）：Sigmoid函数的输出值恒大于0，这会导致模型训练的收敛速度变慢。深度学习往往需要大量时间来处理大量数据，模型的收敛速度是尤为重要的。所以，总体上来讲，训练深度学习网络尽量使用零中心化数据（可以经过数据预处理来实现）和零中心化输出。

PyTorch中提供了十几种激活函数层所对应的类，但常用的激活函数只有少数几种，这里选择几个常用的激活函数说明，如表3-6所示。

表3-6　PyTorch 中常用的激活函数

参　　　数	描　　　述
torch.nn.Sigmoid	Sigmoid 激活函数
torch.nn.Tanh	Tanh 激活函数
torch.nn.ReLU	ReLU 激活函数

1．Sigmoid函数

Sigmoid函数的图像看起来像一个S形曲线，所以该函数又被成为S型函数，它的公式如下：

$$f(x) = \frac{1}{1 + e^{-x}}$$

该激活函数具有以下特点：

（1）Sigmoid函数的输出范围是0～1。由于输出值在0和1之间，因此它可以对每个神经元的输出进行归一化。

（2）因为Sigmoid函数的输出范围是0～1，所以可以将预测概率作为输出的模型。

（3）梯度平滑，避免跳跃的输出值。

（4）容易梯度消失。

（5）函数输出不是以0为中心的，这会降低权重更新的效率。

（6）Sigmoid函数是指数运算，计算机运行得较慢。

2．Tanh函数

Tanh函数的图像看起来像一个有点扁的S形曲线。Tanh是一个双曲正切函数，和Sigmoid函数的曲线相似，但是它比Sigmoid函数更有优势。其公式如下：

$$f(x) = \frac{2}{1+e^{-2x}} - 1$$

该函数具有以下特点：

（1）当输入较大或较小时，输出几乎是平滑的且梯度较小，这不利于权重更新。二者的区别在于输出间隔，Tanh的输出间隔为1，并且整个函数以0为中心，比Sigmoid函数更好。

（2）在Tanh图中，输入是负数信号，输出也是负数信号。

（3）在一般的二元分类问题中，Tanh函数用于隐藏层，而Sigmoid函数用于输出层，但这并不是固定的，需要根据特定问题进行调整。

3．ReLU函数

ReLU函数是深度学习中较为流行的一种激活函数。其公式如下：

$$f(x) = \begin{cases} \max(0, x) & x \geqslant 0 \\ 0 & x < 0 \end{cases}$$

该激活函数的特点如下：

（1）当输入为正时，不存在梯度饱和问题。

（2）计算速度快。ReLU函数中只存在线性关系，因此它的计算速度比Sigmoid函数和Tanh函数更快。

（3）当输入为负时，ReLU函数完全失效，在正向传播过程中，这不是问题。有些区域很敏感，有些则不敏感。但是在反向传播过程中，如果输入负数，则梯度将完全为零。

以下使用PyTorch中的激活函数可视化上面介绍的几种激活函数的图像。

【例3-30】 PyTorch可视化常用的激活函数。

输入如下代码：

```
import torch
import matplotlib.pyplot as plt

#定义输入
input= torch.linspace(-10,10,2000)
X = input.numpy()

#定义激活函数
y_relu = torch.relu(input).data.numpy()
y_sigmoid =torch.sigmoid(input).data.numpy()
y_tanh = torch.tanh(input).data.numpy()

#画图显示结果
plt.figure(1, figsize=(10, 8))
```

```
plt.subplot(221)
plt.plot(X, y_relu, c='red', label='relu')
plt.legend(loc='best')
plt.subplot(222)
plt.plot(X, y_sigmoid, c='black', label='sigmoid')
plt.legend(loc='best')
plt.subplot(223)
plt.plot(X, y_tanh, c='blue', label='tanh')
plt.legend(loc='best')
plt.show()
```

运行结果如图3-12所示。

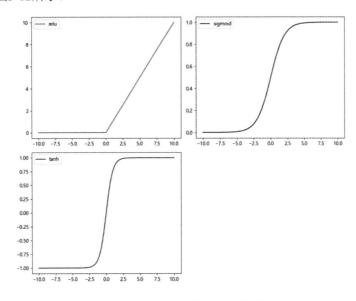

图 3-12　PyTorch 中常用的激活函数的可视化

3.3.4　全连接层

通常所说的全连接层是指一个由多个神经元组成的神经网络层，其所有的输出和该层的输入都有连接，即每个输入都会影响所有神经元的输出。在PyTorch中，torch.nn.Linear()表示线性变换，全连接层可以看作是torch.nn.Linear()表示的线性变换层再加上一个激活函数所构成的结构，torch.nn.Linear参数说明如表3-7所示。

表 3-7　torch.nn.Linear 参数说明

参　　数	描　　述
in_feature	nn.Linear 初始化的第一个参数，即输入张量最后一维的通道数
out_feature	nn.Linear 初始化的第二个参数，即返回张量最后一维的通道数

下面举例说明torch.nn.Linear的使用方法。

【例3-31】 PyTorch全连接层算法验证。

输入如下代码：

```
import torch
from torch import nn

#定义输入
input1 = torch.tensor([[10., 20., 30.]])
#定义网络
linear_layer = nn.Linear(3, 5)
#定义权重
linear_layer .weight.data = torch.tensor([[1., 1., 1.],
                                           [2., 2., 2.],
                                           [3., 3., 3.],
                                           [4., 4., 4.],
                                           [5., 5., 5.]])

#定义偏置
linear_layer .bias.data = torch.tensor(0.6)
#输出并打印输出
output = linear_layer(input1)
print(input1)
print(output, output.shape)
```

运行结果如下：

```
tensor([[10., 20., 30.]])
tensor([[ 60.6000, 120.6000, 180.6000, 240.6000, 300.6000]],
       grad_fn=<AddmmBackward0>) torch.Size([1, 5])
```

3.4 自动求导

autograd包是PyTorch中所有神经网络的核心。首先简要地介绍它，然后训练第一个PyTorch神经网络。autograd包为Tensor上的所有操作提供自动求导，它是一个由运行定义的框架，这意味着以代码运行方式定义后向传播，并且每次迭代都可以不同。下面以张量（tensor）和梯度（gradients）为例进行说明。

torch.Tensor是包的核心类，如果将其属性.requires_grad设置为True，则会开始跟踪针对张量的所有操作，完成计算后，可以调用.backward()来自动计算所有梯度，该张量的梯度将累积到.grad属性中。

要停止张量历史记录的跟踪，可以调用.detach()，它将计算与历史记录分离，并防止将来的计算被跟踪。

要停止跟踪历史记录（和使用内存），还可以将代码块使用with torch.no_grad():包装起来，这在评估模型时特别有用，因为模型在训练阶段具有requires_grad=True的可训练参数有利于调参，但在评估阶段不需要梯度。

还有一个类对于自动求导（autograd）的实现非常重要，即Function类，Tensor和Function互相连接并构建一个非循环图，它保存整个完整的计算过程的历史信息。每个张量都有一个.grad_fn属性保存着创建了张量的Function的引用。

如果想计算导数，则可以调用Tensor.backward()。如果Tensor是标量（它包含一个元素数据），则反向传播（backward()）而不需要指定任何参数，但是如果它有更多元素，则需要一个梯度（gradient）参数来指定张量的形状。下面举例说明。

【例3-32】　创建一个张量来跟踪与它相关的计算。

输入如下代码：

```python
# 创建一个张量来跟踪与它相关的计算
import torch
x = torch.ones(2, 2, requires_grad=True)
print(x)
print('*'*20)
print('针对张量做一个操作: ')
y = x + 2
print(y)
print(y.grad_fn)
print('*'*20)
print('针对张量y做更多操作: ')
z = y * y * 3
out = z.mean()
print(z, out)
```

运行结果如下：

```
tensor([[1., 1.],
        [1., 1.]], requires_grad=True)
********************
针对张量做一个操作:
tensor([[3., 3.],
        [3., 3.]], grad_fn=<AddBackward0>)
<AddBackward0 object at 0x000002477244B400>
********************
针对张量y做更多操作:
tensor([[27., 27.],
        [27., 27.]], grad_fn=<MulBackward0>) tensor(27., grad_fn=<MeanBackward0>)
```

创建一个张量，设置requires_grad=True来跟踪与它相关的计算，y作为操作的结果被创建，所以它有grad_fn。针对y做更多的操作，可以看到.requires_grad_(...)会改变张量的requires_grad标记。

反向传播之后，就可以计算梯度。在反向传播中，因为输出包含一个标量，所以 out.backward() 等同于 out.backward(torch.tensor(1.))。

【例3-33】　　张量梯度计算。

输入如下代码：

```
import torch
x = torch.ones(2, 2, requires_grad=True)
y = x + 2
z = y * y * 3
out = z.mean()
# 反向传播
out.backward()
print('*'*20)
print('x的梯度: ')
print(x.grad)
```

运行结果如下：

```
********************
x的梯度:
tensor([[4.5000, 4.5000],
        [4.5000, 4.5000]])
```

下面看一个雅克比向量积的梯度计算，这种算法是深度学习中常用的算法，是梯度反向传播的基础，因此在这里举例说明。

【例3-34】　　雅克比向量积的梯度计算。

输入如下代码：

```
import torch
x = torch.randn(3, requires_grad=True)
y = x * 2
while y.data.norm() < 1000:
    y = y * 2
print('*'*20)
print('查看张量y: ')
print(y)
v = torch.tensor([0.1, 1.0, 0.0001], dtype=torch.float)
y.backward(v)
print('*'*20)
print('x的梯度: ')
print(x.grad)
```

运行结果如下：

```
********************
查看张量y:
tensor([ -835.2056, -1153.6725,   848.6769], grad_fn=<MulBackward0>)
```

```
* * * * * * * * * * * * * * * * * * * * *
```

x的梯度:
```
tensor([5.1200e+01, 5.1200e+02, 5.1200e-02])
```

观察运行结果,在这种情况下,y不再是一个标量。torch.autograd不能直接计算整个雅可比,但是如果只想要计算雅可比向量积,只需要简单地传递向量给backward作为参数即可。

可以通过将代码包裹在with torch.no_grad()中来停止对跟踪历史中的.requires_grad=True的张量的自动求导。

【例3-35】 使用with torch.no_grad()停止跟踪求导。

输入如下代码:

```python
# 使用with torch.no_grad()停止跟踪求导
import torch

#定义tensor
x = torch.randn(3, requires_grad=True)
y = x * 2
while y.data.norm() < 1000:
    y = y * 2
v = torch.tensor([0.1, 1.0, 0.0001], dtype=torch.float)
#反向传播
y.backward(v)

#打印显示
print(x.requires_grad)
print((x ** 2).requires_grad)

with torch.no_grad():
    print((x ** 2).requires_grad)
```

运行结果如下:

```
True
True
False
```

观察运行结果,with torch.no_grad()停止了对跟踪历史中x的自动求导。

3.5 小结

本章详细讲解了PyTorch的基础知识,主要包括张量的创建和基本操作、torch.nn模块、自动导数。读者通过本章的学习和编程实践可以掌握PyTorch的基础知识,以方便对后面章节更深入内容的理解。

## 第 4 章

卷 积 网 络

4

本章主要介绍使用PyTorch构建卷积网络，从浅层网络逐渐建立深层网络，掌握了卷积网络才能掌握现代深度学习技术，当然随着本书逐渐深入，内容会越来越复杂。

学习目标：

（1）掌握卷积网络的原理。

（2）掌握NumPy构建神经网络。

（3）掌握PyTorch构建深度卷积网络。

4.1 卷积网络的原理

卷积网络（Convolutional Network，LeCun, 1989）也叫作卷积神经网络（Convolutional Neural Network，CNN），是一种专门用来处理具有类似网格结构的数据的神经网络。例如时间序列数据（可以认为是在时间轴上有规律地采样形成的一维网格)和图像数据(可以看作是二维的像素网格)。卷积网络表明该网络使用了卷积（Convolution）这种数学运算。卷积是一种特殊的线性运算，卷积网络是指那些至少在网络的一层中使用卷积运算来替代一般的矩阵乘法运算的神经网络。

目前，卷积网络在计算机视觉领域大放异彩。随着深度学习技术的崛起，卷积神经网络技术成为深度学习领域最重要的研究方向。虽然大部分人对这项技术并不是很了解，但是它却已经普及到人们生活的各个方面。

4.1.1 卷积运算

CNN本质上是一个多层感知机，其成功的原因关键在于它所采用的局部连接和共享权值的方式，一方面减少了权值的数量使得网络易于优化，另一方面降低了过拟合的风险。CNN是神经网络中的一种，它的权值共享网络结构使之更类似于生物神经网络，降低了网络模型的复杂度，减少了权值的数量。该优点在网络的输入是多维图像时表现得更为明显，使图像可以直接作为网络的输入，避免了传统识别算法中复杂的特征提取和数据重建过程。在二维图像处理上有众多优势，如网络能自行抽取图像特征，包括颜色、纹理、形状及图像的拓扑结构；在处理二维图像问题上，特别是识别位移、缩放及其他形式扭曲不变性的应用上具有良好的鲁棒性和运算效率等。

卷积神经网络主要包括：输入层（Input Layer）、卷积层（Convolution Layer）、激活层（Activation Layer）、池化层（Poling Layer）、全连接层（Full-Connected Layer）、输出层（Output Layer）。有些概念前面章节已经接触过了，这里主要讲解卷积运算。

人的大脑在识别图片的过程中，会由不同的皮质层处理不同方面的数据，比如颜色、形状、光暗等，然后对不同皮质层的处理结果进行合并映射操作，得出最终的结果值，第一部分实质上是一个局部的观察结果，第二部分才是整体的结果合并。

基于人脑的图片识别过程，可以认为图像的空间联系也是局部的像素联系比较紧密，而较远的像素相关性比较弱，所以每个神经元没有必要对全局图像进行感知，只要对局部进行感知，在更高层次对局部的信息进行综合操作得出全局信息即可。

深度（depth）、步长（stride）、零填充（zero-padding）是卷积运算中的3个基础概念，非常重要，这些概念看名字就可以知道其含义。

下面举例说明以上3个概念的含义。在神经网络中，输入是向量，而在卷积神经网络中，输入是一个多通道图像。卷积运算过程如图4-1所示。

图中深度为3，步长为1，填充为0。

第一层卷积使用的是6个5×5×3的卷积核，得到6个28×28×1的特征图。

第二层卷积使用的是10个5×5×6的卷积和，得到10个24×24×1的特征图。

通过卷积计算，读者可以理解以下3个概念。

- 局部感知：在进行计算的时候，将图片划分为一个个区域进行计算、考虑。
- 参数共享机制：假设每个神经元连接数据窗的权重是固定的。
- 滑动窗口重叠：降低窗口与窗口之间的边缘不平滑的特性。

在进行卷积层处理之前，有可能向输入数据的周围填入固定的值（比如0），称之为填充。

假设原图像数据形状为(5,5)，通过填充，输入数据变成了(7,7)，然后应用大小为(3,3)的卷积核，生成了(3,3)的输出数据，这里步长设置为2。

使用填充主要是为了调整输出的大小，因为每次进行卷积都会缩小空间，那么在多次卷积后大小可能为1，导致无法继续再应用卷积运算。

卷积运算可以在保持空间大小不变的情况下将数据传递给下一层。

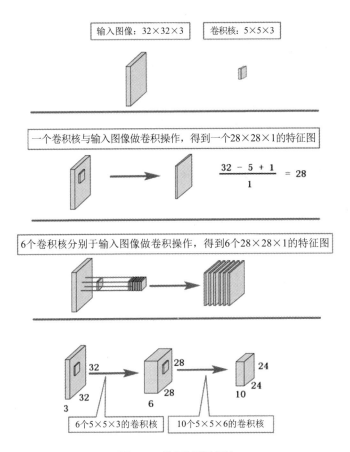

图 4-1 卷积运算过程

对于输入大小为(7,7)的数据，以步幅为2应用卷积核，输出大小为(3,3)。如果步幅设置为1，输出大小为(5,5)。

增大步长后，输出大小会变小；增大填充后，输出大小会变大。

设输入大小为(H,W)，卷积核大小为(FH,FW)，输出大小为(OH,OW)，填充为P，步幅为S，此时可得出下面的公式：

$$OH = \frac{H+2P-FH}{S}+1 \qquad OW = \frac{H+2P-FW}{S}+1$$

4.1.2 卷积网络与深度学习

通常，卷积网络训练中代价最大的部分是学习特征。输出层的计算代价通常相对不高，因为在通过若干层池化之后作为该层输入的特征的数量较少。当使用梯度下降执行监督训练时，每步梯度计算需要完整地运行整个网络的前向传播和反向传播。减少卷积网络训练成本的一种方式是使用那些不是由监督方式训练得到的特征。

有3种基本策略可以不通过监督训练而得到卷积核。其中一种是简单地随机初始化它们。另一种是手动设计它们，例如设置每个核在一个特定的方向或尺度来检测边缘。最后一种是使用无监督的标准来学习核。使用无监督的标准来学习特征，允许这些特征的确定与位于网络结构顶层的分类层相分离。然后只需提取一次全部训练集的特征，构造用于最后一层的新训练集。假设最后一层类似逻辑回归或者支持向量机，那么学习最后一层通常是凸优化问题。

卷积网络在深度学习的历史中发挥了重要作用，它是将人类对于大脑的研究成功用于机器学习的关键例子，也是首批表现良好的深度模型之一（远远早于后来深度模型被认可）。卷积网络是第一个解决重要商业应用的神经网络，并且仍然处于当今深度学习商业应用的前沿。例如，在20世纪90年代，AT&T的神经网络研究小组开发了一个用于读取支票的卷积网络。到20世纪90年代末，NEC部署的这个系统已经被用于读取美国10%以上的支票。后来，微软部署了若干个基于卷积网络的OCR和手写识别系统。

卷积网络也被用作在许多比赛中的取胜手段。例如ImageNet对象识别挑战赛，由脸书（Facebook）牵头，微软、亚马逊和麻省理工等知名企业与高校联合举办的人脸视频深度伪造检测挑战赛（Deep Fake Detection Challenge，DFDC）等，都是以卷积网络为基础的深度学习网络。

卷积网络是第一批能使用反向传播有效训练的深度网络之一。现在仍不完全清楚为什么卷积网络在一般的反向传播网络被认为已经失败时反而成功了。这可能可以简单地归结为卷积网络比全连接网络计算效率更高，因此使用它们运行多个实验并调整它们的实现和超参数更容易。更大的网络也似乎更容易训练。利用现代硬件，大型全连接的网络在许多任务上表现得很合理，即使使用过去那些全连接网络被认为不能工作得很好的数据集和当时流行的激活函数，现在也能执行得很好。心理可能是神经网络成功的主要阻碍（实践者没有期望神经网络有效，所以他们没有认真努力地使用神经网络）。无论如何，卷积网络在几十年前就表现良好，在许多方面，它为一般的神经网络被接受铺平了道路。

卷积网络提供了一种方法来特化神经网络，使它能够处理具有清楚的网格结构拓扑的数据，以及将这样的模型扩展到非常大的规模，这种方法在二维图像拓扑上是最成功的。

4.2 NumPy 建立神经网络

为了让读者更容易理解PyTorch卷积神经网络的建立过程，本节从NumPy入手建立卷积网络，这样可以呈现和理解网络的每一个细节，在后续章节中将逐渐过渡到PyTorch深度神经网络编程。

一个典型的神经网络训练过程包括以下几个部分：

- 定义一个包含可训练参数的神经网络。
- 迭代整个输入。

- 通过神经网络处理输入。
- 计算损失（Loss）。
- 反向传播梯度到神经网络的参数。
- 更新网络的参数。

这里以全连接的ReLU网络为例，为了简单起见，该网络只设置一个隐含层，使用梯度下降进行训练，使用欧几里得距离来拟合随机生成的数据。

【例4-1】　NumPy构建神经网络。

输入如下代码：

```python
# -*- coding: utf-8 -*-
import numpy as np

# N是批量大小，D_in是输入维度
# H是隐藏的维度，D_out是输出维度
N, D_in, H, D_out = 64, 1000, 100, 10

# 创建随机输入和输出数据
x = np.random.randn(N, D_in)
y = np.random.randn(N, D_out)

# 随机初始化权重
w1 = np.random.randn(D_in, H)
w2 = np.random.randn(H, D_out)

learning_rate = 1e-6
for t in range(500):
    # 前向传递：计算预测值y
    h = x.dot(w1)
    h_relu = np.maximum(h, 0)
    y_pred = h_relu.dot(w2)

    # 计算和打印损失loss
    loss = np.square(y_pred - y).sum()
    if t % 100 == 0:
        print(t, loss)

    # 反向传播，计算w1和w2对loss的梯度
    grad_y_pred = 2.0 * (y_pred - y)
    grad_w2 = h_relu.T.dot(grad_y_pred)
    grad_h_relu = grad_y_pred.dot(w2.T)
    grad_h = grad_h_relu.copy()
    grad_h[h < 0] = 0
    grad_w1 = x.T.dot(grad_h)

    # 更新权重
    w1 -= learning_rate * grad_w1
    w2 -= learning_rate * grad_w2
```

运行结果如下：

```
0 25847159.901964996
100 496.9458077566041
200 2.5990308707427605
300 0.020424930284364727
400 0.0001836203838199991
```

　　该网络只有一个隐含层，但已经包含神经网络训练所需的各个部分。这里设置循环迭代500次，每隔100次迭代显示一次结果。从结果可以看出，随着迭代次数的增加，损失（loss）越来越小，说明神经网络已经学习到了关于目标的知识。

4.3　PyTorch 建立神经网络

　　本节十分重要，将使用PyTorch从无到有建立神经网络，剖析PyTorch建立神经网络的细节，实现神经网络优化，读者学好本节内容就可以使用PyTorch建立神经网络完成一些简单的分类任务。

4.3.1　建立两层神经网络

　　本小节使用PyTorch的tensor手动在神经网络中实现前向传播和反向传播，这里使用PyTorch建立一个两层的神经网络。

　　【例4-2】　PyTorch建立两层的神经网络，实现前向传播和反向传播。

```
# -*- coding: utf-8 -*-
import torch

dtype = torch.float
device = torch.device("cpu")
# device = torch.device ("cuda: 0") #取消注释以在GPU上运行

# N是批量大小，D_in是输入维度
# H是隐藏的维度，D_out是输出维度
N, D_in, H, D_out = 64, 1000, 100, 10

#创建随机输入和输出数据
x = torch.randn(N, D_in, device=device, dtype=dtype)
y = torch.randn(N, D_out, device=device, dtype=dtype)

# 随机初始化权重
w1 = torch.randn(D_in, H, device=device, dtype=dtype)
w2 = torch.randn(H, D_out, device=device, dtype=dtype)

learning_rate = 1e-6
for t in range(500):
    # 前向传递：计算预测y
    h = x.mm(w1)
    h_relu = h.clamp(min=0)
    y_pred = h_relu.mm(w2)

    # 计算和打印损失
    loss = (y_pred - y).pow(2).sum().item()
```

```
if t % 100 == 0:
    print(t, loss)

# Backprop计算w1和w2相对于损耗的梯度
grad_y_pred = 2.0 * (y_pred - y)
grad_w2 = h_relu.t().mm(grad_y_pred)
grad_h_relu = grad_y_pred.mm(w2.t())
grad_h = grad_h_relu.clone()
grad_h[h < 0] = 0
grad_w1 = x.t().mm(grad_h)

# 使用梯度下降更新权重
w1 -= learning_rate * grad_w1
w2 -= learning_rate * grad_w2
```

运行结果如下：

```
0 37513696.0
100 1153.275146484375
200 18.355030059814453
300 0.4196939468383789
400 0.0113478982821110691
```

观察运行结果，得到了与使用NumPy类似的结果，由于采用的是随机数，因此结果不完全相同，这里只观察趋势，预测值和目标值的损失越来越小，说明网络得到了正确的结果。

4.3.2 神经网络参数更新

上一小节已经通过手动改变包含可学习参数的张量来更新模型的权重。对于随机梯度下降（Stochastic Gradient Descent，SGD）等简单的优化算法来说，这不是一个很大的负担。

但在实际任务中，经常使用AdaGrad、RMSProp、Adam等更复杂的优化器来训练神经网络，这是因为这些优化方式可以得到更好的效果。幸运的是，PyTorch已经将这些方法集成在torch.nn.optim包中，可以直接调用，不需要用户自己实现这些优化方法。

【例4-3】　PyTorch优化模块optim优化器的调用。

```
import torch
# N是批大小，D是输入维度
# H是隐藏层维度，D_out是输出维度
N, D_in, H, D_out = 64, 1000, 100, 10

# 产生随机输入和输出张量
x = torch.randn(N, D_in)
y = torch.randn(N, D_out)
# 使用nn包定义模型和损失函数
model = torch.nn.Sequential(
        torch.nn.Linear(D_in, H),
        torch.nn.ReLU(),
        torch.nn.Linear(H, D_out),
```

```
    )
loss_fn = torch.nn.MSELoss(reduction='sum')

# 使用optim包定义优化器（optimizer）。optimizer将会更新模型的权重
# 这里使用Adam优化方法，optim包还包含许多别的优化算法
# Adam构造函数的第一个参数告诉优化器应该更新哪些张量
learning_rate = 1e-4
optimizer = torch.optim.Adam(model.parameters(), lr=learning_rate)

for t in range(500):
    # 前向传播：通过向模型输入x计算预测的y
    y_pred = model(x)

    # 计算并打印loss
    loss = loss_fn(y_pred, y)
    if t % 100 == 0:
        print(t, loss.item())

    # 在反向传播之前，使用optimizer将它要更新的所有张量的梯度清零（这些张量是模型可学习的权重）
    optimizer.zero_grad()

    # 反向传播：根据模型的参数计算loss的梯度
    loss.backward()

    # 调用optimizer的step函数使它所有参数更新
    optimizer.step()
```

运行结果如下：

```
0 675.442138671875
100 55.492733001708984
200 1.3338629007339478
300 0.008335955440998077
400 1.4048048797121737e-05
```

观察运行结果，这里使用torch.nn.Sequential定义神经网络。torch.nn.Sequential是一个有顺序的容器，将特定神经网络模块按照传入构造器的顺序依次添加到计算图中执行。损失函数使用了torch.nn.MSELoss损失，优化器直接调用了torch.optim.Adam优化器。

由于使用了PyTorch自定义的优化器，因此可以直接使用optimizer.step()对所有参数进行优化，比使用NumPy等方式定义神经网络还需要自己定义神经网络参数的更新简单多了。另外，自己定义参数更新需要大量公式推导，容易出错，而直接调用的方式对于初学者十分友好，不易出错。

4.3.3 自定义 PyTorch 的 nn 模块

在具体的计算机视觉任务中，通常需要定义比现有模块序列更复杂的模型，对于诸如此类情况，需要继承PyTorch中的nn.Module并定义该网络的forward函数，这个forward函数可以使用其他模块或者其他的自动求导运算来接收输入的张量（tensor），产生输出张量。

【例4-4】 PyTorch自定义torch.nn.Module的子类构建两层网络。

```python
import torch
class TwoLayerNet(torch.nn.Module):
    def __init__(self, D_in, H, D_out):
        """
        在构造函数中，实例化了两个nn.Linear模块，并将它们作为成员变量
        """
        super(TwoLayerNet, self).__init__()
        self.linear1 = torch.nn.Linear(D_in, H)
        self.linear2 = torch.nn.Linear(H, D_out)

    def forward(self, x):
        """
        在前向传播的函数中，接收一个输入张量，必须返回一个输出张量
        可以使用构造函数中定义的模块以及张量上的任意（可微分的）操作
        """
        h_relu = self.linear1(x).clamp(min=0)
        y_pred = self.linear2(h_relu)
        return y_pred

# N是批大小，D_in 是输入维度
# H 是隐藏层维度，D_out 是输出维度
N, D_in, H, D_out = 64, 1000, 100, 10

# 产生输入和输出的随机张量
x = torch.randn(N, D_in)
y = torch.randn(N, D_out)

# 通过实例化上面定义的类来构建模型
model = TwoLayerNet(D_in, H, D_out)

# 构造损失函数和优化器
# SGD构造函数中对model.parameters()的调用，将包含模型的一部分，即两个nn.Linear模块的可学习参数
loss_fn = torch.nn.MSELoss(reduction='sum')
optimizer = torch.optim.SGD(model.parameters(), lr=1e-4)
for t in range(500):
    # 前向传播：通过向模型传递x计算预测值y
    y_pred = model(x)

    # 计算并输出loss
    loss = loss_fn(y_pred, y)
    if t % 100 == 0:
        print(t, loss.item())

    # 清零梯度，反向传播，更新权重
    optimizer.zero_grad()
    loss.backward()
    optimizer.step()
```

运行结果如下：

```
0 682.4841918945312
100 3.539701461791992
```

```
200 0.11511382460594177
300 0.008390977047383785
400 0.0010080300271511078
```

观察运行结果，这里通过继承torch.nn.Module类定义了一个基于PyTorch的个性化TwoLayerNet类。需要特别关注的一点是，该类中的forward()函数涉及Python中的__call__继承。

PyTorch在__call__()方法中运行的额外代码就是从不直接调用forward()方法的原因。如果这样做，额外的PyTorch代码将不会被执行。因此，每当想要调用forward()方法时，都会调用对象实例。

这既适用于层，也适用于网络，因为其他都是PyTorch神经网络模块。这是一个十分抽象的问题，读者这里可能一下子无法理解，没关系，请记住这一点，有印象即可，后续在实际案例中再深入理解。

4.3.4 权重共享

卷积神经网络有一个重要特点是权重共享，本小节以实际网络说明。

作为动态图和权重共享的一个说明，这里实现了一个非常独特的模型，即一个全连接的ReLU网络，在每一次前向传播时，它的隐藏层的层数为随机1～4的数，这样可以多次重用相同的权重来计算。

这个模型可以使用普通的Python流控制来实现循环，并且可以通过在定义转发时多次重用同一个模块来实现最内层之间的权重共享。

仍然集成torch.nn.Mudule的子类来实现这个模型。

【例4-5】 PyTorch网络权重共享。

输入如下代码：

```
import random
import torch
class DynamicNet(torch.nn.Module):
    def __init__(self, D_in, H, D_out):
        """
        在构造函数中，构造了3个nn.Linear实例，它们将在前向传播时被使用
        """
        super(DynamicNet, self).__init__()
        self.input_linear = torch.nn.Linear(D_in, H)
        self.middle_linear = torch.nn.Linear(H, H)
        self.output_linear = torch.nn.Linear(H, D_out)

    def forward(self, x):
        """
        对于模型的前向传播，随机选择0、1、2、3,
        并重用了多次计算隐藏层的middle_linear模块。
```

由于每个前向传播构建一个动态计算图，
因此可以在定义模型的前向传播时使用常规Python控制流算符，如循环或条件语句。
在这里，还看到，在定义计算图形时多次重用同一个模块是完全安全的。
这是Lua Torch的一大改进，因为Lua Torch中每个模块只能使用一次
```
"""
h_relu = self.input_linear(x).clamp(min=0)
for _ in range(random.randint(0, 3)):
    h_relu = self.middle_linear(h_relu).clamp(min=0)
y_pred = self.output_linear(h_relu)
return y_pred
```

```python
# N是批大小，D是输入维度
# H是隐藏层维度，D_out是输出维度
N, D_in, H, D_out = 64, 1000, 100, 10

# 产生输入和输出随机张量
x = torch.randn(N, D_in)
y = torch.randn(N, D_out)

# 实例化上面定义的类来构造模型
model = DynamicNet(D_in, H, D_out)

# 构造损失函数（loss function）和优化器（optimizer）
# 用平凡的随机梯度下降训练这个奇怪的模型是困难的，所以使用了momentum方法
criterion = torch.nn.MSELoss(reduction='sum')
optimizer = torch.optim.SGD(model.parameters(), lr=1e-4, momentum=0.9)
for t in range(500):

    # 前向传播：通过向模型传入x计算预测的y
    y_pred = model(x)

    # 计算并打印损失
    loss = criterion(y_pred, y)
    if t % 100 == 0:
        print(t, loss.item())

    # 清零梯度，反向传播，更新权重
    optimizer.zero_grad()
    loss.backward()
    optimizer.step()
```

运行结果如下：

```
0 645.8197631835938
100 25.54208755493164
200 41.9000358581543
300 2.4696152210235596
400 0.7013757228851318
```

代码中有详细的注释，读者可参考注释和代码认真理解实现。

4.4　全连接网络

　　全连接网络作为一种基础网络，众多教程都没有单独讲解，但是对于初学者还是有必要讲解的。全连接网络是最基础的神经网络，通常每层由多个神经元组成，然后由多个层组成全连接网络。在目前的深度卷积网络和循环神经网络中，最后一层或者两层通常由全连接网络构成，这是因为全连接网络非常适合进行分类和回归任务。本节将对全连接网络进行介绍，并使用PyTorch搭建全连接网络。

　　全连接神经网络模型是一种多层感知机（Multi-Layer Perceptron，MLP），感知机的原理是寻找类别间最合理、最具有鲁棒性的超平面，最具代表的感知机是支持向量机（SVM）。神经网络同时借鉴了感知机和仿生学，通常来说，动物神经接受一个信号后会发送各个神经元，各个神经元接受输入后，根据自身判断激活产生输出信号后汇总，从而对信息源实现识别、分类。

　　全连接网络结构如图4-2所示，左边输入，中间计算，右边输出。可能这样还不够简单，一个更简单的运算示意图如图4-3所示，每一级都是利用前一级的输出做输入，再经过组合计算，输出到下一级。

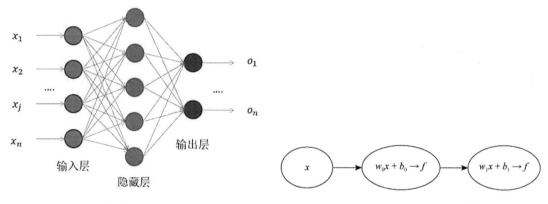

图 4-2　全连接网络结构示意　　　　　　　　　图 4-3　神经网络结构简图

　　每一级输出的值都将作为下一级的输入，所以通常需要将输入归一化，以避免某个输入无穷大，导致其他输入无效，变成"一家之言"，影响最终网络的训练效果。

　　下面使用PyTorch搭建一个全连接神经网络。

　　【例4-6】　使用PyTorch搭建一个全连接神经网络并实现预测。

　　输入如下代码：

```
import torch
import matplotlib.pyplot as plt
import torch.nn as nn
import numpy as np
```

```
import pandas as pd
import torch.nn.functional as F
from sklearn.preprocessing import MinMaxScaler
from sklearn.model_selection import train_test_split
from tqdm import tqdm
```

```
#定义超参数
torch.manual_seed(10)                          #固定每次初始化模型的权重
training_step = 500                            #迭代次数（训练步数）
batch_size = 512                               #每个批次的大小
n_features = 32                                #特征数目
M = 10000                                      #生成的数据数目
```

```
#生成数据
data = np.random.randn(M,n_features)           #随机生成服从高斯分布的数据
target = np.random.rand(M)
```

```
#特征归一化
min_max_scaler = MinMaxScaler()
min_max_scaler.fit(data)
data = min_max_scaler.transform(data)
```

```
# 对训练集进行切割，然后进行训练
x_train,x_val,y_train,y_val = train_test_split(data,target,test_size=0.2,
shuffle=False)
```

```
#定义网络结构
class Net(torch.nn.Module):  # 继承 torch 的 Module

    def __init__(self, n_features):
        super(Net, self).__init__()            #继承 __init__ 功能
        self.l1 = nn.Linear(n_features,500)    #特征输入
        self.l2 = nn.ReLU()                    #激活函数
        self.l3 = nn.BatchNorm1d(500)          #批归一化
        self.l4 = nn.Linear(500,250)
        self.l5 = nn.ReLU()
        self.l6 = nn.BatchNorm1d(250)
        self.l7 = nn.Linear(250,1)
        #self.l8 = nn.Sigmoid()
    def forward(self, inputs):   # 这同时也是 Module 中的正向传播功能
        # 正向传播输入值，神经网络分析出输出值
        out = torch.from_numpy(inputs).to(torch.float32)#将输入的numpy格式转换成张量
        out = self.l1(out)
        out = self.l2(out)
        out = self.l3(out)
        out = self.l4(out)
        out = self.l5(out)
        out = self.l6(out)
        out = self.l7(out)
        #out = self.l8(out)
        return out
```

```
#定义模型
```

```
model = Net(n_features=n_features)
#定义优化器
optimizer = torch.optim.Adam(model.parameters(), lr=0.0001)  #传入net的所有参数, 学习率
#定义目标损失函数
loss_func = torch.nn.MSELoss()  #这里采用均方差函数

#开始迭代（训练）
for step in range(training_step):
    M_train = len(x_train)
    with tqdm(np.arange(0,M_train,batch_size), desc='Training...') as tbar:
        for index in tbar:
            L = index
            R = min(M_train,index+batch_size)
            #-----------------训练内容------------------
            train_pre = model(x_train[L:R,:])      # 输入model训练数据 x, 输出预测值
            train_loss = loss_func(train_pre,
                    torch.from_numpy(y_train[L:R].reshape(R-L,1)).to(torch.float32))
            val_pre = model(x_val)
            val_loss = loss_func(val_pre,
                    torch.from_numpy(y_val.reshape(len(y_val),1)).to(torch.float32))
            #-----------------------------------------
            tbar.set_postfix(train_loss=float(train_loss.data),
                            val_loss=float(val_loss.data))#打印在进度条上
            tbar.update()  # 默认参数n=1, 每更新一次, 进度加n

            #-----------------反向传播更新----------------
            optimizer.zero_grad()           # 清空上一步的残余更新参数值
            train_loss.backward()           # 以训练集的误差进行反向传播, 计算参数更新值
            optimizer.step()                # 将参数更新值施加到 net 的 parameters 上
```

运行结果如下：

```
    Training...: 100%|███████████| 16/16 [00:00<00:00, 74.27it/s,
train_loss=0.00318, val_loss=0.146]
    Training...: 100%|███████████| 16/16 [00:00<00:00, 71.30it/s, train_loss=0.0029,
val_loss=0.146]
    Training...: 100%|███████████| 16/16 [00:00<00:00, 76.03it/s,
train_loss=0.00221, val_loss=0.145]
    Training...: 100%|███████████| 16/16 [00:00<00:00, 72.92it/s, train_loss=0.002,
val_loss=0.145]
    Training...: 100%|███████████| 16/16 [00:00<00:00, 77.13it/s,
train_loss=0.00264, val_loss=0.145]
    Training...: 100%|███████████| 16/16 [00:00<00:00, 68.85it/s,
train_loss=0.00324, val_loss=0.146]
    Training...: 100%|███████████| 16/16 [00:00<00:00, 70.67it/s,
train_loss=0.00296, val_loss=0.147]
```

运行结果过多，这里只给出了最后的显示结果。

观察运行结果，这里使用损失函数生成输入数据，然后通过全连接神经网络进行预测，最终
神经网络实现对目标数据的准确拟合。

另外，可以直接打印显示查看网络结构，方便分析网络。

【例4-7】　使用PyTorch搭建全连接神经网络，并打印查看网络结构。

输入如下代码：

```
import torch
import torch.nn as nn
import numpy as np
from sklearn.preprocessing import MinMaxScaler
from sklearn.model_selection import train_test_split

#定义超参数
torch.manual_seed(10)                #固定每次初始化模型的权重
training_step = 500                  #迭代（训练）次数
batch_size = 512                     #每个批次的大小
n_features = 32                      #特征数目
M = 10000                            #生成的数据数目
#生成数据
data = np.random.randn(M,n_features)       #随机生成服从高斯分布的数据
target = np.random.rand(M)

#特征归一化
min_max_scaler = MinMaxScaler()
min_max_scaler.fit(data)
data = min_max_scaler.transform(data)

#对训练集进行切割，然后进行训练
x_train,x_val,y_train,y_val = train_test_split(data,target,test_size=0.2,
                                               shuffle=False)

#定义网络结构
class Net(torch.nn.Module):  # 继承 torch 的 Module

    def __init__(self, n_features):
        super(Net, self).__init__()              #继承 __init__ 功能
        self.l1 = nn.Linear(n_features,500)      #特征输入
        self.l2 = nn.ReLU()                      #激活函数
        self.l3 = nn.BatchNorm1d(500)            #批标准化
        self.l4 = nn.Linear(500,250)
        self.l5 = nn.ReLU()
        self.l6 = nn.BatchNorm1d(250)
        self.l7 = nn.Linear(250,1)
        self.l8 = nn.Sigmoid()
    def forward(self, inputs):        # 这同时也是 Module 中的前向传播功能
        # 正向传播输入值，神经网络分析出输出值
        out = torch.from_numpy(inputs).to(torch.float32)#将输入的numpy格式转换成tensor
        out = self.l1(out)
        out = self.l2(out)
        out = self.l3(out)
        out = self.l4(out)
        out = self.l5(out)
        out = self.l6(out)
```

```
        out = self.l7(out)
        out = self.l8(out)
        return out

#定义模型
model = Net(n_features=n_features)
print(model)
```

运行结果如下：

```
Net(
    (l1): Linear(in_features=32, out_features=500, bias=True)
    (l2): ReLU()
    (l3): BatchNorm1d(500, eps=1e-05, momentum=0.1, affine=True,
                    track_running_stats=True)
    (l4): Linear(in_features=500, out_features=250, bias=True)
    (l5): ReLU()
    (l6): BatchNorm1d(250, eps=1e-05, momentum=0.1, affine=True,
                    track_running_stats=True)
    (l7): Linear(in_features=250, out_features=1, bias=True)
    (l8): Sigmoid()
)
```

04

　　观察运行结果，搭建了一个全连接神经网络，为了增强网络的非线性功能，在每个全连接层之后增加了ReLU层，最后还增加了流行的Sigmoid层用于分类。

4.5　小结

　　本章为方便读者理解，循序渐进地讲解了神经网络模型、NumPy构建神经网络、PyTorch构建神经网络的方法。本章内容十分重要，像搭积木一样从无到有基于PyTorch建立了一个完整的神经网络，在后续章节将使用PyTorch搭建的神经网络实现一些有意思的功能。

第 5 章

经典神经网络

前面章节已经讲解了PyTorch搭建神经网络的方法，本章讲解几个经典的神经网络：VGGNet、ResNet、XceptionNet等，包括这几个网络的原理和PyTorch搭建方法，这些网络在深度学习发展史上曾掀起了一股技术革新浪潮，在神经网络提出的时候对计算机领域产生重大影响。

学习目标：

（1）掌握VGGNet。
（2）掌握ResNet。
（3）掌握XceptionNet。

5.1 VGGNet

VGGNet曾是由Karen Simonyan和Andrew Zisserman实现的卷积神经网络模型，在ILSVRC 2014竞赛中获得第二名，其主要的贡献是展示出网络的深度是算法优良性能的关键部分。VGGNet最好的网络包含16个卷积、全连接层。

这个神经网络的结构非常一致，从头到尾全部使用的是3×3的卷积和2×2的最大池化（max pooling），其预训练模型可以在网络上获得并在Caffe中使用。在2014年，VGGNet不好的一点是它会耗费更多的计算资源，并且使用了更多参数，导致更多的内存占用（140MB）。其中绝大多数的参数都来自第一个全连接层，后来发现这些全连接层即使被去除，对于性能也没有什么影响，之后就显著降低了参数数量。

5.1.1 VGGNet 的结构

VGGNet的结构与AlexNet类似，区别是神经网络层级深度更深，但形式上更加简单。VGGNet

由5层卷积层、3层全连接层、1层Softmax（软最大值）输出层构成，层与层之间使用maxpool（最大池）分开，所有隐藏层的激活单元都采用ReLU函数。在原论文中，作者根据卷积层不同的子层数量设计了A、A-LRN、B、C、D、E这6种网络结构，如图5-1所示。

ConvNet Configuration					
A	A-LRN	B	C	D	E
11 weight layers	11 weight layers	13 weight layers	16 weight layers	16 weight layers	19 weight layers
input (224 × 224 RGB image)					
conv3-64	conv3-64	conv3-64	conv3-64	conv3-64	conv3-64
	LRN	conv3-64	conv3-64	conv3-64	conv3-64
maxpool					
conv3-128	conv3-128	conv3-128	conv3-128	conv3-128	conv3-128
		conv3-128	conv3-128	conv3-128	conv3-128
maxpool					
conv3-256	conv3-256	conv3-256	conv3-256	conv3-256	conv3-256
conv3-256	conv3-256	conv3-256	conv3-256	conv3-256	conv3-256
			conv1-256	conv3-256	conv3-256
					conv3-256
maxpool					
conv3-512	conv3-512	conv3-512	conv3-512	conv3-512	conv3-512
conv3-512	conv3-512	conv3-512	conv3-512	conv3-512	conv3-512
			conv1-512	conv3-512	conv3-512
					conv3-512
maxpool					
conv3-512	conv3-512	conv3-512	conv3-512	conv3-512	conv3-512
conv3-512	conv3-512	conv3-512	conv3-512	conv3-512	conv3-512
			conv1-512	conv3-512	conv3-512
					conv3-512
maxpool					
FC-4096					
FC-4096					
FC-1000					
soft-max					

图 5-1　VGGNet 的 6 种网络结构示意图

其中区别在于每个卷积层的子层数量不同，从A至E依次增加（子层数量从1到4），总的网络深度从11层到19层，表格中的卷积层参数表示为conv<感受野大小>-<通道数>，例如con3-128，表示使用3×3的卷积核，通道数为128。为了简洁起见，在表格中不显示ReLU激活功能。其中，网络结构D就是著名的VGG16，网络结构E就是著名的VGG19。

以VGG16为例进行分析，其网络结构如图5-2所示。

输入大小为224×224的RGB图像，在预处理阶段，计算出3个通道的平均值，然后在每个像素上减去平均值（处理后迭代更少，收敛更快）。

图像经过一系列卷积层处理，在卷积层中使用了非常小的3×3的卷积核，在有些卷积层中则使用了1×1的卷积核。

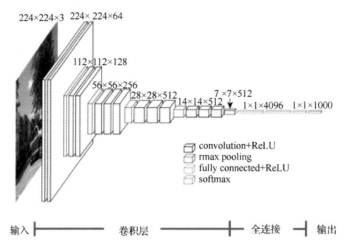

图 5-2　VGG16 的网络结构

卷积层步长（stride）设置为1像素，3×3卷积层的填充（padding）设置为1像素。池化层采用最大池化（max pooling），共有5层，在一部分卷积层后，最大池化的窗口是2×2，步长设置为2。

卷积层之后是3个全连接层（Fully-Connected Layer，FC）。前两个全连接层均有4096个通道，第三个全连接层有1000个通道，用来分类。所有网络的全连接层配置相同。

全连接层后是Softmax层，用来分类。

所有隐藏层（每个conv层中间）都使用ReLU作为激活函数。VGGNet不使用局部响应归一化（Local Response Normalization，LRN），这种归一化并不能在ILSVRC数据集上提升性能，却导致更多的内存消耗和计算时间。（注：ILSVRC就是ImageNet Large Scale Visual Recognition Challenge，是一项年度的图像识别挑战，旨在评估机器学习技术在图像识别方面的性能。它提供了一个大型的图像数据集——ImageNet数据集，用于训练和测试机器学习模型，以及一系列的评估指标，用于评估模型的性能。）

5.1.2　实现过程

VGG16的处理过程如图5-3所示。

（1）输入224×224×3的图片，经64个3×3的卷积核做两次卷积+ReLU，卷积后的尺寸变为224×224×64。

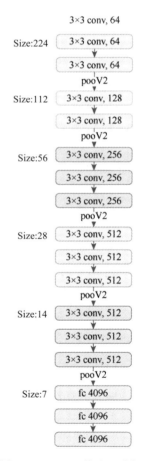

图 5-3　VGG16 的处理过程

（2）进行最大池化（max pooling），池化单元尺寸为2×2（效果为图像尺寸减半），池化后的尺寸变为112×112×64。

（3）经128个3×3的卷积核做两次卷积+ReLU，尺寸变为112×112×128。

（4）做2×2的最大池化，尺寸变为56×56×128。

（5）经256个3×3的卷积核做3次卷积+ReLU，尺寸变为56×56×256。

（6）做2×2的最大池化，尺寸变为28×28×256。

（7）经512个3×3的卷积核做3次卷积+ReLU，尺寸变为28×28×512。

（8）做2×2的最大池化，尺寸变为14×14×512。

（9）经512个3×3的卷积核做3次卷积+ReLU，尺寸变为14×14×512。

（10）做2×2的最大池化，尺寸变为7×7×512。

（11）与两层1×1×4096和一层1×1×1000进行全连接+ReLU（共3层）。

（12）通过Softmax层输出1000个预测结果。

5.1.3　VGGNet 的特点

本小节介绍VGGNet的特点。

1. 结构简洁

VGGNet由5层卷积层、3层全连接层以及Softmax输出层构成，层与层之间使用最大池化分开，所有隐藏层的激活单元都采用ReLU函数。

2. 小卷积核和多卷积子层

VGGNet使用多个较小卷积核（3×3）的卷积层代替一个卷积核较大的卷积层，一方面可以减少参数，另一方面相当于进行了更多的非线性映射，可以增加网络的拟合表达能力。

小卷积核是VGGNet的一个重要特点，虽然VGGNet是在模仿AlexNet的网络结构，但没有采用AlexNet中比较大的卷积核尺寸（如7×7），而是通过降低卷积核的大小（3×3），增加卷积子层数来达到同样的性能（VGGNet：1～4个卷积子层，AlexNet：1个卷积子层）。

VGGNet的作者认为两个3×3的卷积堆叠获得的感受野（Receptive Field）大小相当一个5×5的卷积；而3个3×3的卷积堆叠获得的感受野相当于一个7×7的卷积。这样可以增加非线性映射，也能很好地减少参数（例如7×7卷积的参数为49个，而3个3×3卷积的参数为27）。感受野是指卷积神经网络（CNN）中神经元可以感知到的输入特征的范围。它决定了神经元可以感知到的特征，从而影响模型的性能，所以它是模型学习特征的基础。

3. 小池化核

相比AlexNet的3×3的池化核，VGGNet全部采用2×2的池化核。

4. 通道数多

VGGNet网络第一层的通道数为64，后面每层的通道数都翻倍了，最多到512个通道，通道数的增加使得更多信息可以被提取出来。

5. 层数更深，特征图更宽

由于卷积核专注于扩大通道数，池化专注于缩小宽和高，使得模型架构上更深、更宽的同时，控制了计算量规模的增加。

6. 全连接转卷积（测试阶段）

这也是VGGNet的一个特点，在网络测试阶段，将训练阶段的3个全连接替换为3个卷积，使得测试得到的卷积网络因为没有全连接的限制，因而可以接收任意宽或高的输入，这在测试阶段很重要。

例如输入图像是224×224×3，若后面3个层都是全连接层，那么在测试阶段将测试的图像全部都缩放为224×224×3，才能符合后面全连接层的输入数量的要求，这样不便于测试工作的开展。

全连接转卷积的过程如下：

例如7×7×512的层要跟4096个神经元的层做全连接，则替换为对7×7×512的层做通道数为4096、卷积核为1×1的卷积。

5.1.4 查看 PyTorch 网络结构

PyTorch已经集成了VGG19网络，可以通过Python脚本直接查看VGG19网络的结构。

【例5-1】 PyTorch查看VGG19网络结构。

输入如下代码：

```
import torchvision
model = torchvision.models.vgg19()
print(model)
```

运行结果如下：

```
VGG(
  (features): Sequential(
    (0): Conv2d(3, 64, kernel_size=(3, 3), stride=(1, 1), padding=(1, 1))
    (1): ReLU(inplace=True)
    (2): Conv2d(64, 64, kernel_size=(3, 3), stride=(1, 1), padding=(1, 1))
    (3): ReLU(inplace=True)
    (4): MaxPool2d(kernel_size=2, stride=2, padding=0, dilation=1, ceil_mode=False)
    (5): Conv2d(64, 128, kernel_size=(3, 3), stride=(1, 1), padding=(1, 1))
    (6): ReLU(inplace=True)
    (7): Conv2d(128, 128, kernel_size=(3, 3), stride=(1, 1), padding=(1, 1))
```

```
    (8): ReLU(inplace=True)
    (9): MaxPool2d(kernel_size=2, stride=2, padding=0, dilation=1, ceil_mode=False)
    (10): Conv2d(128, 256, kernel_size=(3, 3), stride=(1, 1), padding=(1, 1))
    (11): ReLU(inplace=True)
    (12): Conv2d(256, 256, kernel_size=(3, 3), stride=(1, 1), padding=(1, 1))
    (13): ReLU(inplace=True)
    (14): Conv2d(256, 256, kernel_size=(3, 3), stride=(1, 1), padding=(1, 1))
    (15): ReLU(inplace=True)
    (16): Conv2d(256, 256, kernel_size=(3, 3), stride=(1, 1), padding=(1, 1))
    (17): ReLU(inplace=True)
    (18): MaxPool2d(kernel_size=2, stride=2, padding=0, dilation=1, ceil_mode=False)
    (19): Conv2d(256, 512, kernel_size=(3, 3), stride=(1, 1), padding=(1, 1))
    (20): ReLU(inplace=True)
    (21): Conv2d(512, 512, kernel_size=(3, 3), stride=(1, 1), padding=(1, 1))
    (22): ReLU(inplace=True)
    (23): Conv2d(512, 512, kernel_size=(3, 3), stride=(1, 1), padding=(1, 1))
    (24): ReLU(inplace=True)
    (25): Conv2d(512, 512, kernel_size=(3, 3), stride=(1, 1), padding=(1, 1))
    (26): ReLU(inplace=True)
    (27): MaxPool2d(kernel_size=2, stride=2, padding=0, dilation=1, ceil_mode=False)
    (28): Conv2d(512, 512, kernel_size=(3, 3), stride=(1, 1), padding=(1, 1))
    (29): ReLU(inplace=True)
    (30): Conv2d(512, 512, kernel_size=(3, 3), stride=(1, 1), padding=(1, 1))
    (31): ReLU(inplace=True)
    (32): Conv2d(512, 512, kernel_size=(3, 3), stride=(1, 1), padding=(1, 1))
    (33): ReLU(inplace=True)
    (34): Conv2d(512, 512, kernel_size=(3, 3), stride=(1, 1), padding=(1, 1))
    (35): ReLU(inplace=True)
    (36): MaxPool2d(kernel_size=2, stride=2, padding=0, dilation=1, ceil_mode=False)
  )
  (avgpool): AdaptiveAvgPool2d(output_size=(7, 7))
  (classifier): Sequential(
    (0): Linear(in_features=25088, out_features=4096, bias=True)
    (1): ReLU(inplace=True)
    (2): Dropout(p=0.5, inplace=False)
    (3): Linear(in_features=4096, out_features=4096, bias=True)
    (4): ReLU(inplace=True)
    (5): Dropout(p=0.5, inplace=False)
    (6): Linear(in_features=4096, out_features=1000, bias=True)
  )
)
```

观察运行结果，查看VGG19各个层的结构和参数，根据这些结构可以按需求修改网络。

5.2 ResNet

ResNet网络是在2015年提出的。ResNet之前的深度网络是逐层堆积的，在实际应用中发现会产生梯度爆炸或者梯度消失问题，即便使用批量归一化（Batch Normalization）能在一定程度上缓解梯度问题，但是实验发现网络分类正确率比低层的网络还低。很多人思考如果为低层网络加上一些恒等映射的层构成更深的神经网络，效果不应该下降才对头，这是因为SGD（Stochastic Gradient Descent，随机梯度下降）无法寻找到这样的结果，需要在训练时进行一定的引导，所以2015年何凯明等提出了残差网络模型。ResNet（Residual Network，残差网络）网络在ISLVRC和COCO数据集上的分类结果在当年超越了所有其他网络，并在比赛中获得了冠军。

5.2.1 ResNet 的结构

残差网络是ResNet的一大创新，为卷积网络提供了一种新的思路，残差网络的核心思想是：输出的是两个连续的卷积层，并且输入时绕到下一层。

残差结果如图5-4所示，左图是一个简单的残差结构示意图，右图是一个更深层网络的残差模块，该模块适用于Res-Net-50/101/152结构。

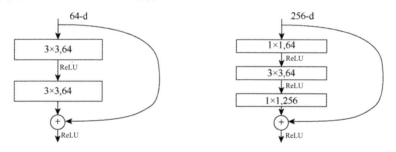

图 5-4 残差结构网络示意图

对于ImageNet竞赛的3种34层网络结构对比如图5-5所示，左侧是VGG19，中间是一个常规堆叠的34层网络，右侧是残差结构的34层网络。

对比观察，可以明显看出3种网络结构的区别：VGGNet通过池化层减少了网络的参数量，同时在一定程度上减少了梯度堆积的影响；中间的34层网络大多直接通过卷积网络的堆叠来实现；最右边的ResNet网络则可以看到明显加上了多个残差模块。

通过引入残差，恒等映射（Identity Mapping），相当于一个梯度高速通道，可以更容易地训练，避免了梯度消失问题。所以，ResNet可以得到很深的网络，网络层数由Google-Net的22层到了ResNet的152层。

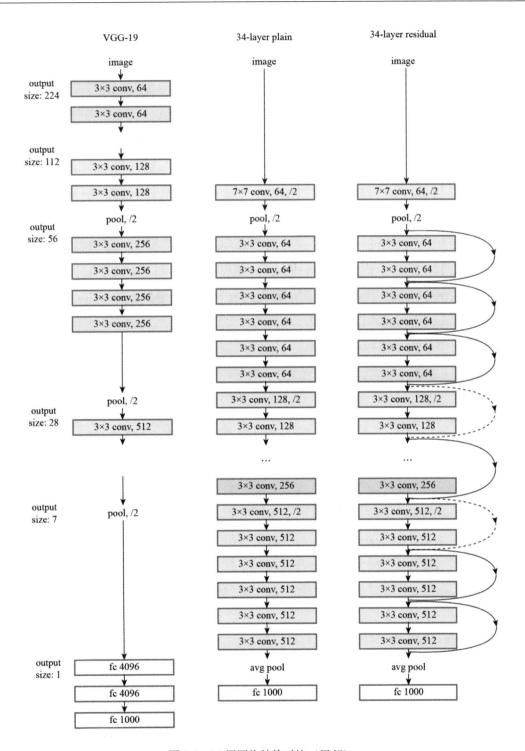

图 5-5　34 层网络结构对比（局部）

ResNet有以下两个显著特点：

- 相对于当时已有的网络，层数非常深，已经超过一百层。
- 引入残差结构解决模型退化问题。

类似于VGGNet，根据网络层数的变化，ResNet也有多个变种，具体如图5-6所示，conv表示一个卷积层模块，乘号后面的数字表示该卷积层重复的次数。

layer name	output size	18-layer	34-layer	50-layer	101-layer	152-layer
conv1	112×112	7×7, 64, stride				
		23×3 max pool, stride 2				
conv2_x	56×56	$\begin{bmatrix}3\times3,64\\3\times3,64\end{bmatrix}\times2$	$\begin{bmatrix}3\times3,64\\3\times3,64\end{bmatrix}\times3$	$\begin{bmatrix}1\times1,64\\3\times3,64\\1\times1,256\end{bmatrix}\times3$	$\begin{bmatrix}1\times1,64\\3\times3,64\\1\times1,256\end{bmatrix}\times3$	$\begin{bmatrix}1\times1,64\\3\times3,64\\1\times1,256\end{bmatrix}\times3$
conv3_x	28×28	$\begin{bmatrix}3\times3,128\\3\times3,128\end{bmatrix}\times2$	$\begin{bmatrix}3\times3,128\\3\times3,128\end{bmatrix}\times4$	$\begin{bmatrix}1\times1,128\\3\times3,128\\1\times1,512\end{bmatrix}\times4$	$\begin{bmatrix}1\times1,128\\3\times3,128\\1\times1,512\end{bmatrix}\times4$	$\begin{bmatrix}1\times1,128\\3\times3,128\\1\times1,512\end{bmatrix}\times4$
conv4_x	14×14	$\begin{bmatrix}3\times3,256\\3\times3,256\end{bmatrix}\times2$	$\begin{bmatrix}3\times3,256\\3\times3,256\end{bmatrix}\times6$	$\begin{bmatrix}1\times1,256\\3\times3,256\\1\times1,1024\end{bmatrix}\times6$	$\begin{bmatrix}1\times1,256\\3\times3,256\\1\times1,1024\end{bmatrix}\times23$	$\begin{bmatrix}1\times1,256\\3\times3,256\\1\times1,1024\end{bmatrix}\times36$
conv5_x	7×7	$\begin{bmatrix}3\times3,512\\3\times3,512\end{bmatrix}\times2$	$\begin{bmatrix}3\times3,512\\3\times3,512\end{bmatrix}\times3$	$\begin{bmatrix}1\times1,512\\3\times3,512\\1\times1,2048\end{bmatrix}\times3$	$\begin{bmatrix}1\times1,512\\3\times3,512\\1\times1,2048\end{bmatrix}\times3$	$\begin{bmatrix}1\times1,512\\3\times3,512\\1\times1,2048\end{bmatrix}\times3$

图 5-6   ResNet 各种结构

5.2.2   残差模块的实现

ResNet的核心模块是残差模块，这里学习使用PyTorch搭建残差模块。在实际项目编程中，模块通常封装为类，这里遵循这一传统，将残差模块封装为类，以方便调用。

【例5-2】   PyTorch残差模块封装成类。

输入如下代码：

```
import torch
import torch.nn.functional as F

#定义残差模块
class ResidualBlock(torch.nn.Module):
    def __init__(self, channels):
        super(ResidualBlock, self).__init__()
        self.channels = channels

#定义卷积层
        self.conv1 = torch.nn.Conv2d(channels, channels, kernel_size=3, padding=1)
        self.conv2 = torch.nn.Conv2d(channels, channels, kernel_size=3, padding=1)

#定义前向传播
    def forward(self, x):
        y = F.relu(self.conv1(x))
```

```
        y = self.conv2(y)
        return F.relu(x + y)
net = ResidualBlock(4)
print(net)
```

运行结果如下：

```
ResidualBlock(
  (conv1): Conv2d(4, 4, kernel_size=(3, 3), stride=(1, 1), padding=(1, 1))
  (conv2): Conv2d(4, 4, kernel_size=(3, 3), stride=(1, 1), padding=(1, 1))
)
```

观察运行结果，ResidualBlock实现了一个残差模块，这里实例化类，并打印了该残差模块的结构。

接着，实现一个复杂的残差结构。

【例5-3】　PyTorch实现嵌入残差模块的网络模型。

输入如下代码：

```
import torch
import torch.nn.functional as F

#定义残差模块
class ResidualBlock(torch.nn.Module):
    def __init__(self, channels):
        super(ResidualBlock, self).__init__()
        self.channels = channels

        self.conv1 = torch.nn.Conv2d(channels, channels, kernel_size=3, padding=1)
        self.conv2 = torch.nn.Conv2d(channels, channels, kernel_size=3, padding=1)

    def forward(self, x):
        y = F.relu(self.conv1(x))
        y = self.conv2(y)
        return F.relu(x + y)

#定义网络
class Net(torch.nn.Module):
    def __init__(self):
        super(Net, self).__init__()
        self.conv1 = torch.nn.Conv2d(1, 16, kernel_size=5)
        self.conv2 = torch.nn.Conv2d(16, 32, kernel_size=5)
        self.mp = torch.nn.MaxPool2d(2)

        self.rblock1 = ResidualBlock(16)
        self.rblock2 = ResidualBlock(32)

        self.fc = torch.nn.Linear(512, 10)

    def forward(self, x):
        # 张量维度(n,1,28,28) 转换为 (n,784)
```

```
        in_size = x.size(0)
        x = self.mp(F.relu(self.conv1(x)))
        x = self.rblock1(x)
        x = self.mp(F.relu(self.conv2(x)))
        x = self.rblock2(x)
        x = x.view(in_size, -1)  # flatten
        # print(x.size(1))
        return self.fc(x)
#实例化一个网络，并打印该网络
model = Net()
print(model)
```

运行结果如下：

```
Net(
  (conv1): Conv2d(1, 16, kernel_size=(5, 5), stride=(1, 1))
  (conv2): Conv2d(16, 32, kernel_size=(5, 5), stride=(1, 1))
  (mp): MaxPool2d(kernel_size=2, stride=2, padding=0, dilation=1, ceil_mode=False)
  (rblock1): ResidualBlock(
    (conv1): Conv2d(16, 16, kernel_size=(3, 3), stride=(1, 1), padding=(1, 1))
    (conv2): Conv2d(16, 16, kernel_size=(3, 3), stride=(1, 1), padding=(1, 1))
  )
  (rblock2): ResidualBlock(
    (conv1): Conv2d(32, 32, kernel_size=(3, 3), stride=(1, 1), padding=(1, 1))
    (conv2): Conv2d(32, 32, kernel_size=(3, 3), stride=(1, 1), padding=(1, 1))
  )
  (fc): Linear(in_features=512, out_features=10, bias=True)
)
```

观察运行结果，这里实现了一个更复杂的残差模块，使用了之前定义的ResidualBlock类，ResNet的实现过程与此类似，接下来讲解ResNet的PyTorch实现。

5.2.3　ResNet 的实现

前面章节已经讲解了PyTorch构建深度学习网络的方法和PyTorch实现残差模块的方法，现在使用PyTorch实现ResNet。

【例5-4】　PyTorch实现ResNet。

输入如下代码：

```
import torch.nn as nn
import torch

'''
对应18层、34层的残差结构
'''

class BasicBlock(nn.Module):
    expansion = 1  # 判断每一个卷积块中，卷积核的个数会不会有变化
```

```
    def __init__(self, in_channel, out_channel, stride=1, downsample=None, **kwargs):
    # downsample表示是否有升维操作
        super(BasicBlock, self).__init__()
        # output = (input - kernel_size + 2*padding)/stride + 1
        self.conv1 = nn.Conv2d(in_channels=in_channel, out_channels=out_channel,
                kernel_size=3, stride=stride, padding=1,
                bias=False) # stride=1表示option A; stride=2表示optionB 使用批量归一化不需
要偏置（bias）
        self.bn1 = nn.BatchNorm2d(out_channel)
        self.relu = nn.ReLU()
        self.conv2 = nn.Conv2d(in_channels=out_channel, out_channels=out_channel,
                kernel_size=3, stride=1, padding=1, bias=False)
        self.bn2 = nn.BatchNorm2d(out_channel)
        self.downsample = downsample

    def forward(self, x):
        identity = x
        if self.downsample is not None:
            identity = self.downsample(x)

        out = self.conv1(x)
        out = self.bn1(out)
        out = self.relu(out)

        out = self.conv2(out)
        out = self.bn2(out)

        out += identity
        out = self.relu(out)

        return out

'''
50层，101层，152层
'''

class Bottleneck(nn.Module):
    expansion = 4

    def __init__(self, in_channel, out_channel, stride=1, downsample=None):
        super(Bottleneck, self).__init__()

        self.conv1 = nn.Conv2d(in_channels=in_channel, out_channels=out_channel,
                kernel_size=1, stride=1, bias=False)  # squeeze channels
        self.bn1 = nn.BatchNorm2d(out_channel)
        # -----------------------------------------
        self.conv2 = nn.Conv2d(in_channels=out_channel, out_channels=out_channel,
                kernel_size=3, stride=stride, bias=False, padding=1)
        self.bn2 = nn.BatchNorm2d(out_channel)
        # -----------------------------------------
        self.conv3 = nn.Conv2d(in_channels=out_channel, out_channels=out_channel *
                self.expansion, kernel_size=1, stride=1,
                bias=False)  # unsqueeze channels
        self.bn3 = nn.BatchNorm2d(out_channel * self.expansion)
```

05

```python
        self.relu = nn.ReLU(inplace=True)
        self.downsample = downsample

    def forward(self, x):
        identity = x
        if self.downsample is not None:
            identity = self.downsample(x)
        out = self.conv1(x)
        out = self.bn1(out)
        out = self.relu(out)
        out = self.conv2(out)
        out = self.bn2(out)
        out = self.relu(out)
        out = self.conv3(out)
        out = self.bn3(out)
        out += identity
        out = self.relu(out)
        return out

class ResNet(nn.Module):
    def __init__(self,
                 block,  # 残差结构
                 blocks_num,
                 num_classes=1000,
                 include_top=True,
                 groups=1,
                 width_per_group=64):
        super(ResNet, self).__init__()
        self.include_top = include_top
        self.in_channel = 64

        self.groups = groups
        self.width_per_group = width_per_group

        self.conv1 = nn.Conv2d(3, self.in_channel, kernel_size=7, stride=2,
                    padding=3, bias=False)
        self.bn1 = nn.BatchNorm2d(self.in_channel)
        self.relu = nn.ReLU(inplace=True)
        self.maxpool = nn.MaxPool2d(kernel_size=3, stride=2, padding=1)
        self.layer1 = self._make_layer(block, 64, blocks_num[0])
        self.layer2 = self._make_layer(block, 128, blocks_num[1], stride=2)
        self.layer3 = self._make_layer(block, 256, blocks_num[2], stride=2)
        self.layer4 = self._make_layer(block, 512, blocks_num[3], stride=2)
        if self.include_top:
            self.avgpool = nn.AdaptiveAvgPool2d((1, 1))  # output size = (1, 1)
            self.fc = nn.Linear(512 * block.expansion, num_classes)

        for m in self.modules():
            if isinstance(m, nn.Conv2d):
                nn.init.kaiming_normal_(m.weight, mode='fan_out',
                                    nonlinearity='relu')

    '''
```

```
block: BasicBlock或Bottleneck
channel: 残差结构中的卷积核个数
block_num: 这一层有多少残差结构，例如：ResNet34的第一层有3个残差机构，第二层有4个
'''

def _make_layer(self, block, channel, block_num, stride=1):
    downsample = None
    # 跳连接到虚线部分（残差连接）
    if stride != 1 or self.in_channel != channel * block.expansion:
        downsample = nn.Sequential(
            nn.Conv2d(self.in_channel, channel * block.expansion, kernel_size=1,
                    stride=stride, bias=False),
            nn.BatchNorm2d(channel * block.expansion))

    layers = []
    # 搭建每一个conv的第一层
    layers.append(block(self.in_channel,
                    channel,
                    downsample=downsample,
                    stride=stride,
                    groups=self.groups,
                    width_per_group=self.width_per_group))
    self.in_channel = channel * block.expansion

    for _ in range(1, block_num):
        layers.append(block(self.in_channel,
                channel,
                groups=self.groups,
                width_per_group=self.width_per_group))

    return nn.Sequential(*layers)

def forward(self, x):
    x = self.conv1(x)
    x = self.bn1(x)
    x = self.relu(x)
    x = self.maxpool(x)

    x = self.layer1(x)
    x = self.layer2(x)
    x = self.layer3(x)
    x = self.layer4(x)

    if self.include_top:
        x = self.avgpool(x)
        x = torch.flatten(x, 1)
        x = self.fc(x)

    return x

def resnet34(num_classes=1000, include_top=True):
    # https://download.pytorch.org/models/resnet34-333f7ec4.pth
    return ResNet(BasicBlock, [3, 4, 6, 3], num_classes=num_classes,
            include_top=include_top)
```

05

```python
def resnet50(num_classes=1000, include_top=True):
    # https://download.pytorch.org/models/resnet50-19c8e357.pth
    return ResNet(Bottleneck, [3, 4, 6, 3], num_classes=num_classes,
                  include_top=include_top)

def resnet101(num_classes=1000, include_top=True):
    # https://download.pytorch.org/models/resnet101-5d3b4d8f.pth
    return ResNet(Bottleneck, [3, 4, 23, 3], num_classes=num_classes,
                  include_top=include_top)

def resnext50_32x4d(num_classes=1000, include_top=True):
    # https://download.pytorch.org/models/resnext50_32x4d-7cdf4587.pth
    groups = 32
    width_per_group = 4
    return ResNet(Bottleneck, [3, 4, 6, 3],
                  num_classes=num_classes,
                  include_top=include_top,
                  groups=groups,
                  width_per_group=width_per_group)

def resnext101_32x8d(num_classes=1000, include_top=True):
    # https://download.pytorch.org/models/resnext101_32x8d-8ba56ff5.pth
    groups = 32
    width_per_group = 8
    return ResNet(Bottleneck, [3, 4, 23, 3],
                  num_classes=num_classes,
                  include_top=include_top,
                  groups=groups,
                  width_per_group=width_per_group)
```

观察代码，通过类实现了ResNet的各种模块，然后通过函数定义了ResNet的各种结构，在实际应用中，可以直接根据具体的模型实现ResNet的对应模块和结构。

ResNet是一个复杂的网络，深入理解和实现该网络十分有利于后续PyTorch的学习，同时也会发现PyTorch深度学习像堆积木一样有趣。

5.2.4 ResNet 要解决的问题

学习完ResNet的网络结构和PyTorch实现之后，重新再来思考ResNet要解决的问题。

ResNet要解决的是深度神经网络"退化"的问题。众所周知，对浅层网络逐渐叠加层，模型在训练集和测试集上的性能会变好，因为模型复杂度更高了，表达能力更强了，可以对潜在的映射关系拟合得更好，而"退化"指的是，给网络叠加更多的层后，性能却快速下降的情况。

训练集上的性能下降可以排除过拟合，批量归一化（BN）层的引入也基本解决了plain net（普通神经网络）的梯度消失和梯度爆炸问题。按道理，给网络叠加更多层，浅层网络的解空间是包含在深层网络的解空间中的，深层网络的解空间至少存在不差于浅层网络的解，因为只需将增加的层变成恒等映射，其他层的权重原封不动复制浅层网络，就可以获得与浅层网络同样的性能。更好的解明明存在，但是却找不到，反而得到的是更差的解。

显然，这是一个优化问题，反映出结构相似的模型，其优化难度是不一样的，且难度的增长并不是线性的，越深的模型越难以优化。

解决这个问题有两种思路：一种是调整求解方法，比如更好的初始化、更好的梯度下降算法等；另一种是调整模型结构，让模型更易于优化——改变模型结构实际上是改变错误表面（error surface）的形态。错误表面是指模型的损失函数的函数图，它可以用来可视化模型的损失函数，以及模型参数的变化对损失函数的影响。它可以帮助我们了解模型的表现，以及如何调整模型参数来改善模型的性能。

ResNet的作者从后者入手，即探求更好的模型结构。他将堆叠的几层称为一个块（block），对于某个块，其可以拟合的函数为 $F(x)$，如果期望的潜在映射为 $H(x)$，与其让 $F(x)$ 直接学习潜在的映射，不如去学习残差 $H(x)-x$，即 $F(x):=H(x)-x$，这样原本的前向路径就变成了 $F(x)+x$，用 $F(x)+x$ 来拟合 $H(x)$。作者认为这样可能更易于优化，因为相比于让 $F(x)$ 学习成恒等映射，让 $F(x)$ 学习成0要更加容易，后者通过L2正则化就可以轻松实现。这样，对于冗余的块，只需 $F(x) \to 0$ 就可以得到恒等映射，性能不减。L2正则化是一种用于模型训练的正则化技术，它可以防止模型过拟合，并且可以提高模型的泛化能力。通过在损失函数中添加一个L2范数来实现，从而减少模型参数的值以降低模型的复杂度。

ResNet的作者详细对比了各种实验，说明了随着网络深度的增加，网络性能没有退化，反而实验结果越来越好。这说明了残差结构的有效性，这也是ResNet能成为经典网络的原因，该网络至今仍在被广泛使用。ResNet的动机在于认为拟合残差比直接拟合潜在映射更容易优化，可以通过绘制错误表面直观感受一下跳连路径（Shortcut Path，或称为快捷路径）的作用，图片截自Loss Visualization（损失可视化），如图5-7所示。注：跳连是指在深度神经网络中，将输入层的输出直接连接到输出层，从而跳过中间层的过程。它可以加快模型的训练速度，并且可以提高模型的准确率。损失可视化是一种可视化技术，用于可视化深度学习模型的损失函数，以帮助研究人员更好地理解模型的行为以及模型的训练过程中发生的变化。

观察图5-7，可以发现：

- ResNet-20（不含跳连路径）浅层普通神经网络的错误表面还不是很复杂，优化也不算很困难，但是增加到56层后复杂程度急剧上升。对于普通神经网络，随着深度的增加，错误表面迅速"恶化"。
- 引入跳连路径后，错误表面变得平滑很多，梯度的可预测性变得更好，显然更容易优化。

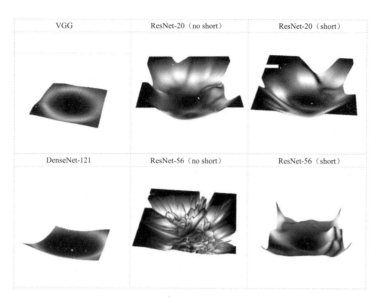

图 5-7   不同网络的错误表面

另外，需要说明的是，没有一个网络是可以解决所有问题的。ResNet既利用了深层次的神经网络，又避免了梯度消散和退化的问题，ResNet看起来很深，但实际起作用的网络层数不是很深，大部分网络层都在防止模型退化，误差过大。而且ResNet的残差不能完全解决梯度消失或者爆炸、网络退化的问题，只能缓解。

5.3   XceptionNet

XceptionNet由Google提出，该网络是对Inception V3的一种改进，主要使用深度可分离卷积来替换Inception V3中的卷积操作。

XceptionNet是由Inception结构加上深度可分离卷积（Depthwise Separable Convolution，一种很流行的网络结构设计），再加上残差网络结构改进而来的。常规卷积是直接通过一个卷积核把空间信息和通道信息提取出来，结合了空间维度（spatial dimensions）和通道维度（channels dimensions）；XceptionNet的创新点是把两种通道分离开来，这个网络最初的出发点是从InceptionNet而来的，总体思想是把跨通道相关（cross-channel correlations）和空间相关（spatial correlations）充分解耦合。注：InceptionNet是一种由Google开发的深度学习网络结构，用于解决计算机视觉问题，可以更有效地提取图像中的特征，从而提高图像分类的准确性。

5.3.1   XceptionNet 的结构

常规卷积层尝试在3D空间中使用滤波器学习特征，具有两个空间维度（宽度和高度）和一个通道维度，因此单个卷积内核的任务是同时映射通道相关性和空间相关性。

Inception模块背后的理念是，通过将这个过程明确地分解为一系列独立考虑通道相关性和空间相关性的操作，使这个过程更容易，更有效。它的假设就是通道相关性和空间相关性已经被充分解耦。

具体看来，Inception是这么做的：

典型的Inception模块首先通过一组1×1的卷积来查看交叉通道的相关性，将输入数据映射到3或4个小于原始输入空间的分离空间，然后将前面所有相关性映射到较小的3D空间（例如常规的3×3或5×5卷积）中。

为了更好地说明XceptionNet网络，这里首先回顾一下Inception V3网络的典型的启发式（Canonical Inception）模块，如图5-8所示。

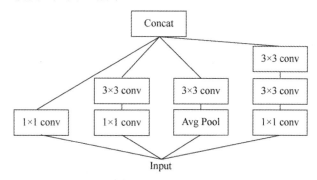

图 5-8　Inception V3 网络的 Canonical Inception 模块

InceptionNet风格的网络的基本组成部分是Inception模块，随着技术发展，陆续发展了几个不同的版本。图5-8展示了Inception V3架构中的Inception模块的典型结构，初始模型可以被理解为一堆这样的模块，这与早期的VGGNet网络有所不同，它们是简单卷积层的堆叠。虽然初始模块在概念上类似于卷积（它们是卷积特征提取器），但Inception V3模块凭经验似乎能够用更少的参数学习更丰富的特征表示。InceptionNet的初衷可以认为是：特征的提取和传递可以通过1×1的卷积、3×3的卷积、5×5的卷积、Pooling等，到底哪种才是最好的特征提取方式呢？InceptionNet结构将这个疑问留给网络自己训练，也就是将一个输入同时提供给这几种卷积提取特征方式的网络层，然后进行聚合。Inception V3和Inception V1（GoogleNet）对比主要是将5×5卷积换成两个3×3卷积层的叠加。

Xception是对Inception V3结构的一种改进，核心是采用深度可分离卷积来替代原来的Inception V3中的Inception模块。

首先考虑一个简化的Inception模块，如图5-9所示，它只使用一种卷积大小（例如3×3），并且不包含平均汇集层。这个Inception模块被重新配置为一个大的1×1的卷积，然后是空间卷积，这些卷积可以在输出通道的非重叠段上运行（因为只有一种3×3的空间卷积，所以没有在输出通道上覆盖运行）。

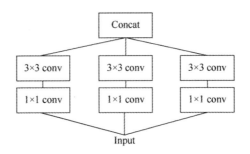

图 5-9   简化的 Inception 模块

观察这个简单版本的Inception模块，很容易产生以下两个问题：

- Inception中的卷积块的个数和大小都会产生什么影响？
- 是否可以假设通道间的相关性和空间上的相关性可以靠这种方式完全分开？

那么就产生了Inception模块的极端版本，即Xception模块。基于上面第二点的假设，将首先使用1×1的卷积来映射跨通道相关性，然后分别映射每个输出通道的空间相关性（Inception V3模块交替使用7×1和1×7的卷积做到这种空间上可分离的效果）。如图5-10所示，这种极端版本已经几乎与深度可分离卷积相同了。

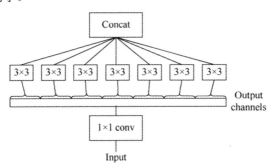

图 5-10   Inception 模块的极端版本

现在，这个极端版本的Inception模块和深度可分离卷积的区别只有以下两点：

（1）操作顺序：通常实现的深度可分离卷积执行第一个通道空间卷积，然后执行1×1的卷积，而Inception首先执行1×1的卷积。

（2）第一个操作后是否有非线性操作。在Inception中，第一步和第二部操作都有非线性操作（ReLU）；而深度可分离卷积后面通常没有非线性操作。

普通卷积和深度可分卷积之间存在一个离散谱，输入的每个通道都对应一个频率，这个频谱被空间卷积的数量参数化。普通卷积将频谱里各种频率合成一个，Inception结构将它们合成3~4个，深度可分离卷积则对每一个频率做卷积操作。所以，在Inception结构和深度可分离卷积之间还存在一个中间状态，这一块的特性还没有人探索过。

基于以上分析，卷积神经网络特征映射中各通道相关性和空间相关性的映射可以完全解耦，提出了XceptionNet，XceptionNet的结构如图5-11所示。该网络结构给出了网络的完整描述，数据首先通过入口流，然后通过重复8次的中间流，最后通过出口流。Xception架构具有36个卷积层，形成了网络的特征提取基础。36个卷积层被分为14个模块，除了第一个和最后一个模块外，所有这些模块都具有线性残差连接。

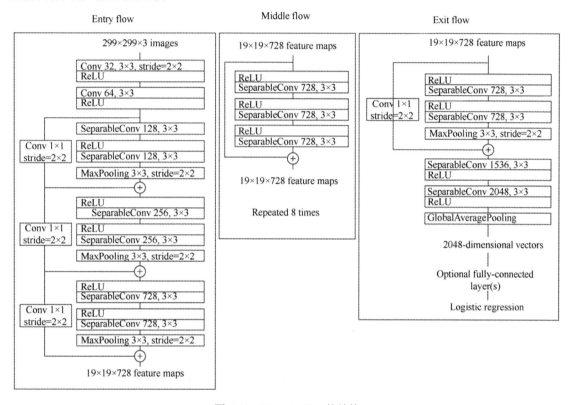

图 5-11　XceptionNet 的结构

简而言之，XceptionNet架构是一个具有残差连接的深度可分离卷积层的线性堆叠，这使得网络架构非常容易定义和修改。

5.3.2　XceptionNet 的实现

XceptionNet的结构比较复杂，实现代码也比较烦琐，源代码是通过TensorFlow实现的，这里以PyTorch实现。

【例5-5】　PyTorch实现深度可分离卷积。

输入如下代码：

```
import torch.nn as nn
```

```
# 深度可分离卷积
class SeparableConv2d(nn.Module):
    def __init__(self, in_channels, out_channels, kernel_size, stride, padding,
                 dilation=1, bias=False):
        super(SeparableConv2d, self).__init__()

        # 逐通道卷积: groups=in_channels=out_channels
        self.conv1 = nn.Conv2d(in_channels, in_channels, kernel_size, stride, padding,
                               dilation, groups=in_channels, bias=bias)
        # 逐点卷积: 普通1×1卷积
        self.pointwise = nn.Conv2d(in_channels, out_channels, kernel_size=1, stride=1,
                                   padding=0, dilation=1, groups=1, bias=bias)

    def forward(self, x):
        x = self.conv1(x)
        x = self.pointwise(x)
        return x
```

根据深度可分离卷积实现XceptionNet。

【例5-6】 PyTorch实现XceptionNet。

```
import torch.nn as nn

class Xception(nn.Module):
    def __init__(self, num_classes=1000):
        super(Xception, self).__init__()
        # 总分类数
        self.num_classes = num_classes

        #定义输入流
        self.conv1 = nn.Conv2d(in_channels=3, out_channels=32, kernel_size=3,
                               stride=2, padding=0, bias=False)
        self.bn1 = nn.BatchNorm2d(32)
        self.relu = nn.ReLU(inplace=True)

        self.conv2 = nn.Conv2d(in_channels=32, out_channels=64, kernel_size=3,
                               stride=1, padding=0, bias=False)
        self.bn2 = nn.BatchNorm2d(64)
        # 执行残差操作

        # Block中的参数顺序in_filters,out_filters,reps,stride,start_with_relu,
          grow_first
        self.block1 = Block(64, 128, 2, 2, start_with_relu=False, grow_first=True)
        self.block2 = Block(128, 256, 2, 2, start_with_relu=True, grow_first=True)
        self.block3 = Block(256, 728, 2, 2, start_with_relu=True, grow_first=True)

        #定义中间流
        self.block4 = Block(728, 728, 3, 1, start_with_relu=True, grow_first=True)
        self.block5 = Block(728, 728, 3, 1, start_with_relu=True, grow_first=True)
        self.block6 = Block(728, 728, 3, 1, start_with_relu=True, grow_first=True)
        self.block7 = Block(728, 728, 3, 1, start_with_relu=True, grow_first=True)

        self.block8 = Block(728, 728, 3, 1, start_with_relu=True, grow_first=True)
```

```
    self.block9 = Block(728, 728, 3, 1, start_with_relu=True, grow_first=True)
    self.block10 = Block(728, 728, 3, 1, start_with_relu=True, grow_first=True)
    self.block11 = Block(728, 728, 3, 1, start_with_relu=True, grow_first=True)

    #定义输出流
    self.block12 = Block(728, 1024, 2, 2, start_with_relu=True, grow_first=False)

    self.conv3 = SeparableConv2d(1024, 1536, 3, 1, 1)
    self.bn3 = nn.BatchNorm2d(1536)

    # 执行ReLU操作
    self.conv4 = SeparableConv2d(1536, 2048, 3, 1, 1)
    self.bn4 = nn.BatchNorm2d(2048)

    self.fc = nn.Linear(2048, num_classes)
    ########################################################

    # 初始化权重
    for m in self.modules():
        if isinstance(m, nn.Conv2d):
            n = m.kernel_size[0] * m.kernel_size[1] * m.out_channels
            m.weight.data.normal_(0, math.sqrt(2. / n))
        elif isinstance(m, nn.BatchNorm2d):
            m.weight.data.fill_(1)
            m.bias.data.zero_()

def forward(self, x):
    #定义 Entry flow
    x = self.conv1(x)
    x = self.bn1(x)
    x = self.relu(x)

    x = self.conv2(x)
    x = self.bn2(x)
    x = self.relu(x)

    x = self.block1(x)
    x = self.block2(x)
    x = self.block3(x)

    #定义 Middle flow
    x = self.block4(x)
    x = self.block5(x)
    x = self.block6(x)
    x = self.block7(x)
    x = self.block8(x)
    x = self.block9(x)
    x = self.block10(x)
    x = self.block11(x)

    #定义 Exit flow
    x = self.block12(x)

    x = self.conv3(x)
    x = self.bn3(x)
```

```
        x = self.relu(x)

        x = self.conv4(x)
        x = self.bn4(x)
        x = self.relu(x)

        x = F.adaptive_avg_pool2d(x, (1, 1))
        x = x.view(x.size(0), -1)
        x = self.fc(x)

        return x
```

注意，这里只是根据XceptionNet的框架图实现了其整体框架，接下来实现其中的Block模块。

【例5-7】 PyTorch实现XceptionNet的Block模块。

输入如下代码：

```
import torch.nn as nn

class Block(nn.Module):
    def __init__(self, in_filters, out_filters, reps, strides=1,
                 start_with_relu=True, grow_first=True):
        #:parm reps:块重复次数
        super(Block, self).__init__()

        # 中间流（Middle flow）无须做这一步，而其余块需要，以做跳连
        # 1）中间流输入输出的特征图个数始终一致，且stride恒为1
        # 2）其余块需要stride=2，这样可以将特征图尺寸减半，以获得与最大池化减半特征图尺寸同样的效果
        if out_filters != in_filters or strides != 1:
            self.skip = nn.Conv2d(in_filters, out_filters, kernel_size=1,
                                  stride=strides, bias=False)
            self.skipbn = nn.BatchNorm2d(out_filters)
        else:
            self.skip = None

        self.relu = nn.ReLU(inplace=True)
        rep = []

        filters = in_filters
        if grow_first:
            rep.append(self.relu)
            # 这里的卷积不改变特征图尺寸
            rep.append(SeparableConv2d(in_filters, out_filters, kernel_size=3,
                                       stride=1, padding=1, bias=False))
            rep.append(nn.BatchNorm2d(out_filters))
            filters = out_filters

        for i in range(reps - 1):
            rep.append(self.relu)
            # 这里的卷积不改变特征图尺寸
            rep.append(SeparableConv2d(filters, filters, kernel_size=3, stride=1,
                                       padding=1, bias=False))
            rep.append(nn.BatchNorm2d(filters))
```

```
        if not grow_first:
            rep.append(self.relu)
            # 这里的卷积不改变特征图尺寸
            rep.append(SeparableConv2d(in_filters, out_filters, kernel_size=3,
                                      stride=1, padding=1, bias=False))
            rep.append(nn.BatchNorm2d(out_filters))

        if not start_with_relu:
            rep = rep[1:]
        else:
            rep[0] = nn.ReLU(inplace=False)

        # 中间流的stride恒为1，因此无须做池化，而其余块需要
        # 其余块的stride=2，因此这里的最大池化可以将特征图尺寸减半
        if strides != 1:
            rep.append(nn.MaxPool2d(kernel_size=3, stride=strides, padding=1))
        self.rep = nn.Sequential(*rep)

    def forward(self, inp):
        x = self.rep(inp)

        if self.skip is not None:
            skip = self.skip(inp)
            skip = self.skipbn(skip)
        else:
            skip = inp

        x += skip
        return x
```

具体细节在块（Block）的代码实现中进行了控制。

对于输入流（Entry flow），首先使用了两个3×3卷积（conv1，conv2）降低特征图尺寸，同时增加了特征图个数；接着是3个含跳连的深度可分离卷积堆叠模块。

对于中间流（Middle flow），包含8个一模一样的含跳连的深度可分离卷积堆叠模块。

对于输出流（Exit flow），首先是一个含跳连的深度可分离卷积堆叠模块，接着是一些深度可分离卷积层以及全局平均池化层，最后用全连接层输出分类结果。

由于XceptionNet结构复杂，限于篇幅，这里不再展示其网络结构，感兴趣的读者可以自行打印输出它的结构。

5.4　小结

本章讲解了几个经典的神经网络，读者需要认真理解几个经典神经网络的PyTorch实现方法，这几个经典网络在当年都取得了巨大成功，直到现在这些网络的设计思路依然在推动计算机视觉技术前进，在近两年的各种新技术中仍可以看到这些网络的部件和实现思想。

第 6 章

模型的保存和调用

6

本章主要学习PyTorch模型的保存和加载。模型是用来解决实际问题的，是深度学习经过数据预处理、深度学习训练之后，最终要得到的东西。得到模型之后，直接加载调用模型就可以进行推理。本章内容十分重要，是深度学习应用部署的重要基础。

学习目标：

（1）掌握PyTorch模型的保存和加载方法。
（2）掌握一个文件保存多个模型的方法。
（3）掌握通过不同设备保存和加载模型。

6.1　字典状态（state_dict）

在PyTorch中，torch.nn.Module模型的可学习参数（权重和偏差）包含在模型的参数中，这些参数可使用model.parameters()进行访问。state_dict是Python字典对象，它将每一层映射到其参数张量。注意，只有具有可学习参数的层（如卷积层、线性层等）的模型才具有state_dict这一项。目标优化torch.optim也有state_dict属性，它包含了有关优化器的状态信息，以及使用的超参数。

因为state_dict的对象是Python字典，所以它们可以很容易地保存、更新、修改和恢复，从而为PyTorch模型和优化器添加了大量模块。

下面举例说明如何建立一个PyTorch网络，并查看其字典状态。

【例6-1】　PyTorch构建分类器，并查看其字典状态。

输入如下代码：

```python
import torch.nn as nn
import torch.optim as optim
import torch.functional as F

class TheModelClass(nn.Module):
    def __init__(self):
        super(TheModelClass, self).__init__()
        self.conv1 = nn.Conv2d(3, 6, 5)
        self.pool = nn.MaxPool2d(2, 2)
        self.conv2 = nn.Conv2d(6, 16, 5)
        self.fc1 = nn.Linear(16 * 5 * 5, 120)
        self.fc2 = nn.Linear(120, 84)
        self.fc3 = nn.Linear(84, 10)

    def forward(self, x):
        x = self.pool(F.relu(self.conv1(x)))
        x = self.pool(F.relu(self.conv2(x)))
        x = x.view(-1, 16 * 5 * 5)
        x = F.relu(self.fc1(x))
        x = F.relu(self.fc2(x))
        x = self.fc3(x)
        return x

# 初始化模型
model = TheModelClass()

# 初始化优化器
optimizer = optim.SGD(model.parameters(), lr=0.001, momentum=0.9)

# 打印模型的状态字典
print("Model's state_dict:")
for param_tensor in model.state_dict():
    print(param_tensor, "\t", model.state_dict()[param_tensor].size())

# 打印优化器的状态字典
print("Optimizer's state_dict:")
for var_name in optimizer.state_dict():
    print(var_name, "\t", optimizer.state_dict()[var_name])
```

运行结果如下：

```
Model's state_dict:
conv1.weight     torch.Size([6, 3, 5, 5])
conv1.bias       torch.Size([6])
conv2.weight     torch.Size([16, 6, 5, 5])
conv2.bias       torch.Size([16])
fc1.weight       torch.Size([120, 400])
fc1.bias         torch.Size([120])
fc2.weight       torch.Size([84, 120])
fc2.bias         torch.Size([84])
fc3.weight       torch.Size([10, 84])
fc3.bias         torch.Size([10])
Optimizer's state_dict:
```

```
state     {}
param_groups      [{'lr': 0.001, 'momentum': 0.9, 'dampening': 0, 'weight_decay': 0,
'nesterov': False, 'maximize': False, 'params': [0, 1, 2, 3, 4, 5, 6, 7, 8, 9]}]
```

观察运行结果，可以分别看到定义的模型和优化器的字典状态。

6.2　保存和加载模型

深度学习的最终目的是解决实际应用问题，是通过调用训练好的模型来实现的，其中涉及模型的加速、序列化等技术，简而言之，就是需要保存和调用深度学习模型，本节就来学习PyTorch模型的保存和调用技术。

PyTorch的模型通常以.pth为后缀，在应用中还会遇到以其他后缀名保存的模型，如.pkl，无论PyTorch模型的后缀名是什么，其保存和调用方法都是一样的。

当保存和加载模型时，需要熟悉PyTorch的3个核心功能：

（1）torch.save：此函数使用Python的pickle模块进行序列化，可将序列化对象保存到磁盘。使用此函数可以保存模型、张量、字典等各种对象。

（2）torch.load：使用pickle的unpickling功能将pickle对象文件反序列化到内存，此功能还有助于设备加载数据。

（3）torch.nn.Module.load_state_dict：使用反序列化函数state_dict来加载模型的参数字典。

6.2.1　使用 state_dict 加载模型

PyTorch推荐使用state_dict保存和加载模型。

通常使用以下命令保存PyTorch模型：

```
torch.save(model.state_dict(), PATH)
```

其中，PATH表示待保存模型的路径，这个路径通常包含待保存模型的名字。

当保存好模型用来推断的时候，只需要保存模型学习到的参数，使用torch.save()函数来保存模型state_dict，它会给模型恢复提供最大的灵活性，这就是推荐它来保存的原因。

在PyTorch中，最常见的是以.pt或者.pth作为模型保存文件的扩展名。

通常使用以下命令加载PyTorch模型：

```
model = TheModelClass(*args, **kwargs)
model.load_state_dict(torch.load(PATH))
model.eval()
```

请记住，在运行推理之前，务必调用model.eval()设置随机失活（dropout）层和批量归一化（batch normalization）层为评估模式。如果不这么做，可能导致模型推断结果不一致。

另外，load_state_dict() 函数只接受字典对象，而不是保存对象的路径。这就意味着在传给 load_state_dict() 函数之前，必须反序列化已经保存的 state_dict。例如，无法通过 model.load_state_dict(PATH) 来加载模型。

6.2.2 保存和加载完整模型

使用以下命令保存完整模型：

```
torch.save(model, PATH)
```

使用以下命令加载完整模型：

```
# 模型类必须在此之前被定义
model = torch.load(PATH)
model.eval()
```

这里保存和加载过程使用了最直观的语法并涉及最少量的代码，但是以Python的pickle模块的方式来保存模型。这种方法的缺点是序列化数据受限于某种特殊的类，而且需要确切的字典结构，这是因为pickle无法保存模型类本身。相反，它保存包含类的文件的路径，该文件在加载时使用。因此，当在其他项目使用或者重构之后，代码可能会以各种方式中断。

完整保存的模型在PyTorch中最常见的也是使用.pt或者.pth作为模型文件扩展名。

需要说明的是，完整保存的模型在运行推理之前，也务必调用model.eval()设置随机失活层和批量归一化层为评估模式。如果不这么做，可能导致模型推断结果不一致。

6.2.3 保存和加载 Checkpoint 用于推理、继续训练

保存Checkpoint（检查点）通常使用以下命令：

```
torch.save({
        'epoch': epoch,
        'model_state_dict': model.state_dict(),
        'optimizer_state_dict': optimizer.state_dict(),
        'loss': loss,
        ...
        }, PATH)
```

加载Checkpoint通常使用以下命令：

```
model = TheModelClass(*args, **kwargs)
optimizer = TheOptimizerClass(*args, **kwargs)

checkpoint = torch.load(PATH)
model.load_state_dict(checkpoint['model_state_dict'])
optimizer.load_state_dict(checkpoint['optimizer_state_dict'])
epoch = checkpoint['epoch']
loss = checkpoint['loss']
```

```
model.eval()
model.train()
```

当保存成Checkpoint的时候，可用于推理或者继续训练。

保存优化器的state_dict也很重要，因为它包含作为模型训练更新的缓冲区和参数。

也有可能想保存其他项目，比如最新记录的训练损失，外部的torch.nn.Embedding层等。

要保存多个组件，请在字典中组织它们并使用torch.save()来序列化字典。

PyTorch中常见的保存Checkpoint的方法是使用.tar作为文件扩展名。

要加载项目，首先需要初始化模型和优化器，然后使用torch.load()来加载本地字典。这里可以非常容易地通过简单查询字典来访问所保存的项目。

类似之前的模型保存和调用方法，请记住在运行推理之前，务必调用model.eval()设置随机失活层和批量归一化层为评估模式。如果不这样做，有可能得到不一致的推断结果。如果想要恢复训练，请调用model.train()以确保这些层处于训练模式。

6.3　一个文件保存多个模型

在一个文件中保存多个模型的方法和保存一个文件的方法类似，可通过以下命令实现：

```
torch.save({
        'modelA_state_dict': modelA.state_dict(),
        'modelB_state_dict': modelB.state_dict(),
        'optimizerA_state_dict': optimizerA.state_dict(),
        'optimizerB_state_dict': optimizerB.state_dict(),
        ...
        }, PATH)
```

其中，PATH是既包含路径又包含待保存文件的文件名的一个路径。

该文件可以通过以下命令进行加载，可以分别加载保存的多个文件：

```
modelA = TheModelAClass(*args, **kwargs)
modelB = TheModelBClass(*args, **kwargs)
optimizerA = TheOptimizerAClass(*args, **kwargs)
optimizerB = TheOptimizerBClass(*args, **kwargs)

checkpoint = torch.load(PATH)
modelA.load_state_dict(checkpoint['modelA_state_dict'])
modelB.load_state_dict(checkpoint['modelB_state_dict'])
optimizerA.load_state_dict(checkpoint['optimizerA_state_dict'])
optimizerB.load_state_dict(checkpoint['optimizerB_state_dict'])

modelA.eval()
modelB.eval()
```

```
# - or -
modelA.train()
modelB.train()
```

当保存的模型由多个torch.nn.Modules组成时，例如VGG16、sequence-to-sequence（序列到序列模型），或者是多个模型融合，可以采用与保存常规检查点相同的方法。换句话说，保存每个模型的state_dict的字典和相对应的优化器。如前所述，可以通过简单地将它们附加到字典的方式来保存任何其他项目，这样有助于恢复训练。

要加载项目，首先需要初始化模型和优化器，然后调用torch.load()来加载本地字典。这里可以非常容易地通过简单查询字典来访问所保存的项目。

类似加载单个模型，请记住在运行推理之前，务必调用model.eval()设置随机失活层和批量归一化层为评估模式。如果不这样做，有可能得到不一致的推断结果。如果想要恢复训练，请调用model.train()以确保这些层处于训练模式。

在迁移学习或训练新的复杂模型时，部分加载模型或加载部分模型是常见的情况。利用训练好的参数有助于热启动训练过程，并希望帮助模型比从头开始训练能够更快地收敛。

无论是从缺少某些键的state_dict加载还是从键的数目多于加载模型的state_dict加载，都可以通过在load_state_dict()函数中将strict参数设置为False来忽略非匹配键的函数。

如果要将参数从一个层加载到另一个层，但是某些键不匹配，则主要修改正在加载的state_dict中的参数键的名称以匹配要加载到模型中的键。

6.4　通过设备保存和加载模型

通过设备保存和加载模型主要是指分别在CPU和GPU进行训练，然后加载到对应的设备上，另外这里的GPU可以是多个GPU。下面分情况说明。

1．保存到CPU，加载到CPU

通过CPU保存的方式类似前面章节介绍的方法，可使用以下命令：

```
torch.save(model.state_dict(), PATH)
```

其加载过程需要先指定设备，再进行加载，常用命令如下：

```
device = torch.device('cpu')
model = TheModelClass(*args, **kwargs)
model.load_state_dict(torch.load(PATH, map_location=device))
```

当从CPU上加载模型并在CPU上训练时，要将torch.device('cpu')传递给torch.load()函数中的map_location参数。在这种情况下，使用map_location参数将存储器中的张量动态地重新映射到CPU设备。

2. 保存到GPU，加载到GPU

其保存方式如下：

```
torch.save(model.state_dict(), PATH)
```

其加载方式如下：

```
device = torch.device("cuda")
model = TheModelClass(*args, **kwargs)
model.load_state_dict(torch.load(PATH))
model.to(device)
```

这里可以看到，加载时需要先指定设备为"cuda"。

当在GPU上训练并把模型保存在GPU时，只需要调用model.to(torch.device('cuda'))将初始化的model转换为CUDA优化模型。另外，请务必在所有模型输入上调用.to(torch.device('cuda'))函数来为模型准备数据。请注意，调用my_tensor.to(device)会在GPU上返回my_tensor的副本。因此，请记住手动覆盖张量：my_tensor= my_tensor.to(torch.device('cuda'))。

3. 保存到CPU，加载到GPU

其保存命令与前面类似：

```
torch.save(model.state_dict(), PATH)
```

其加载命令如下：

```
device = torch.device("cuda")
model = TheModelClass(*args, **kwargs)
model.load_state_dict(torch.load(PATH, map_location="cuda:0"))  # 选择所需的GPU编号
model.to(device)
# 确保提供给模型的任何输入张量上调用input = input.to(device)
```

在CPU上训练好并将保存的模型加载到GPU时，需将torch.load()函数中的map_location参数设置为cuda:device_id。这会将模型加载到指定的GPU设备。接下来，请务必调用model.to(torch.device('cuda'))将模型的参数张量转换为CUDA张量。最后，确保在所有模型输入上调用.to(torch.device('cuda'))函数来为CUDA优化模型。请注意，调用my_tensor.to(device)会在GPU上返回my_tensor的新副本。它不会覆盖my_tensor。因此，请手动覆盖张量my_tensor = my_tensor.to(torch.device('cuda'))。

4. 保存torch.nn.DataParallel模型

当在多显卡的GPU服务器上面运行程序的时候，如果迭代次数或者epoch（训练周期）足够大，通常会调用nn.DataParallel函数来用多个GPU加速训练。一般会在代码中加入以下内容：

```
model = model.cuda()
device_ids = [0, 1]  # id为0和1的两块显卡
model = torch.nn.DataParallel(model, device_ids=device_ids)
```

　　注：Epoch（训练周期）是深度学习中的一个概念，是指一次完整的训练迭代，也就是使用整个训练数据集进行一次训练。一个epoch通常包括多次迭代（训练），每次迭代使用一小部分训练数据集中的数据。

　　类似地，可以通过以下命令保存模型：

```
torch.save(model.module.state_dict(), PATH)
```

　　其加载方式前面已经介绍过，请读者参考前面的说明进行加载。

　　torch.nn.DataParallel是一个模型封装，可在并行GPU系统上运行。要保存DataParallel模型，可调用model.module.state_dict()。这样，就可以非常灵活地以任何方式加载模型到想要的设备中。

6.5　小结

　　本章学习了PyTorch模型的保存和加载技术，保存和加载可以通过3种方式实现，即state_dict、完整模型和Checkpoint。本章还介绍了一个文件保存多个模型的方法，即通过设备保存和加载模型的方法（主要是指通过GPU和CPU对模型进行保存和加载）。

第 7 章

网络可视化

7

本章主要学习PyTorch相关的一些可视化工具。深度学习网络层次深，网络结构复杂，代码表示的网络结构抽象，不易直观理解，可视化网络可用于实现网络的图像化显示，是理解深度学习网络的好办法。幸运的是，研究者已经开发出了多种可视化工具供使用，本章将学习相关的可视化工具HiddenLayer、PyTorchViz和TensorboardX。

学习目标：

（1）掌握HiddenLayer可视化方法。

（2）掌握PyTorchViz可视化方法。

（3）掌握TensorboardX可视化方法。

7.1 HiddenLayer 可视化

HiddenLayer是一个轻量级的Python库，可以用于PyTorch、TensorFlow和Keras的神经网络图可视化。

HiddenLayer很简单，易于扩展，可以方便地与Jupyter Notebook一起工作。但是它是一个轻量级的工具包，并不打算取代高级工具，比如Tensorboard。该工具包主要应用于小任务，在这些情况下高级工具（比如Tensorboard）对小任务来说显得过大。HiddenLayer由Waleed Abdulla和Phil Ferriere编写，并在MIT许可下授权。

可以通过以下命令安装HiddenLayer：

```
pip install hiddenlayer
```

HiddenLayer简单易用，下面举例说明。首先构建一个网络，然后通过HiddenLayer可视化。

【例7-1】 建立一个网络模型，并使用HiddenLayer可视化。

输入如下代码：

```
import torch
import torchvision
import hiddenlayer as h

#定义网络
model = torchvision.models.alexnet()
#定义输入
x = torch.randn([3, 3, 224, 224])
#可视化网络并将结果保存为图片
NetGraph = h.build_graph(model, x)
NetGraph.save('./model.png', format='png')
#打印网络结构
print(model)
```

运行结果如下：

```
AlexNet(
  (features): Sequential(
    (0): Conv2d(3, 64, kernel_size=(11, 11), stride=(4, 4), padding=(2, 2))
    (1): ReLU(inplace=True)
    (2): MaxPool2d(kernel_size=3, stride=2, padding=0, dilation=1, ceil_mode=False)
    (3): Conv2d(64, 192, kernel_size=(5, 5), stride=(1, 1), padding=(2, 2))
    (4): ReLU(inplace=True)
    (5): MaxPool2d(kernel_size=3, stride=2, padding=0, dilation=1, ceil_mode=False)
    (6): Conv2d(192, 384, kernel_size=(3, 3), stride=(1, 1), padding=(1, 1))
    (7): ReLU(inplace=True)
    (8): Conv2d(384, 256, kernel_size=(3, 3), stride=(1, 1), padding=(1, 1))
    (9): ReLU(inplace=True)
    (10): Conv2d(256, 256, kernel_size=(3, 3), stride=(1, 1), padding=(1, 1))
    (11): ReLU(inplace=True)
    (12): MaxPool2d(kernel_size=3, stride=2, padding=0, dilation=1, ceil_mode=False)
  )
  (avgpool): AdaptiveAvgPool2d(output_size=(6, 6))
  (classifier): Sequential(
    (0): Dropout(p=0.5, inplace=False)
    (1): Linear(in_features=9216, out_features=4096, bias=True)
    (2): ReLU(inplace=True)
    (3): Dropout(p=0.5, inplace=False)
    (4): Linear(in_features=4096, out_features=4096, bias=True)
    (5): ReLU(inplace=True)
    (6): Linear(in_features=4096, out_features=1000, bias=True)
  )
)
```

观察运行结果，打印出实现的网络结构。

HiddenLayer可视化构建的网络结构如图7-1所示。

07

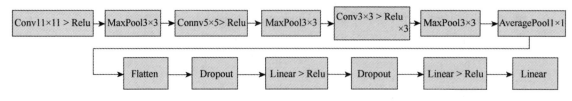

图 7-1　HiddenLayer 可视化构建的网络

代码显示出的网络结构和HiddenLayer可视化的网络结构是对应的，感兴趣的读者可以查看并核对。

7.2　PyTorchViz 可视化

PyTorchViz库含有可以将深度学习网络进行可视化的函数make_dot()，使用PyTrochViz可视化需要安装两个依赖包，分别为graphviz和torchviz，在对应的环境中使用pip命令安装即可。

```
pip install graphviz
pip install torchviz
```

下面建立PyTorch模型，然后使用PyTorchViz对模型进行可视化。

【例7-2】　建立PyTorch模型，并使用PyTorchViz可视化。

输入如下代码：

```
import torch
from torchvision.models import AlexNet
from torchviz import make_dot

#定义输入和网络
x = torch.rand(8, 3, 256, 512)
model = AlexNet()
#输出
y = model(x)
print(y)
#可视化显示网络
g = make_dot(y)
g.render('espnet_model', view=False)
```

运行结果如下：

```
tensor([[-0.0061, -0.0108, -0.0167,  ..., -0.0076, -0.0134,  0.0042],
        [-0.0111, -0.0149, -0.0160,  ..., -0.0112, -0.0120,  0.0032],
        [-0.0072, -0.0102, -0.0166,  ..., -0.0128, -0.0075,  0.0020],
        ...,
        [-0.0106, -0.0097, -0.0160,  ..., -0.0099, -0.0057, -0.0028],
        [-0.0055, -0.0096, -0.0208,  ..., -0.0074, -0.0077,  0.0049],
        [-0.0067, -0.0131, -0.0189,  ..., -0.0081, -0.0074,  0.0048]],
       grad_fn=<AddmmBackward0>)
```

得到的可视化结果已经保存在对应的文件夹下。另外，可以查询整个模型的参数量信息，如图7-2所示。

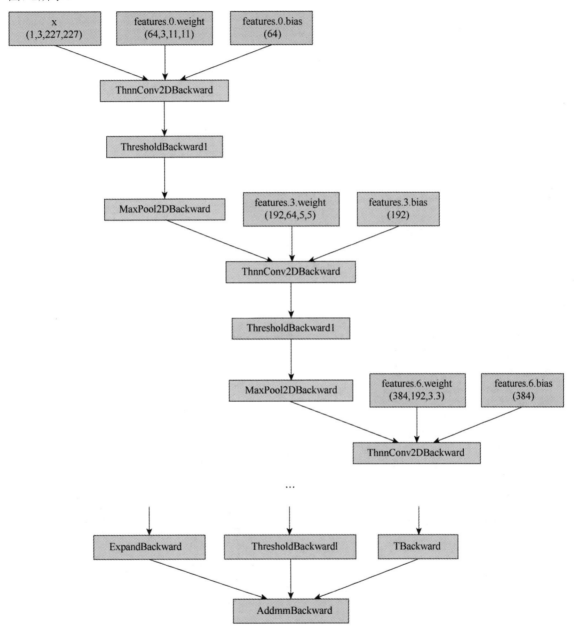

图 7-2　PyTorchViz 可视化结果（局部）

【例7-3】 PyTorchViz可视化，查询整个模型的参数量信息。

输入如下代码：

```
import torch
from torchvision.models import AlexNet
from torchviz import make_dot

x = torch.rand(8, 3, 256, 512)
model = AlexNet()
y = model(x)
# print(y)
# g = make_dot(y)
# g.render('espnet_model', view=False)

params = list(model.parameters())
k = 0
for i in params:
        l = 1
        print("该层的结构: " + str(list(i.size())))
        for j in i.size():
                l *= j
        print("该层参数和: " + str(l))
        k = k + l
print("总参数数量和: " + str(k))
```

运行结果如下：

```
层的结构：[64, 3, 11, 11]
该层参数和：23232
该层的结构：[64]
该层参数和：64
该层的结构：[192, 64, 5, 5]
该层参数和：307200
该层的结构：[192]
该层参数和：192
该层的结构：[384, 192, 3, 3]
该层参数和：663552
该层的结构：[384]
该层参数和：384
该层的结构：[256, 384, 3, 3]
该层参数和：884736
该层的结构：[256]
该层参数和：256
该层的结构：[256, 256, 3, 3]
该层参数和：589824
该层的结构：[256]
该层参数和：256
该层的结构：[4096, 9216]
该层参数和：37748736
该层的结构：[4096]
该层参数和：4096
```

```
该层的结构：[4096, 4096]
该层参数和：16777216
该层的结构：[4096]
该层参数和：4096
该层的结构：[1000, 4096]
该层参数和：4096000
该层的结构：[1000]
该层参数和：1000
总参数数量和：61100840
```

7.3　TensorboardX 可视化

　　网络结构可视化主要是帮助使用者理解所搭建的网络或者检查所搭建的网络是否存在错误。而训练过程的可视化通常用于监督网络的训练过程或呈现网络的训练效果，以得到更好的训练效果。本节介绍TensorboardX可视化。

7.3.1　简介和安装

　　Tensorboard是TensorFlow的一个附加工具，可以记录训练过程的数字、图像等内容，以方便研究人员观察神经网络的训练过程。但是对于PyTorch等其他神经网络训练框架并没有功能像Tensorboard一样全面的工具，一些已有的工具功能有限或使用起来比较困难（如tensorboard_logger、visdom等）。TensorboardX这个工具使得TensorFlow以外的其他神经网络框架也可以使用Tensorboard的便捷功能。TensorboardX可以通过GitHub仓库查看其代码及安装使用。

　　TensorboardX的文档相对详细，但大部分缺少相应的示例。这里举例说明一些常用的功能，方便读者查看PyTorch的训练。

　　TensorboardX可以帮助PyTorch使用Tensorboard工具可视化的库。在TensorboardX库中提供了多种向Tensorboard中添加事件的函数，这些函数的常用功能和调用方式总结如表7-1所示，表中列出了在图像中添加标量、文本、音频、直方图等的方法。

表 7-1　TensorboardX 的常用功能和调用方式

函　　数	功　　能	调用方法
SummaryWriter()	创建编写器，保存日志	writer=SummaryWriter()
writer.add_scalar()	添加标量	writer.add_scalar('myscalar',value,iteration)
writer.add_image()	添加图像	writer.add_image('imresult',x,iteration)
writer.add_histogram()	添加直方图	writer.add_histogram('hist',array,iteration)
writer.add_graph()	添加网络结构	writer.add_graph(model,input_to_model)
writer.add_audio()	添加音频	writer.add_audio(tag,audio,iteration,sample_rate)
writer.add_text()	添加文本	writer.add_text(tag,text_string,global_step)

07

TensorboardX的安装方法与其他PyTorch库的安装类似，最简单的方法是使用pip直接安装：

```
pip install tensorboardX
```

也可以使用GitHub的库文件安装：

```
git clone https://github.com/lanpa/tensorboardX
cd tensorboardX
python setup.py install
```

这样安装稍微复杂，但更适合离线安装，视应用者需求选择合适的安装方法即可。

另外，还需要安装Tensorboard：

```
python install tensorboard
```

7.3.2 使用 TensorboardX

这里首先创建一个SummaryWriter，然后在此基础上进行其他的操作。

【例7-4】 创建一个SummaryWriter。

输入如下代码：

```
from tensorboardX import SummaryWriter

#创建SummaryWriter
writer1 = SummaryWriter('runs/exp')
writer2 = SummaryWriter()
writer3 = SummaryWriter(comment='resnet')
```

以上展示了3种初始化SummaryWriter的方法：

- 第1种：提供一个路径，将使用该路径来保存日志。
- 第2种：无参数，默认将使用"runs/日期时间"路径来保存日志。
- 第3种：提供一个comment参数，将使用"runs/日期时间-comment"路径来保存日志。

代码顺利运行之后，可以看到在对应的文件夹中已经生成了runs文件夹，并且在runs文件夹下生成了对应的文件夹和3个events.out.tfevents.文件。

一般来讲，对于每次实验新建一个路径不同的SummaryWriter，也叫一个run（即一次实验），如runs/exp1、runs/exp2。

接下来，就可以调用SummaryWriter实例的各种add_xxxx方法向日志中写入不同类型的数据。想要在浏览器中查看这些数据的可视化，只要在命令行中开启Tensorboard即可：

```
tensorboard --logdir=<your_log_dir>
```

其中的<your_log_dir>既可以是单个run的路径,如上面writer1生成的runs/exp,也可以是多个run的父目录,如"runs/"路径下可能会有很多子文件夹,每个文件夹都代表一次实验,令--logdir=runs/就可以在Tensorboard可视化界面中方便地横向比较"runs/"下不同次实验所得数据的差异。

7.3.3 添加数字

调用add_scalar方法来记录数字常量,该方法的调用格式如下:

```
add_scalar(tag, scalar_value, global_step=None, walltime=None)
```

参数说明如下:

- tag (string): 数据名称,不同名称的数据使用不同曲线展示。
- scalar_value (float): 数字常量值。
- global_step (int, optional): 训练的步骤(step)。
- walltime (float, optional): 记录发生的时间,默认为time.time()。

需要说明的是,这里的scalar_value一定是float类型,如果是PyTorch scalar tensor,则需要调用.item()方法获取其数值。一般会调用add_scalar方法来记录训练过程的loss、accuracy、learning rate等数值的变化,以直观地监控训练过程。

【例7-5】 为SummaryWriter添加数字。

输入如下代码:

```
from tensorboardX import SummaryWriter
writer = SummaryWriter('runs/scalar_example')
for i in range(10):
    writer.add_scalar('quadratic', i**2, global_step=i)
    writer.add_scalar('exponential', 2**i, global_step=i)
```

在终端输入:

```
tensorboard --logdir=<your_log_dir>
```

会得到一个地址,本例得到的地址如下:

```
TensorBoard 2.10.1 at http://localhost:6006/ (Press CTRL+C to quit)
```

然后在浏览器输入:

```
http://localhost:6006/
```

即可得到SummaryWriter添加数字的结果,如图7-3所示。

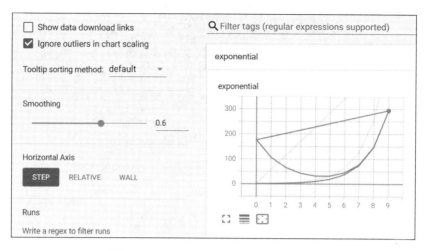

图 7-3   SummaryWriter 添加数字的效果

7.3.4   添加图片

调用add_image方法记录单个图像数据。注意，该方法需要pillow库的支持。该方法的调用格式如下：

```
add_image(tag, img_tensor, global_step=None, walltime=None, dataformats='CHW')
```

参数说明如下：

- tag (string): 数据名称。
- img_tensor (torch.Tensor / numpy.array): 图像数据。
- global_step (int, optional): 训练的步骤（step）。
- walltime (float, optional): 记录发生的时间，默认为time.time()。
- dataformats (string, optional): 图像数据的格式，默认为'CHW'，即Channel × Height × Width，还可以是CHW、HWC或HW等。

一般会调用add_image来实时观察生成式模型的生成效果，或者可视化分割、目标检测的结果，帮助调试模型。

下面举例说明。这里首先需要准备几幅图片，并将它们放在对应的文件夹中。

【例7-6】   SummaryWriter添加图片。

输入如下代码：

```
from tensorboardX import SummaryWriter
import cv2 as cv

#定义SummaryWriter
writer = SummaryWriter('runs/image_example')
```

```
#将文件夹中的图片添加到SummaryWriter
for i in range(1, 5):
    print(i)
    writer.add_image('countdown',
                    cv.cvtColor(cv.imread('{}.png'.format(i)), cv.COLOR_BGR2RGB),
                    global_step=i,
                    dataformats='HWC')
```

运行结果如下：

```
1
2
3
4
```

可视化的过程之前已经论述过，这里不再赘述，限于篇幅，以后也不再赘述，读者可以参考之前章节的内容，这里直接给出结果，运行结果的可视化如图7-4所示。

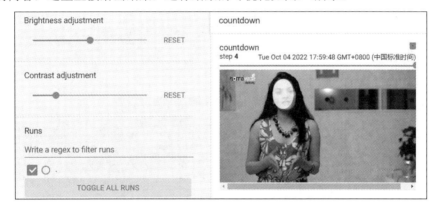

图 7-4 SummaryWriter 添加图片的效果

7.3.5 添加直方图

调用add_histogram方法来记录一组数据的直方图：

```
add_histogram(tag, values, global_step=None, bins='tensorflow', walltime=None,
max_bins=None)
```

参数说明如下：

- tag (string)：数据名称。
- values (torch.Tensor, numpy.array, or string/blobname)：用来构建直方图的数据。
- global_step (int, optional)：训练的步骤（step）。
- bins (string, optional)：取值有tensorflow、auto、fd等，该参数决定了数据分组（bin）的方式。
- walltime (float, optional)：记录发生的时间，默认为time.time()。
- max_bins (int, optional)：最大分数据分组数。

可以通过观察数据、训练参数、特征的直方图了解它们大致的分布情况，辅助观察神经网络的训练过程。下面举例说明。

【例7-7】　SummaryWriter添加直方图。

输入如下代码：

```
from tensorboardX import SummaryWriter
import numpy as np

writer = SummaryWriter('runs/ histogram _example')
writer.add_histogram('normal_centered', np.random.normal(0, 1, 1000), global_step=1)
writer.add_histogram('normal_centered', np.random.normal(0, 2, 1000),
global_step=50)
writer.add_histogram('normal_centered', np.random.normal(0, 3, 1000),
global_step=100)
```

运行结果的可视化如图7-5所示。

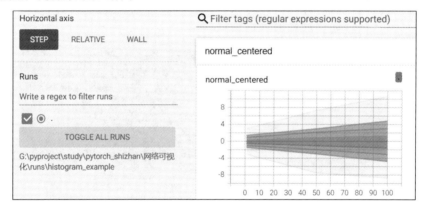

图 7-5　SummaryWriter 添加直方图

7.3.6　添加嵌入向量

调用add_embedding方法可以在二维或三维空间可视化嵌入（Embedding）向量。

```
add_embedding(mat, metadata = None, label_img=None, global_step=None, tag='default',
metadata_header = None)
```

参数说明如下：

- mat（torch.Tensor或numpy.array）：一个矩阵，每行代表特征空间的一个数据点。
- metadata（列表，torch.Tensor或numpy.array，可选参数）：一个一维列表，mat中每行数据的标记，大小应和mat行数相同。
- label_img（torch.Tensor，可选参数）：一个形如N×C×H×W的张量，对应mat每一行数据显示出来的图像，N应和mat行数相同。

- global_step (int, optional)：训练的步骤（step）。
- tag (string, optional)：数据名称，不同名称的数据将分别展示。

add_embedding是一个很实用的方法，不仅可以将高维特征使用PCA、T-SNE等方法降维至二维平面或三维空间显示，还可以观察每一个数据点在降维前的特征空间的K近邻情况。下面例子中取MNIST训练集中的100个数据，将图像展成一维向量直接作为嵌入向量（Embedding），然后使用TensorboardX可视化显示出来。

【例7-8】 SummaryWriter添加嵌入向量。

输入如下代码：

```
from tensorboardX import SummaryWriter
import torchvision

writer = SummaryWriter('runs/embedding_example')
mnist = torchvision.datasets.MNIST('mnist', download=True)
writer.add_embedding(
    mnist.train_data.reshape((-1, 28 * 28))[:100, :],
    metadata=mnist.train_labels[:100],
    label_img=mnist.train_data[:100, :, :].reshape((-1, 1, 28, 28)).float() / 255,
    global_step=0
)
```

可视化的运行结果如图7-6所示。

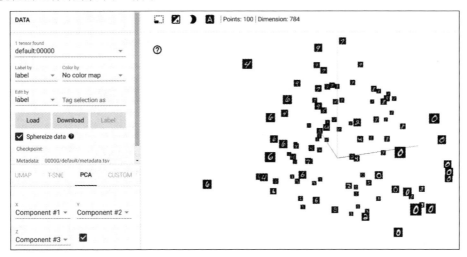

图 7-6 SummaryWriter 添加嵌入向量的效果

可以发现，虽然还没有做任何特征提取的工作，但MNIST的数据已经呈现出聚类的效果，相同数字之间距离更近一些。还可以单击左下方的T-SNE，用T-SNE的方法进行可视化，其可视化结果如图7-7所示。

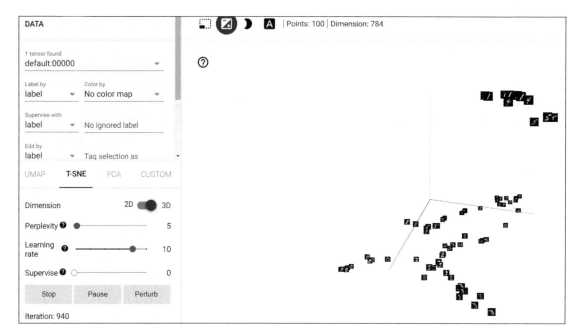

图 7-7　SummaryWriter 添加嵌入向量用 T-SNE 方法可视化

调用add_embedding方法需要注意以下两点：

（1）mat是二维的（M×N），metadata是一维的（N），label_img是四维的（N×C×H×W）。
（2）label_img记得归一化为0～1的浮点值。

另外，还有UMAP、CUSTOM等可视化方法，读者可自行调试实践。

7.4　小结

本章学习了PyTorch的可视化方法，其中HiddenLayer和PyTorchViz是较为简单的可视化工具，可以实现模型的可视化，帮助使用者检查模型是否正确；而TensorboardX是一个复杂的可视化工具，可以实现模型训练过程中的可视化，帮助使用者更好地检查和改善训练结果。

## 第 8 章

数据加载和预处理

本章主要学习PyTorch加载数据集和预处理为可以被PyTorch处理的数据的方法。PyTorch视觉库包含常用的一些数据集，可以直接通过命令加载，也可以加载一些自定义的数据集；加载图像数据之后，需要预处理为PyTorch网络可以运行的数据格式，本章将详细讲解这些内容。

学习目标：

（1）掌握加载PyTorch库数据集的方法。

（2）掌握加载自定义数据集的方法。

（3）掌握PyTorch数据预处理的方法。

8.1　加载 PyTorch 库数据集

在用PyTorch加载数据集时，已有的代码经常会用到ImageFolder、DataLoader等一系列方法，而这些方法来自torchvision、torch.utils.data。除了加载数据集外，还要使用torchvision中的transforms对数据集预处理等。这些数据操作往往会让初学者摸不着头脑。看别人的代码加载数据集挺简单，但是自己用的时候，尤其是加载自己所制作的数据集的时候，就会茫然无措。遇到这种情况别无他法，只能逐行编写代码，逐行理解，或查阅博文，最终为自己所用。为便于读者理解，本节从简单到复杂，从加载一些常见的PyTorch库数据集开始讲解。

有些数据集是公共的，比如常见的MNIST、CIFAR10、SVHN等，这些数据集在PyTorch中通过代码就可以下载、加载。比如使用torchvision中的datasets类下载数据集，并结合DataLoader来构建可直接传入网络的数据装载器。

图8-1展示了PyTorch官网可以直接下载的部分数据集（由于有很多数据集，因此这里不一一展示），感兴趣的读者可以自行查阅官网内容。

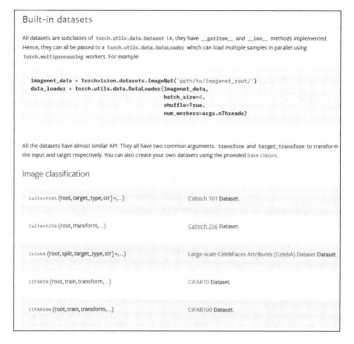

图 8-1　PyTorch 官网可下载的数据集

可以通过以下命令格式直接下载，并组织数据集：

```
imagenet_data = torchvision.datasets.ImageNet('path/to/imagenet_root/')
data_loader = torch.utils.data.DataLoader(imagenet_data,
                batch_size=4,
                shuffle=True,
                num_workers=args.nThreads)
```

以下示例说明加载库数据集的方法。

【例8-1】　PyTorch加载常见的数据集。

输入如下代码：

```
from torch.utils.data import DataLoader
from torchvision import datasets, transforms

#定义数据载入
def dataloader(dataset, input_size, batch_size, split='train'):
    transform = transforms.Compose([
                    transforms.Resize((input_size, input_size)),
                        transforms.ToTensor(),
                        transforms.Normalize(mean=[0.5], std=[0.5])
    ])
# MNIST数据集载入
    if dataset == 'mnist':
```

```
        data_loader = DataLoader(
            datasets.MNIST('data/mnist', train=True, download=True,
            transform=transform), batch_size=batch_size, shuffle=True)
    # Fashion-MNIST数据集载入
    elif dataset == 'fashion-mnist':
        data_loader = DataLoader(
            datasets.FashionMNIST('data/fashion-mnist', train=True, download=True,
            transform=transform), batch_size=batch_size, shuffle=True)
    # CIFAR10数据集载入
    elif dataset == 'cifar10':
        data_loader = DataLoader(
            datasets.CIFAR10('data/cifar10', train=True, download=True,
            transform=transform), batch_size=batch_size, shuffle=True)
    # SVHN数据集载入
    elif dataset == 'svhn':
        data_loader = DataLoader(
            datasets.SVHN('data/svhn', split=split, download=True,
            transform=transform), batch_size=batch_size, shuffle=True)
    # STL10数据集载入
    elif dataset == 'stl10':
        data_loader = DataLoader(
            datasets.STL10('data/stl10', split=split, download=True,
            transform=transform), batch_size=batch_size, shuffle=True)
    # LSUN-Bed数据集载入
    elif dataset == 'lsun-bed':
        data_loader = DataLoader(
            datasets.LSUN('data/lsun', classes=['bedroom_train'],
            transform=transform), batch_size=batch_size, shuffle=True)

    return data_loader
```

观察代码，这里定义了一个函数，调用该函数，只要指定DataSet和预先确定好要存放数据集的路径，即可将要调用的数据集下载到指定的路径。

8.2　加载自定义数据集

加载自定义的数据集需要根据torch.utils.data.Dataset类定义自己的类。这里首先下载并查看数据集，然后定义数据集类，并通过定义的类调用数据集。

8.2.1　下载并查看数据集

我们下载人脸数据集，并将数据保存在指定的目录中。这个数据集实际上是imagenet数据集标注为face的图片在dlib面部检测中表现良好的图片，是一个面部姿态的数据集，这些人脸数据已经标注好了，其锚点保存在face_landmarks.csv文件中。

该数据集按如下规则打包成CSV文件：

```
image_name,part_0_x,part_0_y,part_1_x,part_1_y,part_2_x, ... ,part_67_x,part_67_y
0805personali01.jpg,27,83,27,98, ... 84,134
1084239450_e76e00b7e7.jpg,70,236,71,257, ... ,128,312
```

这些点表示的是在人脸上的锚点位置，类似于坐标的x和y。

将CSV文件中的标注点数据读入（N，2）数组中，其中N是特征点的数量。

这里举例说明查看打印前的4个锚点。

【例8-2】 查看打印face_landmarks.csv前的4个锚点。

输入如下代码：

```
import pandas as pd
landmarks_frame = pd.read_csv('data/faces/face_landmarks.csv')

n = 65
#从数据文件中提取锚点信息
img_name = landmarks_frame.iloc[n, 0]
landmarks = landmarks_frame.iloc[n, 1:].values
landmarks = landmarks.astype('float').reshape(-1, 2)

#在人脸上显示锚点信息
print('Image name: {}'.format(img_name))
print('Landmarks shape: {}'.format(landmarks.shape))
print('First 4 Landmarks: {}'.format(landmarks[:4]))
```

运行结果如下：

```
Image name: person-7.jpg
Landmarks shape: (68, 2)
First 4 Landmarks: [[32. 65.]
 [33. 76.]
 [34. 86.]
 [34. 97.]]
```

观察结果，看到可以打印指定图片的锚点。现在把人脸的锚点显示在对应的人脸上，查看数据是否正确。

【例8-3】 在指定人脸上显示锚点。

输入如下代码：

```
import pandas as pd
import matplotlib.pyplot as plt
from skimage import io, transform
import os

landmarks_frame = pd.read_csv('data/faces/face_landmarks.csv')

n = 32
img_name = landmarks_frame.iloc[n, 0]
```

```
landmarks = landmarks_frame.iloc[n, 1:].values
landmarks = landmarks.astype('float').reshape(-1, 2)

def show_landmarks(image, landmarks):
    """显示带有锚点的图片"""
    plt.imshow(image)
    plt.scatter(landmarks[:, 0], landmarks[:, 1], s=10, marker='.', c='r')
    plt.pause(0.001)

plt.figure()
show_landmarks(io.imread(os.path.join('data/faces/', img_name)),
            landmarks)
plt.show()
```

运行结果如图8-2所示。

图 8-2 显示带有锚点的图片

观察运行结果，可以发现数据没有问题。接下来讲解定义数据集类。

8.2.2 定义数据集类

torch.utils.data.Dataset是表示数据集的抽象类，因此自定义数据集应继承Dataset并覆盖方法__len__实现len(dataset)返回数据集的尺寸。__getitem__用来获取一些索引数据，例如dataset[i]中的(i)。

为面部数据集创建一个数据集类，将在__init__中读取CSV文件的内容，在__getitem__中读取图片。这么做是为了节省内存空间。只有在需要用到图片的时候才读取它，而不是一开始就把图片全部存进内存中。

数据样本将按这样一个字典：{'image': image, 'landmarks': landmarks}组织。数据集类将添加一个可选参数transform以方便对样本进行预处理。

【例8-4】 PyTorch自定义人脸数据集类。

输入如下代码：

```
from __future__ import print_function, division
import os
import pandas as pd
from skimage import io, transform
import numpy as np
from torch.utils.data import Dataset, DataLoader

#定义人脸锚点数据集类
class FaceLandmarksDataset(Dataset):

    def __init__(self, csv_file, root_dir, transform=None):
        self.landmarks_frame = pd.read_csv(csv_file)
        self.root_dir = root_dir
        self.transform = transform

    def __len__(self):
        return len(self.landmarks_frame)

    def __getitem__(self, idx):
        img_name = os.path.join(self.root_dir,
                self.landmarks_frame.iloc[idx, 0])
        image = io.imread(img_name)
        landmarks = self.landmarks_frame.iloc[idx, 1:]
        landmarks = np.array([landmarks])
        landmarks = landmarks.astype('float').reshape(-1, 2)
        sample = {'image': image, 'landmarks': landmarks}

        if self.transform:
            sample = self.transform(sample)

        return sample
```

可以看到，已经通过继承Dataset类定义了FaceLandmarksDataset类，通过__init__初始化了锚点文件、路径和transform。

接下来通过实例化FaceLandmarksDataset类可视化查看数据集。

【例8-5】　实例化FaceLandmarksDataset类，可视化查看数据集。

输入如下代码：

```
from __future__ import print_function, division
import os
import pandas as pd
from skimage import io, transform
import numpy as np
from torch.utils.data import Dataset, DataLoader
import matplotlib.pyplot as plt

#定义锚点数据集类
class FaceLandmarksDataset(Dataset):
```

```python
    def __init__(self, csv_file, root_dir, transform=None):
        self.landmarks_frame = pd.read_csv(csv_file)
        self.root_dir = root_dir
        self.transform = transform
    def __len__(self):
        return len(self.landmarks_frame)
    def __getitem__(self, idx):
        img_name = os.path.join(self.root_dir,
                self.landmarks_frame.iloc[idx, 0])
        image = io.imread(img_name)
        landmarks = self.landmarks_frame.iloc[idx, 1:]
        landmarks = np.array([landmarks])
        landmarks = landmarks.astype('float').reshape(-1, 2)
        sample = {'image': image, 'landmarks': landmarks}

        if self.transform:
            sample = self.transform(sample)

        return sample

#实例化类
face_dataset = FaceLandmarksDataset(csv_file='data/faces/face_landmarks.csv',
                root_dir='data/faces/')

fig = plt.figure()
def show_landmarks(image, landmarks):
    """显示带有锚点的图片"""
    plt.imshow(image)
    plt.scatter(landmarks[:, 0], landmarks[:, 1], s=10, marker='.', c='r')
    plt.pause(0.001)

for i in range(len(face_dataset)):
    sample = face_dataset[i]
    print(i, sample['image'].shape, sample['landmarks'].shape)

    ax = plt.subplot(1, 4, i + 1)
    plt.tight_layout()
    ax.set_title('Sample #{}'.format(i))
    ax.axis('off')
    show_landmarks(**sample)

    if i == 3:
        plt.show()
        break
```

运行结果如下：

```
0 (324, 215, 3) (68, 2)
1 (500, 333, 3) (68, 2)
2 (250, 258, 3) (68, 2)
3 (434, 290, 3) (68, 2)
```

运行结果可视化的图像如图8-3所示。

图 8-3　实例化人脸类可视化显示

观察运行结果,已经可以通过定义的人脸数据集类（FaceLandmarksDataset）来实现对数据的调用。

8.3　预处理

前面只是实现了数据的载入，通常将载入的数据送入PyTorch网络之前，还需要对数据进行各种预处理，比如图片进行尺度变换以将不同大小的图片转换成为适合网络的输入。

通过前面章节的例子会发现图片并不是同样的尺寸，绝大多数神经网络都假定图片的尺寸相同，因此需要做一些预处理。先创建3个转换，即：定义Rescale类用于缩放图片；定义RandomCrop用于对图片进行随机裁剪，这是一种数据增强操作；定义ToTensor类用于把NumPy格式的图片转为Torch格式的图片。

要把它们写成可调用的类的形式，而不是简单的函数，这样就不需要每次调用时传递一遍参数。只需要实现__call__方法，必要的时候实现__init__方法即可。可以按以下方式调用这些转换：

```
tsfm = Transform(params)
transformed_sample = tsfm(sample)
```

下面举例说明数据集的预处理，限于篇幅，仍然使用之前的faces数据集。

【例8-6】　PyTorch预处理faces数据集。

输入如下代码：

```
import torch
from skimage import io, transform

#定义缩放类
class Rescale(object):
    def __init__(self, output_size):
        assert isinstance(output_size, (int, tuple))
        self.output_size = output_size

    def __call__(self, sample):
        image, landmarks = sample['image'], sample['landmarks']

        h, w = image.shape[:2]
```

```
        if isinstance(self.output_size, int):
            if h > w:
                new_h, new_w = self.output_size * h / w, self.output_size
            else:
                new_h, new_w = self.output_size, self.output_size * w / h
        else:
            new_h, new_w = self.output_size

        new_h, new_w = int(new_h), int(new_w)

        img = transform.resize(image, (new_h, new_w))

        # h和w 是原图的高和宽
        # x和y是两个坐标轴
        landmarks = landmarks * [new_w / w, new_h / h]

        return {'image': img, 'landmarks': landmarks}
#定义随机剪切类
class RandomCrop(object):

    def __init__(self, output_size):
        assert isinstance(output_size, (int, tuple))
        if isinstance(output_size, int):
            self.output_size = (output_size, output_size)
        else:
            assert len(output_size) == 2
            self.output_size = output_size

    def __call__(self, sample):
        image, landmarks = sample['image'], sample['landmarks']
        h, w = image.shape[:2]
        new_h, new_w = self.output_size
        top = np.random.randint(0, h - new_h)
        left = np.random.randint(0, w - new_w)
        image = image[top: top + new_h,
                    left: left + new_w]
        landmarks = landmarks - [left, top]
        return {'image': image, 'landmarks': landmarks}
#定义图片格式转换类
class ToTensor(object):

    def __call__(self, sample):
        image, landmarks = sample['image'], sample['landmarks']

        # 交换颜色轴
        # NumPy包的图片是: H × W × C
        # torch包的图片是: C × H × W
        image = image.transpose((2, 0, 1))
        return {'image': torch.from_numpy(image),
                'landmarks': torch.from_numpy(landmarks)}
```

　　这里已经定义了3个预处理图像的类，其实是为了更详细地说明PyTorch预处理数据的过程，以方便读者理解，实际上这些类PyTorch已经进行了集成。

接下来应用torchvision.transforms.Compose方法将这些变换组合在一起，应用在一幅图片上，查看预处理结果。

把图像的短边调整为256，然后随机裁剪（randomcrop）为224大小的正方形。也就是说，打算组合一个Rescale和RandomCrop的变换。可以调用一个简单的类torchvision.transforms.Compose来实现这一操作。

【例8-7】　torchvision.transforms.Compose实现组合数据预处理。

输入如下代码：

```
import pandas as pd
import matplotlib.pyplot as plt
from skimage import io, transform
import os
import torch
from torch.utils.data import Dataset, DataLoader
import numpy as np
from torchvision import transforms, utils

class FaceLandmarksDataset(Dataset):

    def __init__(self, csv_file, root_dir, transform=None):
        self.landmarks_frame = pd.read_csv(csv_file)
        self.root_dir = root_dir
        self.transform = transform
    def __len__(self):
        return len(self.landmarks_frame)
    def __getitem__(self, idx):
        img_name = os.path.join(self.root_dir,
                self.landmarks_frame.iloc[idx, 0])
        image = io.imread(img_name)
        landmarks = self.landmarks_frame.iloc[idx, 1:]
        landmarks = np.array([landmarks])
        landmarks = landmarks.astype('float').reshape(-1, 2)
        sample = {'image': image, 'landmarks': landmarks}
        if self.transform:
            sample = self.transform(sample)
        return sample

class Rescale(object):

    def __init__(self, output_size):
        assert isinstance(output_size, (int, tuple))
        self.output_size = output_size
    def __call__(self, sample):
        image, landmarks = sample['image'], sample['landmarks']

        h, w = image.shape[:2]
        if isinstance(self.output_size, int):
            if h > w:
```

```
                new_h, new_w = self.output_size * h / w, self.output_size
            else:
                new_h, new_w = self.output_size, self.output_size * w / h
        else:
            new_h, new_w = self.output_size

        new_h, new_w = int(new_h), int(new_w)
        img = transform.resize(image, (new_h, new_w))

        # h和w 是原图的高和宽
        # x和y是两个坐标轴
        landmarks = landmarks * [new_w / w, new_h / h]
        return {'image': img, 'landmarks': landmarks}

class RandomCrop(object):

    def __init__(self, output_size):
        assert isinstance(output_size, (int, tuple))
        if isinstance(output_size, int):
            self.output_size = (output_size, output_size)
        else:
            assert len(output_size) == 2
            self.output_size = output_size

    def __call__(self, sample):
        image, landmarks = sample['image'], sample['landmarks']

        h, w = image.shape[:2]
        new_h, new_w = self.output_size

        top = np.random.randint(0, h - new_h)
        left = np.random.randint(0, w - new_w)

        image = image[top: top + new_h,
                      left: left + new_w]

        landmarks = landmarks - [left, top]
        return {'image': image, 'landmarks': landmarks}

#转换为张量
class ToTensor(object):

    def __call__(self, sample):
        image, landmarks = sample['image'], sample['landmarks']

        # 交换颜色轴
        # numpy包的图片是: H × W × C
        # torch包的图片是: C × H × W
        image = image.transpose((2, 0, 1))
        return {'image': torch.from_numpy(image),
                'landmarks': torch.from_numpy(landmarks)}

#实例化载入数据
face_dataset = FaceLandmarksDataset(csv_file='data/faces/face_landmarks.csv',
                root_dir='data/faces/')

#定义可视化方法
```

```
def show_landmarks(image, landmarks):
    plt.imshow(image)
    plt.scatter(landmarks[:, 0], landmarks[:, 1], s=10, marker='.', c='r')
    plt.pause(0.001)

#将变换应用于图片
scale = Rescale(256)
crop = RandomCrop(128)
composed = transforms.Compose([Rescale(256),RandomCrop(224)])

#在样本上应用上述的每个变换
fig = plt.figure()
sample = face_dataset[32]
for i, tsfrm in enumerate([scale, crop, composed]):
    transformed_sample = tsfrm(sample)

    ax = plt.subplot(1, 3, i + 1)
    plt.tight_layout()
    ax.set_title(type(tsfrm).__name__)
    show_landmarks(**transformed_sample)

plt.show()
```

运行结果如图8-4所示。

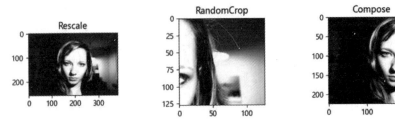

图 8-4　PyTorch 预处理图片的结果

观察结果，对图片分别执行了Rescale操作、RandomCrop操作，以及同时进行Rescale与RandomCrop操作，由于有些操作是随机的，因此读者在运行代码后得到的结果可能不完全一致。

8.4　小结

本章讲解了PyTorch加载数据和预处理数据的方法，主要讲解了加载torchvision库数据的方法、加载自定义数据的方法和数据预处理的方法。读者需要熟练掌握这些方法，因为这些方法是走向PyTorch高手的重要基础。

第 9 章

数 据 增 强

　　数据增强（Data Augmentation）对于深度学习有重要的意义，其可以作为一个模块应用于各种各样的计算机视觉任务中。本章主要介绍数据增强的常用库和方法，并通过详细的实例实现这些方法，让读者看到数据增强的结果。

学习目标：

（1）掌握数据增强的意义。

（2）掌握数据增强的方法。

9.1　数据增强的概念

　　数据增强是一种重要的机器学习方法，是基于已有的训练样本数据来生成更多的训练数据，目的就是使扩增的训练数据尽可能接近真实分布的数据，从而提高检测精度。此外，数据增强能够迫使模型学习到更多鲁棒性的特征，从而有效提高模型的泛化能力。

　　常用的数据增强手段有以下几种：

- 基于几何变换的数据增强，这种方法可以消除训练集和测试集的尺度、位置和视角差异等，例如翻转、裁剪、平移和添加噪声等。
- 基于颜色空间变换的数据增强，这种方法可以消除训练集和测试集的光照、色彩和亮度差异等，例如调整亮度、对比度、饱和度、通道分离和灰度图转换等；
- 此外，还包括一些其他的数据增强方法，例如多样本数据增强、Cut Mix数据增强和Mosaic数据增强等。

　　数据增强的一个重要的应用是当数据不足的时候，用已有的训练样本数据来生成更多的训练数据。

之前对神经网络有过了解的人都知道，虽然一个两层网络在理论上可以拟合所有的分布，但是并不容易通过学习得到。因此，在实际应用中通常会增加神经网络的深度和广度，从而让神经网络的学习能力增强，以便于拟合训练数据的分布情况。在卷积神经网络中，有人实验得到，深度比广度更重要。

然而随着神经网络的加深，需要学习的参数也会随之增加，这样就会更容易导致过拟合，当数据集较小的时候，过多的参数会拟合数据集的所有特点，而非数据之间的共性。

神经网络可以高度拟合训练数据的分布情况，但是对于测试数据来说准确率很低，缺乏泛化能力。因此，在这种情况下，为了防止过拟合现象，数据增强应运而生。当然，除了数据增强外，还有正则项等方式也可以防止过拟合。

9.1.1　常见的数据增强方法

常见的数据增强方法主要有以下几种。

1. 随机旋转

旋转就是顺时针或者逆时针的旋转，注意在旋转的时候，最好旋转90°～180°，否则会出现尺度的问题。

2. 随机裁剪

随机裁剪是对输入图像随机切割掉一部分。

3. 数据缩放

图像可以被放大或缩小。放大时，放大后的图像尺寸会大于原始尺寸。大多数图像处理架构会按照原始尺寸对放大后的图像进行裁切。而图像缩小会减小图像尺寸，这样就不得不对图像边界之外的东西做出假设。

4. 色彩抖动

色彩抖动指的是在颜色空间（如RGB）中，每个通道随机抖动一定的程度。在实际应用中，该方法不常用，在很多场景下反而会使实验结果变差。

5. 增加噪声

过拟合通常发生在神经网络学习高频特征的时候（因为低频特征神经网络很容易就可以学到，而高频特征只在最后的时候才可以学到），而这些特征对于神经网络所做的任务可能没有帮助，且会对低频特征产生影响，为了消除高频特征，可随机加入噪声数据来消除这些特征。

6. 水平/垂直翻转

图像翻转是一种常用的图像增强方法，这种方法不同于旋转180°，是对图像做一种类似于镜面或以水平为轴的翻转。

7. 图像平移

平移是将图像沿着x或者y方向（或者两个方向）移动。在平移的时候需要对背景进行假设，比如假设为黑色等，因为平移的时候有一部分图像是空的，由于图片中的物体可能出现在任意的位置，因此平移增强方法十分有用。

随机裁剪、随机旋转、水平翻转、垂直翻转都是为了增加图像的多样性，并且在某些算法中，如Faster RCNN中，自带了图像的翻转。

另外，一个有意思的事情是，一个小数据集通过数据增强后，损失（loss）和准确率（accuracy）反而都增加了。这可能对于初学者来说比较困惑，因为同样的网络结构可以拟合一个较大的数据集，却不能拟合一个小的数据集。有人给出了解释，因为经过数据增强后，数据集更容易学习了，所以虽然迭代次数一致，但是大的数据集更容易学习到收敛，小的数据集学得要慢一些。如果增加迭代次数，两者都将达到一个很高的拟合程度。

实际上在训练时，当batchsize（是指每次训练迭代中使用的样本数量）不变时，经过数据增强后的数据集容易造成更大的波动。这主要是因为，如果数据增强是把1幅图片变成5幅，batchsize都为5，那么在验证（validation）的时候，小数据集每个batchsize的5幅图片都不同，因此全部错误的概率很低，但是经过数据增强后的数据集有很大可能5幅图片来自同一幅或同两幅原始图片，因此可能要对都对，要错都错，这也是波动很大的原因。因此，或许可以对经过数据增强后的数据集训练的batchsize增大同样的倍数。注：验证（validation）是指在训练机器学习模型时，使用一组独立的数据来评估模型的性能，以帮助模型更好地泛化，从而更好地预测未知数据。

9.1.2 常用的数据增强库

常用的数据增强库主要有以下几个。

1. torchvision

torchvision是PyTorch官方提供的数据增强库，提供了基本的数据增强方法，可以无缝与Torch进行集成，但数据增强方法种类较少，且速度中等。

2. imgaug

imgaug是常用的第三方数据增强库，提供了多样的数据增强方法，且组合起来非常方便，速度较快。

3. albumentations

albumentations也是常用的第三方数据增强库，提供了多样的数据增强方法，对图像分类、语义分割、物体检测和关键点检测都支持，速度较快。

本书主要介绍torchvision数据增强方法。torchvision.transforms是PyTorch中的图像预处理包，一般定义在加载数据集之前，可以用transforms包中的Compose类把多个步骤整合到一起，而这些步骤是transforms包中的函数，数据增强将会用到这些函数，具体如表9-1所示。

表9-1　torchvision.transforms的函数说明

函　　数	含　　义
transforms.Resize	把给定的图片调整到指定大小
transforms.Normalize	用均值和标准差归一化张量图像
transforms.ToTensor	可以将 PIL 和 NumPy 格式的数据从[0,255]范围转换到[0.0,1.0]的范围。另外，原始数据的形状是（H×W×C），通过 transforms.ToTensor()后形状会变为（C×H×W）
transforms.RandomGrayscale	将图像以一定的概率转换为灰度图像
transforms.ColorJitter	随机改变图像的亮度、对比度和饱和度
transforms.Centercrop	在图片的中间区域进行裁剪
transforms.RandomCrop	在一个随机的位置进行裁剪
transforms.FiceCrop	把图像裁剪为 4 个角和一个中心
transforms.RandomResizedCrop	将 PIL 图像裁剪成任意大小和纵横比
transforms.ToPILImage	将 Tensor 张量类型转化成 PIL 图像类型
transforms.RandomHorizontalFlip	以 0.5 的概率水平翻转给定的 PIL 图像
transforms.RandomVerticalFlip	以 0.5 的概率竖直翻转给定的 PIL 图像
transforms.Grayscale	将图像转换为灰度图像

不同函数对应不同的属性，可用transforms.Compose将不同的操作整合在一起，具体如下：

```
transforms.Compose([transforms.RandomResizedCrop(224),
        transforms.RandomHorizontalFlip(),
        transforms.ToTensor(),
        transforms.Normalize([0.485, 0.456, 0.406], [0.229, 0.224, 0.225])])
```

9.2　数据增强的实现

数据增强的原理和实现函数前面章节已经介绍过了，这里就使用torchvision实现对某个图片的数据增强，并可视化显示出来。

待增强处理的图像如图9-1所示。

下面分别举例说明使用多种处理方式进行数据增强的方法。

图 9-1　待增强处理的图像

9.2.1　中心裁剪

中心裁剪，顾名思义就是从图像的中心进行裁剪。

【例9-1】　torchvision实现中心裁剪。

输入如下代码：

```python
# torchvision实现数据增强
import PIL.Image as Image
import os
from torchvision import transforms as transforms
import torchvision.transforms.functional as TF

# 取图像，使用PIL格式
def read_PIL(image_path):
    """ read image in specific path
    and return PIL.Image instance"""
    image = Image.open(image_path)
    return image

# 中心裁剪
def center_crop(image):
    CenterCrop = transforms.CenterCrop(size=(300, 300))
    cropped_image = CenterCrop(image)
    return cropped_image


im = read_PIL(r'./images/5.jpg')
print(im.size)  # 得到尺寸

outDir = r'./images/result'
os.makedirs(outDir, exist_ok=True)

center_cropped_image = center_crop(im)  # 中心裁剪
center_cropped_image.save(os.path.join(outDir, 'center_cropped_image.jpg'))
```

09

运行结果已经保存为图片，中心裁剪的可视化结果如图9-2所示。

图 9-2　中心裁剪的可视化结果

9.2.2　随机裁剪

随机裁剪就是对原图片进行随机裁剪。

【例9-2】　torchvision实现随机裁剪。

输入如下代码：

```python
# torchvision实现数据增强
import PIL.Image as Image
import os
from torchvision import transforms as transforms
import torchvision.transforms.functional as TF

# 取图像，使用PIL格式
def read_PIL(image_path):
    """ read image in specific path
    and return PIL.Image instance"""
    image = Image.open(image_path)
    return image

# 随机裁剪
def random_crop(image):
    RandomCrop = transforms.RandomCrop(size=(200, 200))
    random_image = RandomCrop(image)
    return random_image


im = read_PIL(r'./images/5.jpg')
print(im.size)  # 得到尺寸

outDir = r'./images/result'
os.makedirs(outDir, exist_ok=True)

center_cropped_image = center_crop(im)  # 随机裁剪
center_cropped_image.save(os.path.join(outDir, 'center_cropped_image.jpg'))
```

运行结果已经保存为图片,随机裁剪的可视化结果如图9-3所示。

图 9-3 随机裁剪的可视化结果

9.2.3 缩放

缩放就是对原图按照指定大小进行缩小或放大。

【例9-3】 torchvision实现图像缩放。

输入如下代码:

```
# torchvision实现数据增强
import PIL.Image as Image
import os
from torchvision import transforms as transforms
import torchvision.transforms.functional as TF

# 取图像,使用PIL格式
def read_PIL(image_path):
    """ read image in specific path
    and return PIL.Image instance"""
    image = Image.open(image_path)
    return image

# 定义尺寸
def resize(image):
    Resize = transforms.Resize(size=(100, 150))  # 指定长宽比
    resized_image = Resize(image)
    return resized_image

im = read_PIL(r'./images/5.jpg')
print(im.size)  # 得到尺寸

outDir = r'./images/result'
os.makedirs(outDir, exist_ok=True)

resized_image = resize(im)  # 重新resize
resized_image.save(os.path.join(outDir, 'resized_image.jpg'))
```

09

运行结果已经保存为图片，调整尺寸的可视化结果如图9-4所示。

图 9-4   图片重新调整大小的可视化结果

9.2.4   水平翻转

水平翻转就是对图片在水平方向进行翻转。

【例9-4】   torchvision实现水平翻转。

输入如下代码：

```python
# torchvision实现数据增强
import PIL.Image as Image
import os
from torchvision import transforms as transforms
import torchvision.transforms.functional as TF

# 取图像，使用PIL格式
def read_PIL(image_path):
    """ read image in specific path
    and return PIL.Image instance"""
    image = Image.open(image_path)
    return image

# 水平翻转
def horizontal_flip(image):
    HF = transforms.RandomHorizontalFlip()
    hf_image = HF(image)
    return hf_image


im = read_PIL(r'./images/5.jpg')
print(im.size)  # 得到尺寸

outDir = r'./images/result'
os.makedirs(outDir, exist_ok=True)

hf_image = horizontal_flip(im)  # 水平翻转
hf_image.save(os.path.join(outDir, 'hf_image.jpg'))
```

运行结果已经保存为图片，水平翻转的可视化结果如图9-5所示。

图 9-5 水平翻转的可视化结果

9.2.5 垂直翻转

垂直翻转就是对原图在垂直方向进行翻转。

【例9-5】 torchvision实现垂直翻转。

输入如下代码:

```
# torchvision实现数据增强
import PIL.Image as Image
import os
from torchvision import transforms as transforms
import torchvision.transforms.functional as TF

# 取图像,使用PIL格式
def read_PIL(image_path):
    """ read image in specific path
    and return PIL.Image instance"""
    image = Image.open(image_path)
    return image

# 垂直翻转
def vertical_flip(image):
    VF = transforms.RandomVerticalFlip()
    vf_image = VF(image)
    return vf_image

im = read_PIL(r'./images/5.jpg')
print(im.size)  # 得到尺寸

outDir = r'./images/result'
os.makedirs(outDir, exist_ok=True)

vf_image = vertical_flip(im)  # 垂直翻转
vf_image.save(os.path.join(outDir, 'vf_image.jpg'))
```

运行结果已经保存为图片,垂直翻转的可视化结果如图9-6所示。

09

图 9-6　垂直翻转的可视化结果

9.2.6　随机角度旋转

随机角度旋转就是对原图按照随机的角度进行翻转。

【例9-6】　torchvision实现随机角度旋转。

输入如下代码：

```python
# torchvision实现数据增强
import PIL.Image as Image
import os
from torchvision import transforms as transforms
import torchvision.transforms.functional as TF

# 取图像，使用PIL格式
def read_PIL(image_path):
    """ read image in specific path
    and return PIL.Image instance"""
    image = Image.open(image_path)
    return image

# 随机角度旋转
def random_rotation(image):
    RR = transforms.RandomRotation(degrees=(10, 80))
    rr_image = RR(image)
    return rr_image

im = read_PIL(r'./images/5.jpg')
print(im.size)  # 得到尺寸

outDir = r'./images/result'
os.makedirs(outDir, exist_ok=True)

rr_image = random_rotation(im)  # 随机翻转
rr_image.save(os.path.join(outDir, 'rr_image.jpg'))
```

运行结果已经保存为图片，随机翻转的可视化结果如图9-7所示。

图 9-7　随机翻转的可视化结果

9.2.7　色度、亮度、饱和度、对比度的变化

色度、亮度、饱和度、对比度的变化就是对原图进行这些参数的变化处理。

【例9-7】　torchvision实现色度、亮度、饱和度、对比度的变化。

输入如下代码：

```
# torchvision实现数据增强
import PIL.Image as Image
import os
from torchvision import transforms as transforms
import torchvision.transforms.functional as TF

# 取图像，使用PIL格式
def read_PIL(image_path):
    """ read image in specific path
    and return PIL.Image instance"""
    image = Image.open(image_path)
    return image

# 色度、亮度、饱和度、对比度的变化
def BCSH_transform(image):
    im = transforms.ColorJitter(brightness=1)(image)
    im = transforms.ColorJitter(contrast=1)(im)
    im = transforms.ColorJitter(saturation=0.6)(im)
    im = transforms.ColorJitter(hue=0.4)(im)
    return im


im = read_PIL(r'./images/5.jpg')
print(im.size)   # 得到尺寸

outDir = r'./images/result'
os.makedirs(outDir, exist_ok=True)

bcsh_image = BCSH_transform(im)   # 色度、亮度、饱和度、对比度的变化
bcsh_image.save(os.path.join(outDir, 'bcsh_image.jpg'))
```

09

运行结果已经保存为图片，色度、亮度、饱和度、对比度组合变化的可视化结果如图9-8所示。

图 9-8 色度、亮度、饱和度、对比度组合变化的可视化结果

9.2.8 随机灰度化

随机灰度化就是对原图进行灰度化处理。

【例9-8】 torchvision实现随机灰度化。

输入如下代码：

```python
# torchvision实现数据增强
import PIL.Image as Image
import os
from torchvision import transforms as transforms
import torchvision.transforms.functional as TF

# 取图像，使用PIL格式
def read_PIL(image_path):
    """ read image in specific path
    and return PIL.Image instance"""
    image = Image.open(image_path)
    return image

# 随机灰度化
def random_gray(image):
    gray_image = transforms.RandomGrayscale(p=0.5)(image)    # 以0.5的概率进行灰度化
    return gray_image


im = read_PIL(r'./images/5.jpg')
print(im.size)  # 得到尺寸

outDir = r'./images/result'
os.makedirs(outDir, exist_ok=True)

random_gray_image = random_gray(im)  # 随机灰度化
random_gray_image.save(os.path.join(outDir, 'random_gray_image.jpg'))
```

运行结果已经保存为图片，随机灰度化的可视化结果如图9-9所示。

图 9-9　随机灰度化的可视化结果

9.2.9　将图形加上 padding

将图形加上padding就是对原图进行填充（padding）。

【例9-9】　torchvision实现将原图填充为正方形。

输入如下代码：

```
# torchvision实现数据增强
import PIL.Image as Image
import os
from torchvision import transforms as transforms
import torchvision.transforms.functional as TF

# 取图像，使用PIL格式
def read_PIL(image_path):
    """ read image in specific path
    and return PIL.Image instance"""
    image = Image.open(image_path)
    return image

# Padding (将原始图填充成正方形)
def pad(image):
    pad_image = transforms.Pad((0, (im.size[0]-im.size[1])//2))(im)
    return pad_image

im = read_PIL(r'./images/5.jpg')
print(im.size)  # 得到尺寸

outDir = r'./images/result'
os.makedirs(outDir, exist_ok=True)

pad_image = pad(im)  # 将图形加上填充部分成为正方形
pad_image.save(os.path.join(outDir, 'pad_image.jpg'))
```

运行结果已经保存为图片，将原图填充为正方形的可视化结果如图9-10所示。

图 9-10　将原图填充成正方形的可视化结果

9.2.10　指定区域擦除

指定区域擦除就是删除图形的指定区域。

【例9-10】　torchvision实现原图指定区域擦除。

输入如下代码：

```python
# torchvision实现数据增强
import PIL.Image as Image
import os
from torchvision import transforms as transforms
import torchvision.transforms.functional as TF

# 取图像，使用PIL格式
def read_PIL(image_path):
    """ read image in specific path
    and return PIL.Image instance"""
    image = Image.open(image_path)
    return image

def erase_image(image, position, size):
    img = TF.to_tensor(image)
    erased_image = TF.to_pil_image(TF.erase(img=img,
                        i=position[0],
                        j=position[1],
                        h=size[0],
                        w=size[1],
                        v=1))
    return erased_image

im = read_PIL(r'./images/5.jpg')
print(im.size)  # 得到尺寸

outDir = r'./images/result'
os.makedirs(outDir, exist_ok=True)
```

```
erased_image = erase_image(im, (100, 100), (50, 200))  # 指定区域擦除
erased_image.save(os.path.join(outDir, 'erased_image.jpg'))
```

运行结果已经保存为图片，指定区域擦除的可视化结果如图9-11所示。

图 9-11　指定区域擦除的可视化结果

9.2.11　伽马变换

伽马变换就是对原图进行伽马变换。

【例9-11】　torchvision实现伽马变换。

输入如下代码：

```
# torchvision实现数据增强
import PIL.Image as Image
import os
from torchvision import transforms as transforms
import torchvision.transforms.functional as TF

# 取图像，使用PIL格式
def read_PIL(image_path):
    """ read image in specific path
    and return PIL.Image instance"""
    image = Image.open(image_path)
    return image

def gamma_transform(image, gamma_value):
    gamma_image = TF.adjust_gamma(img=image, gamma=gamma_value)
    return gamma_image

im = read_PIL(r'./images/5.jpg')
print(im.size)  # 得到尺寸

outDir = r'./images/result'
os.makedirs(outDir, exist_ok=True)

gamma_image = gamma_transform(im, 0.1)  # γ变换
gamma_image.save(os.path.join(outDir, 'gamma_image.jpg'))
```

09

运行结果已经保存为图片，伽马变换的可视化结果如图9-12所示。

图 9-12　伽马变换的可视化结果

以上展示了图像增强的效果，读者在使用的时候可以根据需要设计增强方法或者方法组合，提高深度学习网络的性能。

9.3　小结

本章讲解了PyTorch数据增强的方法。数据增强对于深度学习任务尤其是数据量小的任务具有十分重要的意义。数据增强可以作为一个重要模块嵌入各种深度学习任务中，以提高网络的性能指标。

第 **2** 篇

高级应用

细说
PyTorch深度学习
理论、算法、模型
与编程实现

第 10 章

图 像 分 类

　　图像分类是计算机视觉领域最常见的应用之一，与日常生活结合最紧密，也是通过深度学习技术在计算机视觉领域最先突破的领域。本章以实例展开，通过PyTorch搭建深度学习网络实现对常见数据集的有效分类。

　　学习目标：

　　（1）掌握PyTorch图像分类的方法。
　　（2）掌握PyTorch网络模型训练的方法。
　　（3）掌握常用数据的可视化方法。

10.1　CIFAR10 数据分类

　　前面章节已经了解了如何定义神经网络，计算损失值和更新网络权重。在进行图像分类之前首先要做的是处理图像数据，通常来说，当处理图像、文本、语音或者视频数据时，可以使用标准Python包将数据加载成NumPy数组格式，然后将这个数组转换成torch.Tensor。具体的Python包如下：

- 对于图像，可以用Pillow和OpenCV。
- 对于语音，可以用SciPy和Librosa。
- 对于文本，可以直接用Python或Cython基础数据加载模块，或者用NLTK和SpaCy。

　　特别是对于视觉任务，已经创建了一个叫作torchvision的包，该包含有支持加载类似ImageNet、CIFAR10、MNIST等公共数据集的数据加载模块torchvision.datasets和支持加载图像的数据转换的模块torch.utils.data.DataLoader。

　　这提供了极大的便利，并且避免了编写重复的"样板代码"。

10.1.1 定义网络训练数据

本小节将使用CIFAR10数据集，如图10-1所示，它包含10个类别：airplane、automobile、bird、cat、deer、dog、frog、horse、ship、truck。CIFAR-10中的图像尺寸为33232，也就是RGB的3层颜色通道，每层通道内的尺寸为32×32。

这里将按以下次序训练一个图像分类器：

（1）使用torchvision加载并且归一化CIFAR10的训练和测试数据集。
（2）定义一个卷积神经网络。
（3）定义一个损失函数。
（4）在训练样本数据上训练网络。
（5）在测试样本数据上测试网络。

首先下载、加载CIFAR10数据集。下面举例说明这一过程，图10-1显示了部分加载的图片。

图 10-1 CIFAR10 数据集示例

【例10-1】 下载预处理CIFAR10数据集，并显示部分数据。

输入如下代码：

```
import torch
import torchvision
import torchvision.transforms as transforms
import matplotlib.pyplot as plt
import numpy as np

#定义数据预处理方法
transform = transforms.Compose(
    [transforms.ToTensor(),
     transforms.Normalize((0.5, 0.5, 0.5), (0.5, 0.5, 0.5))])
```

```
#下载数据集并载入数据
trainset = torchvision.datasets.CIFAR10(root='./data', train=True,
                download=True, transform=transform)
trainloader = torch.utils.data.DataLoader(trainset, batch_size=4,
                shuffle=True, num_workers=2)

testset = torchvision.datasets.CIFAR10(root='./data', train=False,
                download=True, transform=transform)
testloader = torch.utils.data.DataLoader(testset, batch_size=4,
                shuffle=False, num_workers=2)

#数据类别标签
classes = ('plane', 'car', 'bird', 'cat',
           'deer', 'dog', 'frog', 'horse', 'ship', 'truck')


# 显示图像
def imshow(img):
    img = img / 2 + 0.5     # unnormalize
    npimg = img.numpy()
    plt.imshow(np.transpose(npimg, (1, 2, 0)))
    plt.show()


if __name__ == '__main__':
    # 随机读取一些数据
    dataiter = iter(trainloader)
    images, labels = dataiter.next()
    # 显示图像
    imshow(torchvision.utils.make_grid(images))
    # print labels
    print(' '.join('%5s' % classes[labels[j]] for j in range(4)))
```

运行结果如下：

```
Downloading https://www.cs.toronto.edu/~kriz/cifar-10-python.tar.gz
to ./data\cifar-10-python.tar.gz
170499072it [00:31, 5458492.78it/s]
Extracting ./data\cifar-10-python.tar.gz to ./data
Files already downloaded and verified
Files already downloaded and verified
Files already downloaded and verified
Files already downloaded and verified
Files already downloaded and verified
 deer   dog frog ship
```

观察运行结果，由于CIFAR10数据集是PyTorch库数据集，因此这里自动下载了该数据集，并且自动进行了解压和验证，然后可视化显示了4幅图片，图片对应的标签已经在运行结果中被打印出来了。

运行结果打印出了如图10-2所示4幅图片的标签,这4幅图片是经过加载预处理的,像素减少了,因此出现了模糊不清的情况，不是显示错误，请初学者注意。

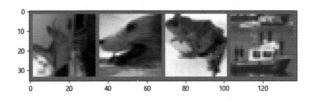

图 10-2　显示部分下载的 CIFAR10 图片

接下来定义神经网络，以Python类的结构给出定义的神经网络，实际应用中的网络通常也是以类的形式定义的，尤其需要掌握类的继承，大多数网络都是以nn.Moule为基类实现的。

【例10-2】　定义训练CIFAR10数据集的神经网络。

输入如下代码：

```python
import torch.nn as nn
import torch.nn.functional as F
import torch.optim as optim

#定义网络
class Net(nn.Module):
    def __init__(self):
        super(Net, self).__init__()
        self.conv1 = nn.Conv2d(3, 6, 5)
        self.pool = nn.MaxPool2d(2, 2)
        self.conv2 = nn.Conv2d(6, 16, 5)
        self.fc1 = nn.Linear(16 * 5 * 5, 120)
        self.fc2 = nn.Linear(120, 84)
        self.fc3 = nn.Linear(84, 10)

    def forward(self, x):
        x = self.pool(F.relu(self.conv1(x)))
        x = self.pool(F.relu(self.conv2(x)))
        x = x.view(-1, 16 * 5 * 5)
        x = F.relu(self.fc1(x))
        x = F.relu(self.fc2(x))
        x = self.fc3(x)
        return x

#网络实例化
net = Net()
#定义优化器
criterion = nn.CrossEntropyLoss()
optimizer = optim.SGD(net.parameters(), lr=0.001, momentum=0.9)
```

10

　　上面定义了一个卷积神经网络，它是3通道的图片。然后定义一个损失函数和优化器，使用分类交叉熵Cross-Entropy作为损失函数，动量SGD（随机梯度下降）作为优化器。

　　为了方便读者理解，这里将代码整理在一起，训练网络使事情开始变得有趣，只需要在数据迭代器上循环传给网络和优化器输入就可以，为便于读者理解和实现，下面详细说明这些代码。

【例10-3】 　CIFAR10数据集分类训练完整代码。

输入如下代码：

```
import torch
import torchvision
import torchvision.transforms as transforms
import matplotlib.pyplot as plt
import numpy as np
import torch.nn as nn
import torch.nn.functional as F
import torch.optim as optim

#定义预处理方法
transform = transforms.Compose(
    [transforms.ToTensor(),
     transforms.Normalize((0.5, 0.5, 0.5), (0.5, 0.5, 0.5))])

#下载并载入数据
trainset = torchvision.datasets.CIFAR10(root='./data', train=True,download=True,
          transform=transform)
trainloader = torch.utils.data.DataLoader(trainset, batch_size=4,shuffle=True,
          num_workers=2)

testset = torchvision.datasets.CIFAR10(root='./data', train=False,download=True,
          transform=transform)
testloader = torch.utils.data.DataLoader(testset, batch_size=4,shuffle=False,
          num_workers=2)

#数据标签
classes = ('plane', 'car', 'bird', 'cat', 'deer', 'dog', 'frog', 'horse',
          'ship', 'truck')

# 显示图像函数
def imshow(img):
    #反归一化
    img = img / 2 + 0.5
    npimg = img.numpy()
    plt.imshow(np.transpose(npimg, (1, 2, 0)))
    plt.show()

class Net(nn.Module):
    def __init__(self):
```

```python
        super(Net, self).__init__()
        self.conv1 = nn.Conv2d(3, 6, 5)
        self.pool = nn.MaxPool2d(2, 2)
        self.conv2 = nn.Conv2d(6, 16, 5)
        self.fc1 = nn.Linear(16 * 5 * 5, 120)
        self.fc2 = nn.Linear(120, 84)
        self.fc3 = nn.Linear(84, 10)

    def forward(self, x):
        x = self.pool(F.relu(self.conv1(x)))
        x = self.pool(F.relu(self.conv2(x)))
        x = x.view(-1, 16 * 5 * 5)
        x = F.relu(self.fc1(x))
        x = F.relu(self.fc2(x))
        x = self.fc3(x)
        return x


if __name__ == '__main__':
    # 随机读取一些数据
    dataiter = iter(trainloader)
    images, labels = dataiter.next()

    net = Net()
    criterion = nn.CrossEntropyLoss()
    optimizer = optim.SGD(net.parameters(), lr=0.001, momentum=0.9)
    for epoch in range(10):  # loop over the dataset multiple times

        running_loss = 0.0
        for i, data in enumerate(trainloader, 0):
            # 得到输入
            inputs, labels = data

            # 参数梯度归零
            optimizer.zero_grad()

            # 前向传播、反向传播、优化
            outputs = net(inputs)
            loss = criterion(outputs, labels)
            loss.backward()
            optimizer.step()

            # 打印统计结果
            running_loss += loss.item()
            if i % 2000 == 1999:  # print every 2000 mini-batches
                print('[%d, %5d] loss: %.3f' %
                    (epoch + 1, i + 1, running_loss / 2000))
                running_loss = 0.0

    print('Finished Training')
```

```
correct = 0
total = 0
with torch.no_grad():
    for data in testloader:
        images, labels = data
        outputs = net(images)
        _, predicted = torch.max(outputs.data, 1)
        total += labels.size(0)
        correct += (predicted == labels).sum().item()

print('Accuracy of the network on the 10000 test images: %d %%' % (
    100 * correct / total))
```

运行结果如下（运行结果过多，这里只给出部分运行结果）：

```
[10,  2000] loss: 0.761
[10,  4000] loss: 0.790
[10,  6000] loss: 0.817
[10,  8000] loss: 0.821
[10, 10000] loss: 0.831
[10, 12000] loss: 0.849
Finished Training
Accuracy of the network on the 10000 test images: 63 %
```

观察训练结果，在测试集上已经有了效果，增加训练次数会取得更好的效果，这里只进行少量次数说明。

10.1.2　验证训练结果

还是调用之前显示图片的程序，显示图像并打印标签，代码如下：

```
dataiter = iter(trainloader)
    images, labels = dataiter.next()
    # 显示图像
    imshow(torchvision.utils.make_grid(images))
    # 打印标签
    print(' '.join('%5s' % classes[labels[j]] for j in range(4)))
```

从测试集中随机选取一批图像来进行预测结果验证，如图10-3所示。

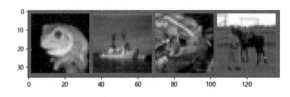

图 10-3　随机选取待验证检测结果的一批图片

图片的真值显示如下：

```
frog  ship  frog horse
```

通过以下命令实现预测并根据预测结果打印标签：

```
outputs = net(images)
_, predicted = torch.max(outputs, 1)
print('Predicted: ', ' '.join('%5s' % classes[predicted[j]]
            for j in range(4)))
```

打印的预测结果为：

```
Predicted:  deer  cat  frog horse
```

结果看起来还可以，后两幅图片预测对了，随机预测正确的结果是10%，已经比随机预测好多了，说明已经学到了东西。

增加网络训练次数会改善训练结果，感兴趣的读者可以自行尝试。

另外，如果想要提高训练速度，可以将模型和数据转移到GPU上进行训练。

首先查看是否有可用的GPU，并定义设备：

```
Import torch
device = torch.device("cuda:0" if torch.cuda.is_available() else "cpu")
print(device)
```

显示结果为：

```
cuda:0
```

由于笔者的计算机只有一个显卡，因此这里显示cuda:0。

通过以下命令可以将模型的数据转移到GPU上进行训练，请读者尝试运行。

```
net.to(device)
inputs, labels = inputs.to(device), labels.to(device)
```

10.2 数据集划分

上一节讲解了构建网络并实现图像分类，但是使用的是已经准备好的数据。通常计算机视觉任务需要准备数据，并对数据集进行划分，然后进行训练，本节讲解数据集划分的方法。

计算机视觉任务的数据集（Data Set）通常划分为训练集（Train Set）、验证集（Validation Set）、测试集（Test Set），如图10-4所示。

训练集、验证集、测试集必须同分布，且通过均匀随机抽样的方式将数据无交集地划分为3个集合。

常见的划分方法如下：

- 按比例划分：通常按8:1:1的比例进行划分。

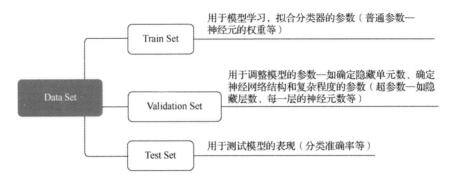

图 10-4　数据集划分

- n折交叉检验法/留一法（适用于样本数较少的数据集）：将样本数据打乱，分成n份，用n−1 份作为训练集，剩下的一份作为测试集，循环n次（确保n份数据，每一份都做过测试集），计算平均误差即可得到最终的模型表现评估结果。

训练集用于在每一个训练迭代中梯度下降（训练模型），而在每个训练迭代完成后，使用验证集来测试当前模型的准确率。在所有训练完成后，使用测试集测试整个模型（所有普通参数都更新完毕）的准确率。

对于模型来说，参数分为普通参数和超参数。在没有引入强化学习的前提下，普通参数是通过梯度下降进行更新的。而超参数（网络层数、神经元个数、迭代次数、学习率等需要人工调参的参数）并不在模型学习的范围，需要验证集协助人工调参。因此，验证集也可以被认为是人工调参的训练集。所以，在评价这个模型的表现时，需要一个从来没有被用于训练的测试集进行测试。

PyTorch已经定义好了数据集划分的函数，就是torch.utils.data.random_split()，其用法如下：

```
torch.utils.data.random_split(dataset, lengths, generator=<torch._C.Generator
object>)
```

该函数随机将一个数据集分割成给定长度的不重叠的新数据集，可选择固定生成器以获得可复现的结果（效果同设置随机种子）。

参数说明如下：

- dataset (Dataset)：要划分的数据集。
- lengths (sequence)：要划分的长度。
- generator (Generator)：用于随机排列的生成器。

下面举例说明数据集分类。

【例10-4】　PyTorch实现数据集分类。

输入如下代码：

```
import torch
from torch.utils.data import random_split
dataset = range(50)
#分割数据集
train_dataset, test_dataset = random_split(
    dataset=dataset,
    lengths=[35, 15],
    generator=torch.Generator().manual_seed(0)
)
print(list(train_dataset))
print(list(test_dataset))
```

运行结果如下：

```
[44, 39, 7, 6, 17, 29, 21, 37, 33, 10, 31, 22, 34, 2, 24, 26, 36, 38, 0, 46, 19, 23,
8, 43, 20, 41, 1, 13, 27, 47, 9, 45, 49, 32, 28]
[35, 14, 18, 11, 42, 48, 12, 15, 40, 30, 5, 4, 3, 25, 16]
```

观察运行结果，已经实现了将数据集划分为两个指定比例的数据集，读者使用时可以根据需求划分更多的类。实际应用中的数据集都比较大，大多数数据还有标签，读者需要考虑更多问题。

10.3 猫狗分类实战

猫狗分类是一个经典的问题，其数据集可以通过Kaggle竞赛官网下载，需要先注册并获得Kaggle账号，然后下载，在国内许多论坛也可以搜到，由于是公开数据集，需要的话读者可自行下载。图片示例如图10-5所示，可以看到这些猫狗数据不容易被区分。

图 10-5　猫狗分类图片示例

本节结合之前章节学习的知识对猫狗数据进行分类。

10.3.1 猫狗数据预处理

这里按照9:1的比例将数据随机划分为训练集和验证集，需要读者自定义一些路径。

【例10-5】 猫狗数据预处理。

输入如下代码：

```python
import os, shutil
import numpy as np
import pdb

random_state = 30
np.random.seed(random_state)

original_dataset_dir = './data/xxx'  # 自定义路径
total_num = int(len(os.listdir(original_dataset_dir)) / 2)
random_idx = np.array(range(total_num))
np.random.shuffle(random_idx)
base_dir = 'xxx'   # 自定义路径
if not os.path.exists(base_dir):
    os.mkdir(base_dir)

sub_dirs = ['train', 'test']
animals = ['cats', 'dogs']
train_idx = random_idx[: int(total_num * 0.9)]
test_idx = random_idx[int(total_num * 0.9):]
numbers = [train_idx, test_idx]

#分割数据集并保存在对应的文件夹下
for idx, sub_dir in enumerate(sub_dirs):
    dir = os.path.join(base_dir, sub_dir)
    if not os.path.exists(dir):
        os.mkdir(dir)
    for animal in animals:
        animal_dir = os.path.join(dir, animal)
        if not os.path.exists(animal_dir):
            os.mkdir(animal_dir)
        fnames = [animal[: -1] + '.{}.jpg'.format(i) for i in numbers[idx]]
        for fname in fnames:
            src = os.path.join(original_dataset_dir, fname)
            dst = os.path.join(animal_dir, fname)
            shutil.copyfile(src, dst)
        print(dir + 'total images : %d' % (len(os.listdir(animal_dir))))
```

运行代码，数据集划分之后，将数据存储在对应的文件夹下。

10.3.2　建立网络猫狗分类

本小节建立一个卷积神经网络，然后实现对猫狗数据的训练分类。

【例10-6】 PyTorch建立网络猫狗分类。

输入如下代码：

```
from __future__ import print_function, division
import torch
import os
import torch.nn as nn
import torch.nn.functional as F
from torch.autograd import Variable
from torch.utils.data import Dataset, DataLoader
from torchvision import transforms, datasets, utils
from torch.utils.data import DataLoader
import torch.optim as optim

torch.manual_seed(1)
epochs = 10              #自己根据需要定义
batch_size = 16          #根据设备配置
num_workers = 0          #线程数，根据设备自行配置
use_gpu = torch.cuda.is_available()

#定义预处理方法
data_transform = transforms.Compose([transforms.Scale(256),
transforms.CenterCrop(224), transforms.ToTensor(),
    transforms.Normalize(mean=[0.485, 0.456, 0.406], std=[0.229, 0.224, 0.225])])

#数据载入方法
train_dataset = datasets.ImageFolder(root='/train/', transform=data_transform)
train_loader = torch.utils.data.DataLoader(train_dataset, batch_size=batch_size,
shuffle=True, num_workers=num_workers)
test_dataset = datasets.ImageFolder(root='/test/', transform=data_transform)
test_loader = torch.utils.data.DataLoader(test_dataset, batch_size=batch_size,
shuffle=True, num_workers=num_workers)

#定义网络
class Net(nn.Module):
    def __init__(self):
        super(Net, self).__init__()
        self.conv1 = nn.Conv2d(3, 6, 5)
        self.maxpool = nn.MaxPool2d(2, 2)
        self.conv2 = nn.Conv2d(6, 16, 5)
        self.fc1 = nn.Linear(16 * 53 * 53, 1024)
        self.fc2 = nn.Linear(1024, 512)
        self.fc3 = nn.Linear(512, 2)

    def forward(self, x):
        x = self.maxpool(F.relu(self.conv1(x)))
        x = self.maxpool(F.relu(self.conv2(x)))
        x = x.view(-1, 16 * 53 * 53)
        x = F.relu(self.fc1(x))
        x = F.relu(self.fc2(x))
        x = self.fc3(x)
        return x
```

10

```python
#定义设备
if use_gpu:
    net = Net().cuda()
else:
    net = Net()
print(net)

#优化方法
criterion = nn.CrossEntropyLoss()
optimizer = optim.SGD(net.parameters(), lr=0.0001, momentum=0.9)

#网络训练
net.train()
for epoch in range(epochs):
    running_loss = 0.0
    train_correct = 0
    train_total = 0
    for i, data in enumerate(train_loader, 0):
        inputs, train_labels = data
        if use_gpu:
            inputs, labels = Variable(inputs.cuda()), Variable(train_labels.cuda())
        else:
            inputs, labels = Variable(inputs), Variable(train_labels)

        optimizer.zero_grad()
        outputs = net(inputs)
        _, train_predicted = torch.max(outputs.data, 1)

        train_correct += (train_predicted == labels.data).sum()
        loss = criterion(outputs, labels)
        loss.backward()
        optimizer.step()
        running_loss += loss.item()
        train_total += train_labels.size(0)
    print('train %d epoch loss: %.3f acc: %.3f ' % (
    epoch + 1, running_loss / train_total, 100 * train_correct / train_total))

    correct = 0
    test_loss = 0.0
    test_total = 0
    net.eval()
    for data in test_loader:
        images, labels = data
        if use_gpu:
            images, labels = Variable(images.cuda()), Variable(labels.cuda())
        else:
            images, labels = Variable(images), Variable(labels)
        outputs = net(images)
        _, predicted = torch.max(outputs.data, 1)
```

```
        loss = criterion(outputs, labels)
        test_loss += loss.item()
        test_total += labels.size(0)
        correct += (predicted == labels.data).sum()

    print('test %d epoch loss: %.3f acc: %.3f' % (epoch + 1, test_loss / test_total,
100 * correct / test_total))
```

代码到这里已经实现了猫狗分类。读者可以将这些代码作为模板，根据需要改写为适合自己任务的代码。边调试边理解是学习PyTorch的一个好方法，建议读者逐行调试猫狗分类的代码，以快速掌握数据集划分和猫狗分类的细节。

10.4 小结

本章讲解了PyTorch图像分类的方法。图像分类是计算机视觉的基础任务之一，其网络搭建、模型训练等流程与其他复杂任务类似。掌握图像分类任务的方法有助于实现其他计算机视觉任务。本章详细实现了常见数据集的图像分类任务，希望读者可以认真理解实现，早日成为PyTorch高手。

10

## 第 11 章

迁 移 学 习

迁移学习是一种机器学习的方法，指的是一个预训练的模型被重新用在另一个任务中，在实际项目开发中，迁移学习技术是应用得比较多的技术。本章将讲解迁移学习的定义和使用方法，并将举例实战迁移学习，让读者能够直观地理解。

学习目标：

（1）掌握迁移学习的定义和方法。
（2）熟悉迁移学习的PyTorch实现方法。

11.1　定义和方法

随着深度神经网络越来越强大，监督式学习在很多场景下的问题已能够很好地解决，比如在图像、语音、文本等场景下，能够非常准确地学习大量的有标签的数据中输入到输出的映射。但是在这种特定环境下，模型仍旧缺乏泛化到不同训练环境的能力。当将训练的模型用到现实场景，而不是特地构建的数据集的时候，模型的性能往往会大打折扣，这是因为现实的场景是混乱的，并且包含大量全新的场景，尤其很多是模型在训练的时候未曾遇到的，这使得模型做不出好的预测。同时，存在大量这样的情况，以语音识别为例，一些小语种的训练数据过小，而深度神经网络又需要大量的数据，此时，可以用迁移学习来解决这些问题。

迁移学习是一种机器学习方法，是将知识迁移到新环境中的方法，指的是一个预训练的模型被重新用在另一个任务中。迁移学习一般用于迁移任务是相关的场景，因为在相似的数据上应用效果才是最好的。

在深度学习的计算机视觉任务和自然语言处理任务中将预训练的模型作为新模型的起点是一种常用的方法,通常这些预训练的模型在开发神经网络的时候已经消耗了大量时间资源和计算资源,迁移学习可以将已习得的强大技能迁移到相关的问题上。

迁移学习在某些深度学习问题中是非常受欢迎的,例如在具有大量训练深度模型所需的资源或者具有大量用来预训练模型的数据集的情况。但仅在第一个任务中的深度模型特征是泛化特征的时候,迁移学习才会起作用。

深度学习中的这种迁移被称作归纳迁移,就是通过使用一个适用于不同但是相关的任务的模型,以一种有利的方式缩小模型可能的搜索范围。

在实际应用中,基本没有人会从零开始(随机初始化)训练一个完整的卷积网络,因为相对于网络,很难得到一个足够大的数据集(网络很深,需要足够大的数据集)。通常的做法是在一个很大的数据集上进行预训练得到卷积网络(ConvNet),然后将这个ConvNet的参数作为目标任务的初始化参数或者固定这些参数。

以下是迁移学习的两个主要场景:

- 微调ConvNet: 使用预训练的网络(如在ImageNet 1000上训练而来的网络)来初始化自己的网络,而不是随机初始化。其他的训练步骤不变。
- 将ConvNet看成固定的特征提取器: 首先固定ConvNet除了最后的全连接层外的其他所有层。然后将最后的全连接层被替换成一个新的随机初始化的层,只有这个新的层会被训练,也就是说只有这一层的参数会在反向传播时更新。

下面介绍两种迁移学习的实现方法。

1. 开发模型的方法

主要步骤如下:

(1)选择源任务。必须选择一个具有丰富数据的相关的预测建模问题,源任务和目标任务的输入数据、输出数据以及从输入数据和输出数据之间的映射中学到的概念之间有某种关系。

(2)开发源模型。必须为第一个任务开发一个精巧的模型。这个模型一定要比普通的模型更好,以保证一些特征学习可以被执行。

(3)重用模型。适用于源任务的模型可以被作为目标任务的学习起点。这可能将会涉及全部或者部分使用第一个模型,这依赖于所用的建模技术。

(4)调整模型。模型可以在目标数据集中的输入-输出对上选择性地进行微调,以让它适应目标任务。

2. 预训练模型的方法

主要步骤如下：

（1）选择源模型。一个预训练的源模型是从可用模型中挑选出来的，很多研究机构都发布了基于超大数据集的模型，这些都可以作为源模型的备选者。

（2）重用模型。选择的预训练模型可以作为第二个任务的模型的学习起点。这可能涉及全部或者部分使用与训练模型，取决于所用的模型训练技术。

（3）调整模型。模型可以在目标数据集中的输入－输出对上选择性地进行微调，以让它适应目标任务。

迁移学习的实现方法包括：使用微调，使用特征提取，使用预训练模型，使用增强学习，使用多任务学习等，本章会介绍前两种迁移学习的实现方法，其中第二种迁移学习的实现方法（特征提取器）在深度学习领域比较常用。

11.2　蚂蚁和蜜蜂分类实战

这里将采用迁移学习技术实现蚂蚁和蜜蜂两类图片数据的分类。首先下载对应的数据集，并将其放在指定的文件夹中，然后分步实现迁移学习的蚂蚁和蜜蜂分类。

11.2.1　加载数据

要解决的问题是训练一个模型来分类蚂蚁（ants）和蜜蜂（bees）。用于分类蚂蚁提供了124幅训练图片，用于分类蜜蜂提供了121幅训练图片。用于验证蚂蚁分类有75幅验证图片，用于验证蜜蜂分类有83幅验证图片。根据图片的数量来看，数据分布基本是平衡的，但是数据集很小。通常从零开始在如此小的数据集上进行训练是很难泛化的，但由于使用的是迁移学习，因此模型的泛化能力相当好。该数据集是ImageNet的一个非常小的子集。

下面举例详细说明。

【例11-1】　加载并显示蚂蚁和蜜蜂数据集。

```python
from __future__ import print_function, division

import torch
import torch.nn as nn
import torch.optim as optim
from torch.optim import lr_scheduler
import numpy as np
import torchvision
from torchvision import datasets, models, transforms
import matplotlib.pyplot as plt
import time
```

```
import os
import copy

plt.ion()

data_transforms = {
    'train': transforms.Compose([
        transforms.RandomResizedCrop(224),  #随机裁剪图片的一个区域，然后重新调整大小
        transforms.RandomHorizontalFlip(),  #随机水平翻转
        transforms.ToTensor(),
        transforms.Normalize([0.485, 0.456, 0.406], [0.229, 0.224, 0.225])
    ]),
    'val': transforms.Compose([
        transforms.Resize(256),
        transforms.CenterCrop(224),
        transforms.ToTensor(),
        transforms.Normalize([0.485, 0.456, 0.406], [0.229, 0.224, 0.225])
    ]),
}

data_dir = 'data/hymenoptera_data'
image_datasets = {x: datasets.ImageFolder(os.path.join(data_dir, x),
                    data_transforms[x])
                for x in ['train', 'val']}
dataloaders = {x: torch.utils.data.DataLoader(image_datasets[x], batch_size=4,
                shuffle=True, num_workers=4)
            for x in ['train', 'val']}
dataset_sizes = {x: len(image_datasets[x]) for x in ['train', 'val']}
class_names = image_datasets['train'].classes

device = torch.device("cuda:0" if torch.cuda.is_available() else "cpu")

def imshow(inp, title=None):
    # 图像显示
    inp = inp.numpy().transpose((1, 2, 0))
    mean = np.array([0.485, 0.456, 0.406])
    std = np.array([0.229, 0.224, 0.225])
    inp = std * inp + mean
    inp = np.clip(inp, 0, 1)
    plt.imshow(inp)
    if title is not None:
        plt.title(title)
    plt.pause(0.001)  # pause a bit so that plots are updated

if __name__ == '__main__':
    # 获取一批训练数据
    inputs, classes = next(iter(dataloaders['train']))

    # 批量制作网格
    out = torchvision.utils.make_grid(inputs)

    imshow(out, title=[class_names[x] for x in classes])
```

11

运行结果如图11-1所示。

['bees', 'ants', 'bees', 'bees']

图 11-1   蚂蚁和蜜蜂图像显示

观察运行结果，可以对这个数据集有一个直观的认识，知道具体在处理什么数据。

11.2.2   定义训练方法

已经准备好数据集，接下来就可以定义模型，并且定义训练模型的方法。

【例11-2】   定义网络训练模型的方法。

输入如下代码：

```python
def train_model(model, criterion, optimizer, scheduler, num_epochs=25):
    since = time.time()

    best_model_wts = copy.deepcopy(model.state_dict())
    best_acc = 0.0

    for epoch in range(num_epochs):
        print('Epoch {}/{}'.format(epoch, num_epochs - 1))
        print('-' * 10)

        # 每个完整训练迭代（Epoch）都有一个训练和验证阶段
        for phase in ['train', 'val']:
            if phase == 'train':
                scheduler.step()
                model.train()  # 将模型设置为训练模式
            else:
                model.eval()   # 将模型设置为评估模式

            running_loss = 0.0
            running_corrects = 0

            # 迭代数据
            for inputs, labels in dataloaders[phase]:
                inputs = inputs.to(device)
                labels = labels.to(device)

                # 零参数梯度
                optimizer.zero_grad()

                # 前向
                # 仅在训练阶段跟踪历史
                with torch.set_grad_enabled(phase == 'train'):
```

```
        outputs = model(inputs)
        _, preds = torch.max(outputs, 1)
        loss = criterion(outputs, labels)

        # 后向+仅在训练阶段进行优化
        if phase == 'train':
            loss.backward()
            optimizer.step()

    # 统计
    running_loss += loss.item() * inputs.size(0)
    running_corrects += torch.sum(preds == labels.data)

epoch_loss = running_loss / dataset_sizes[phase]
epoch_acc = running_corrects.double() / dataset_sizes[phase]

print('{} Loss: {:.4f} Acc: {:.4f}'.format(
    phase, epoch_loss, epoch_acc))

if phase == 'val' and epoch_acc > best_acc:
    best_acc = epoch_acc
    best_model_wts = copy.deepcopy(model.state_dict())

    print()

time_elapsed = time.time() - since
print('Training complete in {:.0f}m {:.0f}s'.format(
    time_elapsed // 60, time_elapsed % 60))
print('Best val Acc: {:4f}'.format(best_acc))

# 加载最佳模型权重
model.load_state_dict(best_model_wts)
return model
```

观察代码，定义了网络训练的具体过程，还可以打印显示训练过程中的损失，并且统计了模型训练的时间信息。

11.2.3 可视化预测结果

就像开始查看了待训练的蚂蚁和蜜蜂数据一样，能够显示预测结果并且与其对应的图片可视化显示，这将十分有助于观察预测结果是否正确。这里定义一个函数实现预测结果的可视化显示。

【例11-3】 可视化蚂蚁和蜜蜂的预测结果。

输入如下代码：

```
def visualize_model(model, num_images=6):
    was_training = model.training
    model.eval()
    images_so_far = 0
    fig = plt.figure()

#对val数据集中的数据进行预测
    with torch.no_grad():
```

```
        for i, (inputs, labels) in enumerate(dataloaders['val']):
            inputs = inputs.to(device)
            labels = labels.to(device)

            outputs = model(inputs)
            _, preds = torch.max(outputs, 1)

            #显示图像
            for j in range(inputs.size()[0]):
                images_so_far += 1
                ax = plt.subplot(num_images//2, 2, images_so_far)
                ax.axis('off')
                ax.set_title('predicted: {}'.format(class_names[preds[j]]))
                imshow(inputs.cpu().data[j])

                if images_so_far == num_images:
                    model.train(mode=was_training)
                    return
        model.train(mode=was_training)
```

观察代码，这里定义了一个可视化显示预测结果的函数，通过该函数可以实现可视化显示部分预测结果的图片。

11.2.4　迁移学习方法一：微调网络

迁移学习采用ResNet18网络作为基础网络来实现蚂蚁和蜜蜂分类，这里需要加载预训练模型并重置最终完全连接的图层。

训练模型，该过程在CPU上需要大约15~25分钟，在笔者的GPU上，它只需不到7分钟。前面已经定义了各个函数和库的导入，这里直接给出训练部分的代码。

【例11-4】　加载预训练模型并重置最终完全连接的图层。

输入如下代码：

```
if __name__ == '__main__':
    #定义网络
    model_ft = models.resnet18(pretrained=True)
    num_ftrs = model_ft.fc.in_features
    model_ft.fc = nn.Linear(num_ftrs, 2)
    #定义计算设备
    model_ft = model_ft.to(device)
    #优化方法
    criterion = nn.CrossEntropyLoss()
    optimizer_ft = optim.SGD(model_ft.parameters(), lr=0.001, momentum=0.9)
    exp_lr_scheduler = lr_scheduler.StepLR(optimizer_ft, step_size=7, gamma=0.1)
    #根据指定参数训练
    model_ft = train_model(model_ft, criterion, optimizer_ft, exp_lr_scheduler,
                            num_epochs=25)
```

运行结果如下：

```
Epoch 0/24
----------
train Loss: 0.5823 Acc: 0.6803
val Loss: 0.2525 Acc: 0.8758

Epoch 1/24
----------
train Loss: 0.5966 Acc: 0.7500
val Loss: 0.2701 Acc: 0.8824

Epoch 2/24
----------
train Loss: 0.6784 Acc: 0.7213
val Loss: 0.3642 Acc: 0.8497

        .
        .
        .

Epoch 22/24
----------
train Loss: 0.2647 Acc: 0.9016
val Loss: 0.1813 Acc: 0.9477

Epoch 23/24
----------
train Loss: 0.2575 Acc: 0.9057
val Loss: 0.2032 Acc: 0.9346

Epoch 24/24
----------
train Loss: 0.3730 Acc: 0.8484
val Loss: 0.1916 Acc: 0.9412

Training complete in 6m 6s
Best val Acc: 0.954248
```

接下来使用训练结果预测数据，并对数据进行可视化显示。

由于已经定义了可视化函数，因此只需要在前面代码后加上如下代码即可实现预测和可视化：

```
visualize_model(model_ft)
```

显示部分预测图片，如图11-2所示。

观察可以发现，这些图片都已经被训练的模型准确预测了。

图 11-2 迁移学习方法一：
显示部分预测图片

11.2.5　迁移学习方法二：特征提取器

这里依然选取ResNet18作为骨干网络，但是将ConvNet作为固定特征提取器。在这里需要冻结除最后一层之外的所有网络。通过设置requires_grad==Falsebackward()来冻结参数，这样在反向传播backward()的时候梯度就不会被计算。

冻结网络除最后一层之外的所有网络，可以理解为该网络已经在ImageNet数据集上进行了训练，由于该数据集足够大，因此该网络的特征提取能力是可以保证的，现在只改变最后一层即分类层的参数就可以实现蚂蚁和蜜蜂的预测。事实证明这也可以取得很好的预测结果。

【例11-5】　冻结除最后一层之外的所有网络。

输入如下代码：

```python
if __name__ == '__main__':
    model_conv = torchvision.models.resnet18(pretrained=True)
    for param in model_conv.parameters():
        param.requires_grad = False

    num_ftrs = model_conv.fc.in_features
    model_conv.fc = nn.Linear(num_ftrs, 2)

    model_conv = model_conv.to(device)

    criterion = nn.CrossEntropyLoss()

    # 只对最后一层进行参数优化
    optimizer_conv = optim.SGD(model_conv.fc.parameters(), lr=0.001, momentum=0.9)

    # 每7次训练学习率乘以0.1
    exp_lr_scheduler = lr_scheduler.StepLR(optimizer_conv, step_size=7, gamma=0.1)
    model_ft = train_model(model_conv, criterion, optimizer_conv, exp_lr_scheduler,
                           num_epochs=25)
```

运行结果如下：

```
Epoch 0/24
----------
train Loss: 0.6078 Acc: 0.6516
val Loss: 0.3370 Acc: 0.8431

Epoch 1/24
----------
train Loss: 0.4974 Acc: 0.7582
val Loss: 0.3329 Acc: 0.8562

Epoch 2/24
----------
train Loss: 0.4386 Acc: 0.7869
val Loss: 0.2072 Acc: 0.9216

Epoch 3/24
```

```
----------
train Loss: 0.4238 Acc: 0.8156
val Loss: 0.2067 Acc: 0.9216
 ⋮

Epoch 23/24
----------
train Loss: 0.3084 Acc: 0.8525
val Loss: 0.2089 Acc: 0.9281

Epoch 24/24
----------
train Loss: 0.3444 Acc: 0.8197
val Loss: 0.1924 Acc: 0.9346

Training complete in 5m 41s
Best val Acc: 0.954248
```

接下来使用训练结果预测数据，并对数据进行可视化显示。

类似于迁移学习方法一，由于已经定义了可视化函数，因此只需要在前面代码后加上如下代码即可实现预测和可视化：

```
visualize_model(model_ft)
```

显示部分预测图片，如图11-3所示。

观察预测结果，可以看到这些图片也都被正确预测了，说明这种迁移学习方法也是可行的，事实上这种迁移学习方法被应用得更多。

图 11-3　迁移学习方法二：
显示部分预测图片

11.3　小结

本章讲解了PyTorch的迁移学习方法。迁移学习方法主要通过两种方式实现：迁移学习方法一：微调网络，加载预训练模型并重置最终完全连接的图层；迁移学习方法二：特征提取器，冻结除最后一层之外的所有网络。本章通过实例具体实现了这两种迁移学习技术，读者可以认真理解并实现。

## 第 12 章

人脸检测和识别

本章主要学习PyTorch人脸检测和识别相关的内容。人脸检测和识别如今在社会上的应用非常广泛，如人脸安检系统、人脸支付系统等。幸运的是，深度学习也可以用于人脸关键点检测，并在此基础上进行人脸检测和识别。本章将带领读者进入这一有趣的领域。

学习目标：

（1）掌握人脸检测的流程和方法。

（2）掌握人脸识别的流程和方法。

（3）PyTorch实现人脸检测与识别。

12.1 人脸检测

人脸检测是使用机器学习和算法来绘制一个人的面部特征，并将这些特征转换成一组数字信息（通常以矩阵等形式表示）。

12.1.1 定义和研究现状

人脸检测的英文名称是Face Detection，人脸检测问题最初来源于人脸识别（Face Recognition）。人脸识别的研究可以追溯到20世纪60－70年代，经过几十年的曲折发展，该技术已日趋成熟，在学术界和产业界得到了广泛的应用。

1. 定义

人脸检测是自动人脸识别系统中的一个关键环节。早期的人脸识别研究主要针对具有较强约束条件的人脸图像（如无背景的图像），往往假设人脸在图像中的位置固定或者容易获得，因此最开始人脸检测问题并未受到重视。

随着电子商务等应用的发展，人脸识别成为最有潜力的生物身份验证手段，这种应用背景要求自动人脸识别系统能够对一般图像具有一定的识别能力，由此所面临的一系列问题使得人脸检测开始作为一个独立的课题受到研究者的重视。现如今，人脸检测的应用背景已经远远超出了人脸识别系统的范畴，在基于内容的检索、数字视频处理、视频检测等方面有着重要的应用价值。

人脸检测是一种基于人工智能的计算机技术，用于识别和定位数字图像和视频中的人脸。它是面部识别的第一步，也可能是最基本的一步，用于从数字图像中提取人脸。该技术用于识别数字图像或视频中的人脸，但它只能识别图像或视频中是否有人脸，但不能识别人。人脸检测是人脸识别系统的一个组成部分，用于从背景中定位和提取人脸区域。除了解锁手机外，它还有很多应用领域，如视频会议、人群监控、视频编码和智能人机接口、身份证识别、核酸检测系统、火车票闸机系统等。

人脸检测是指对于任意一幅给定的图像，采用一定的策略对其进行搜索以确定其中是否含有人脸，如果是，则返回人脸的位置、大小和姿态等特征信息，否则不返回信息或者给出对应的提示。如图12-1所示是一个人脸检测的示意，这是一个正面的人脸图像，通过提取人脸特征点检测到了人脸的存在，并在人脸区域画出了人脸对应的关键点。

由于广泛应用的推动，人脸检测这些年得到了巨大发展。但人脸检测是一个复杂的具有挑战的模式检测问题，其主要的难点来自两方面：

图 12-1　人脸检测示意图

（1）一方面是由于人脸内在的变化所引起的：

- 人脸具有相当复杂的细节变化，不同的外貌，如脸形、肤色、眼睛大小、嘴部形状等，不同的表情，如眼、嘴的开与闭等。
- 人脸的遮挡，如眼镜、头发和头部饰物以及其他外部物体等。

（2）另一方面是由于外在条件变化所引起的：

- 由于成像角度的不同造成人脸的多姿态，如平面内旋转、深度旋转以及上下旋转，其中深度旋转影响较大。
- 光照的影响，如图像中的亮度、对比度的变化和阴影等。
- 图像的成像条件，如摄像设备的焦距、成像距离、图像获得的途径等。

这些都为解决人脸问题造成了困难。如果能找到一些相关的算法并能在应用过程中达到实时检测，将为成功构造出具有实际应用价值的人脸检测与跟踪系统提供保证。

2. 研究现状

国外对人脸检测问题的研究很多，比较著名的有MIT、CMU等，国内的清华大学、中科院计算所和自动化所、南京理工大学、北京工业大学、商汤科技等都有人员从事人脸检测相关的研究，而且MPEG7标准组织已经建立了人脸识别草案小组，人脸检测算法也是一项征集的内容。随着人脸检测研究的深入，国际上发表的有关论文数量也大幅度增长，如IEEE的AAAI、ICIP、CVPR等重要国际会议上每年都有大量关于人脸检测的论文，占据相关人脸研究论文的1/3之多。由此可以看到世界对人脸检测技术的重视。

人脸检测包含人脸定位、人脸对齐、人脸关键点（锚点）提取等过程。这里先介绍人脸定位和人脸对齐，然后介绍经典的检测算法。

1）人脸定位

人脸定位主要解决的问题是在任意给定的图像和视频中，找到其中的人脸（可能是一个人脸或者多个人脸），并给出人脸的位置等信息，还可以给出人脸的其他特征信息。

定位就是在图像中找到人脸的位置。完成人脸定位后，输出的是图像中包含一个人脸或者多个人脸的位置框。通常来说，好的检测算法应该可以检测出一个图像中所有的人脸，不能虚检，不能漏检，也不能错检。如图12-2所示是一个关键点人脸定位的实例，在图片中通过关键点实现了人脸定位，然后扩大关键点区域，比如按照1:1.5的比例扩大关键点区域，即可返回一个人脸区域的人脸框，也可以同时将这5个关键点信息作为特征返回。

图 12-2　关键点人脸定位

2）人脸对齐

同一个目标人在不同的图片序列中（如视频中）大概率会呈现不同的姿态和表情，这种情况不利于人脸检测和识别。目前常见的处理算法是，将人脸图像都变换到统一的角度和姿态，这就是人脸对齐。其基本原理是找到人脸的多个关键点（锚点，如眼角、嘴部、鼻子等），然后利用这些对应的关键点，通过某种变换（选装、缩放或者平移等）将人脸尽可能变换到标准的人脸。图12-3是一个人脸对齐的例子，是一个视频中说话的人，将其不同帧的人脸数据进行截取和对齐。

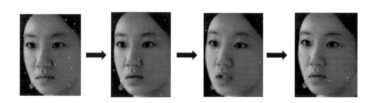

图 12-3　人脸对齐

12.1.2 经典算法

人脸检测是目标检测的一种，这里对目标检测算法进行大致介绍，以引出人脸检测算法，后续章节将继续学习目标检测。

目标检测是找出图像中感兴趣的目标，并确定目标的类别和位置，是计算机视觉的核心问题之一。由于物体的类比、形状、颜色、姿态、光照、遮挡等因素各不相同，甚至互相干扰，导致目标检测成为计算机视觉领域具有挑战性的问题。

目标检测早期使用Viola Jones算法、HOG（Histogram of Oriented Gradient，方向梯度直方图）算法进行检测，随着深度学习的发展，R-CNN、Fast R-CNN、Faster F-CNN算法性能优越，后来YOLO系列算法逐渐崛起。

本小节介绍两种经典的检测算法。

1．HOG算法

HOG特征是一种在计算机视觉和图像处理中用来进行物体检测的特征提取方法。HOG通过计算和统计图像局部区域的梯度方向直方图来构成特征。

HOG算法的主要思想是：在一幅图像中，局部目标的表象和形状能够被梯度或边缘的方向密度分布很好地描述。其本质为梯度的统计信息，而梯度主要存在于边缘的地方。

HOG特征结合SVM分类器已经被广泛应用于图像识别中，尤其在行人检测中获得了极大的成功。

HOG算法的实现方法：首先将图像分成小的连通区域，这些连通区域叫作Cell（小区域，可以是矩形或者星形），就是方向梯度直方图，我们将它称为小区域单元；然后采集小区域单元中各像素点梯度或边缘方向的直方图；最后把这些直方图组合起来，就可以构成特征描述向量。

将这些局部直方图在图像更大的范围内（叫作区间）进行对比度归一化，可以提高该算法的性能。所采用的方法是：先计算各直方图在这个区间的密度，然后根据这个密度对区间的各个小区域单元做归一化。通过归一化后，能对光照变化和阴影获得更好的效果。

与其他的特征描述方法相比，HOG有很多优点：

（1）由于HOG是在图像的局部方格单元上操作，因此它对图像几何和光学的形变都能保持很好的不变性，这两种形变只会出现在更大的空间领域上。

（2）在粗的空域抽样、精细的方向抽样以及较强的局部光学归一化等条件下，只要行人大体上能够保持直立的姿势，可以容许行人有一些细微的肢体动作，这些细微的动作可以被忽略而不影响检测效果。

因此，HOG特征特别适合做图像中的人体检测。

12

HOG特征的具体提取流程如图12-4所示。

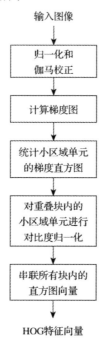

图 12-4　HOG 特征的提取流程

具体步骤说明如下：

1）色彩和伽马归一化

为了减少光照因素的影响，首先需要将整个图像进行归一化（规范化）。在图像的纹理强度中，局部的表层曝光贡献的比重较大，所以这种压缩处理能够有效地降低图像局部的阴影和光照变化。

2）计算图像梯度

计算图像横坐标和纵坐标方向的梯度，并据此计算每个像素位置的梯度方向值，求导操作不仅能够捕获轮廓、人影和一些纹理信息，还能进一步弱化光照的影响。

最常用的方法是：简单地使用一个一维的离散微分模板在一个方向上或者同时在水平和垂直两个方向上对图像进行处理，更确切地说，这个方法需要使用滤波器核滤除图像中的色彩或变化剧烈的数据。

3）构建方向的直方图

方向梯度直方图的小区域单元中的每一个像素点都为某个基于方向的直方图通道投票。投票是采取加权投票的方式，即每一票都是带有权值的，这个权值是根据该像素点的梯度幅度计算出来的。可以采用幅值本身或者它的函数来表示这个权值，实际测试表明：使用幅值来表示权值能获得最佳的效果，当然，也可以选择幅值的函数来表示，比如幅值的平方根、幅值的平方、幅值的截断形式等。方向梯度直方图的小区域单元可以是矩形的，也可以是星形的。直方图通道平均分布在0°～180°（无向）或0°～360°（有向）范围内。经研究发现，采用无向的梯度和9个直方图通道，能在行人检测试验中取得最佳的效果。

4）将方向梯度直方图的小区域单元组合成大的区间

由于局部光照的变化以及前景－背景对比度的变化使得梯度强度的变化范围非常大，这就需要对梯度强度进行归一化。归一化能够进一步对光照、阴影和边缘进行压缩。

采取的办法是：把各个方向梯度直方图的小区域单元组合成大的、空间上连通的区间。这样，HOG特征描述向量就变成了由各区间所有方向梯度直方图的小区域单元的直方图成分组成的一个向量。这些区间是互有重叠的，这就意味着每一个方向梯度直方图的小区域单元的输出都多次作用于最终的描述向量。

区间有两个主要的几何形状——矩形区间（R-HOG）和环形区间（C-HOG）。R-HOG区间大体上是一些方形的格子，它可以由3个参数来表征：每个区间中方向梯度直方图的小区域单元的数目、每个方向梯度直方图的小区域单元中像素点的数目、每个方向梯度直方图的小区域单元的直方图通道数目。

5）收集 HOG 特征

把提取的HOG特征输入SVM分类器中，寻找一个最优超平面作为决策函数。

2．MTCNN算法

MTCNN（Multi-Task Cascaded Convolutional Networks，多任务级联卷积神经网络）算法出自深圳先进技术研究院，发表于2016的ECCV（European Conference on Computer Vision，欧洲计算机视觉国际会议），该算法采用了级联的卷积神经网络的结构实现了多任务学习——人脸检测和人脸对齐。FaceNet中的人脸对齐和特征提取就是用了这个网络，其算法流程如图12-5所示。

MTCNN由3个网络结构组成：P-Net、R-Net和O-Net。

（1）P-Net（Proposal Network，提议网络）：该网络结构主要用于获取人脸区域的候选框和边界框的回归向量，并用该边界框做回归，对候选框进行校准，然后通过NMS（Non Maximum Suppression，非极大值抑制）来合并高度重叠的候选框。它可根据输入图像的特征提出可能的目标位置，从而减少搜索空间，提高检测效率。

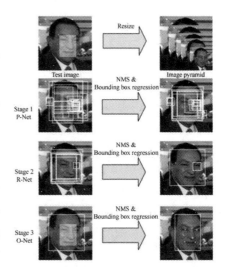

图 12-5　MTCNN 算法流程

（2）R-Net（Refine Network，细化网络）：该网络结构还是通过边界框回归和NMS来去掉那些误检（False-Positive）区域。由于该网络结构和P-Net网络结构有差异，多了一个全连接层，因此会起到更好地抑制误检的作用。它是一种用于精细化候选框的神经网络，可根据输入图像的特征精细化候选框，从而提高检测精度。

（3）O-Net（Output Network，输出网络）：该层比R-Net层又多了一层卷积层，所以处理的结果会更加精细，作用和R-Net层的作用一样，但是该层对人脸区域进行了更多的监督，同时还会输出5个特征点（Landmark，即左、右眼，鼻，左、右嘴角）。

MTCNN算法的实现主要分为以下4个步骤：

（1）对给定的一幅图像，按照指定规则进行缩放生成不同大小的图像，构建图像金字塔，以便适应不同图像尺寸中的人脸。

（2）利用P-Net网络生成候选框和边框回归向量，通过利用边框回归（Bounding Box Regression）的方法来校正这些候选框，同时利用NMS合并重叠的框。

（3）使用R-Net网络改善候选框。将通过P-Net的候选框框输入R-Net中，拒绝掉大部分虚假框，继续使用边框回归校正和NMS合并框。

（4）使用O-Net网络输出最终的人脸框和5个特征点的位置。

从P-Net到R-Net，再到最后的O-Net，网络的输入图像越来越大，卷积层的通道数也越来越多，网络的深度也越来越深，因此识别人脸的准确率也越来越高。同时，P-Net网络的运行速度快，R-Net次之，O-Net运行速度最慢。之所以选这3个网络，是因为一开始如果直接使用O-Net网络，检测速度会很慢。采用这样的结构可有效地减少计算时间，从而大大提高了运行效率。

12.1.3 应用领域

人脸是一个人最重要的外貌特征。目前来看，人脸检测技术最热门的应用领域主要有3个方面：

（1）身份认证与安全防护。在这个世界上，只要有门的地方几乎都带有一把锁。当然，在许多安全级别要求较高的区域，例如金融机构、机关办公大楼、运动场馆甚至有重要设施的工地，都需要对进入的人员进行基于身份认证的门禁管理。手机、笔记本电脑等个人电子用品在开机和使用中经常要用到身份验证功能。

（2）媒体与娱乐。人们的许多娱乐活动都是跟脸部有关的，例如著名的娱乐节目川剧的变脸。在网络虚拟世界中，通过人脸的变化可以产生大量的娱乐节目和效果，在手机、数码相机等消费电子产品中，基于人脸的娱乐项目越来越丰富，如换脸App。还有如ZAO、微信、MSN等即时通信工具以及虚拟主播等网络应用也为人脸检测技术带来了广阔的应用前景。

（3）图像搜索。传统搜索引擎的图像搜索其实还是文字搜索，基于人脸图像识别技术的搜索引擎将会具有广泛的应用前景。大部分以图片作为输入的搜索引擎，例如TinEye（2008年上线）、搜狗识图（2011年上线）等，本质上是进行图片近似拷贝检测，即搜索看起来几乎完全一样的图片。2010年推出的百度识图也是如此。但百度识图在经历多年的沉寂之后开始向另一个方向探索，百度识图与之前的区别在于,如果用户给出一幅图片,百度识图会判断里面是否出现人脸,如果检测出有人脸,百度识图在相似图片搜索之外,同时会全网寻找出现过的类似人像。

全球70亿人口,全球化进程日益加快,5G技术加速发展落地,自动驾驶技术也在飞速发展,相应地必然会产生更多新的应用领域,人脸检测相关技术的应用前景只会越来越好。例如两个人通过人脸检测换头发的应用,就是伴随着近些年人工智能技术的快速发展而产生的新应用。

12.2　人脸识别

人脸识别是基于人的脸部特征信息进行身份识别的一种生物识别技术。用摄像机或摄像头采集含有人脸的图像或视频流,并自动在图像中检测和跟踪人脸,进而对检测到的人脸进行脸部识别的一系列相关技术通常也叫人像识别和面部识别。

12.2.1　定义和研究现状

人脸识别系统的研究始于20世纪60年代,80年代后随着计算机技术和光学成像技术的发展得到提高,而真正进入初级的应用阶段则在90年代后期,并且以美国、德国和日本的技术实现为主、人脸识别系统成功的关键在于是否拥有尖端的核心算法,并使识别结果具有实用化的识别率和识别速度。人脸识别系统集成了人工智能、机器识别、机器学习、模型理论、专家系统、视频图像处理等多种专业技术,同时需结合中间值处理的理论与实现,是生物特征识别的最新应用,其核心技术的实现展现了弱人工智能向强人工智能的转化。

传统的人脸识别技术主要是基于可见光图像的人脸识别,这也是人们熟悉的识别方式,已有30多年的研发历史。但这种方式有着难以克服的缺陷,尤其在环境光照发生变化时,识别效果会急剧下降,无法满足实际系统的需要。解决光照问题的方案有三维图像人脸识别和热成像人脸识别。但这两种技术还远不成熟,识别效果不尽人意。迅速发展起来的一种解决方案是基于主动近红外图像的多光源人脸识别技术。它可以克服光线变化的影响,已经取得了卓越的识别性能,在精度、稳定性和速度方面的整体系统性能超过了三维图像人脸识别。这项技术在近两三年发展迅速,使人脸识别技术逐渐走向实用化。

人脸与人体的其他生物特征(指纹、虹膜等)一样与生俱来,它的唯一性和不易被复制的良好特性为身份鉴别提供了必要的前提,与其他类型的生物识别相比,人脸识别具有如下特点:

- 非强制性:用户不需要专门配合人脸采集设备,几乎可以在无意识的状态下就可以获取人脸图像,这样的取样方式没有强制性。
- 非接触性:用户不需要和设备直接接触就能获取人脸图像。
- 并发性:在实际应用场景下可以进行多个人脸的分拣、判断及识别。

除此之外，还符合视觉特性："以貌识人"的特性，以及操作简单、结果直观、隐蔽性好等特点。

人脸识别系统主要包括4个组成部分，分别为人脸图像采集及检测、人脸图像预处理、人脸图像特征提取以及人脸图像匹配与识别。一个典型的人脸识别流程如图12-6所示。

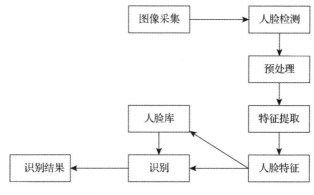

图 12-6   典型的人脸识别流程

1. 技术流程

下面就人脸识别系统的4个组成部分进行详细说明。

1）人脸图像采集及检测

不同的人脸图像都能通过摄像镜头采集下来，比如静态图像、动态图像、不同的位置、不同表情等方面都可以得到很好的采集。当用户在采集设备的拍摄范围内时，采集设备会自动搜索并拍摄用户的人脸图像。

人脸检测在实际应用中主要用于人脸识别的预处理，即在图像中准确标定出人脸的位置和大小。人脸图像中包含的模式特征十分丰富，如直方图特征、颜色特征、模板特征、结构特征及Haar特征等。人脸检测就是把这其中有用的信息挑出来，并利用这些特征实现人脸检测。

主流的人脸检测方法基于以上特征采用AdaBoost学习算法。AdaBoost算法是一种用来分类的方法，它把一些比较弱的分类方法组合在一起，组合出新的很强的分类方法。

人脸检测过程中使用AdaBoost算法挑选出一些最能代表人脸的矩形特征（弱分类器），按照加权投票的方式将弱分类器构造为一个强分类器，再将训练得到的若干强分类器串联组成一个级联结构的层叠分类器，有效地提高分类器的检测速度。

2）人脸图像预处理

对于人脸的图像预处理是基于人脸检测结果，对图像进行处理并最终服务于特征提取的过程。系统获取的原始图像由于受到各种条件的限制和随机干扰，往往不能直接使用，必须在图像处理的早期阶段对它进行灰度校正、噪声过滤等图像预处理。对于人脸图像而言，其预处理过程主要包括人脸图像的光线补偿、灰度变换、直方图均衡化、归一化、几何校正、滤波以及锐化等。

3）人脸图像特征提取

人脸识别系统可使用的特征通常分为视觉特征、像素统计特征、人脸图像变换系数特征、人脸图像代数特征等。人脸特征提取就是针对人脸的某些特征进行的。人脸特征提取也称人脸表征，它是对人脸进行特征建模的过程。人脸特征提取的方法归纳起来分为两大类：一种是基于知识的表征方法；另一种是基于代数特征或统计学习的表征方法。

基于知识的表征方法主要是根据人脸器官的形状描述以及它们之间的距离特性来获得有助于人脸分类的特征数据，其特征分量通常包括特征点间的欧氏距离、曲率和角度等。人脸由眼睛、鼻子、嘴、下巴等局部构成，对这些局部和它们之间结构关系的几何描述可作为识别人脸的重要特征，这些特征被称为几何特征。基于知识的人脸表征主要包括基于几何特征的方法和模板匹配法。

4）人脸图像匹配与识别

人脸图像匹配与识别是把提取的人脸图像的特征数据与数据库中存储的特征模板进行搜索匹配，通过设定一个阈值，当相似度超过这一阈值时，把匹配得到的结果输出。人脸识别就是将待识别的人脸特征与已得到的人脸特征模板进行比较，根据相似程度对人脸的身份信息进行判断。这一过程又分为两类：一类是确认，是一对一进行图像比较的过程；另一类是辨认，是一对多进行图像匹配对比的过程。

2．识别算法

一般来说，人脸识别系统包括图像摄取、人脸定位、图像预处理以及人脸识别（身份确认或者身份查找）。系统输入一般是一幅或者一系列含有未确定身份的人脸图像，以及人脸数据库中的若干已知身份的人脸图像或者相应的编码，而其输出则是一系列相似度得分，表明待识别的人脸的身份。

人脸识别算法主要可以分为以下几类：

- 基于人脸特征点的识别算法（Feature-Based Recognition Algorithms）。
- 基于整幅人脸图像的识别算法（Appearance-Based Recognition Algorithms）。
- 基于模板的识别算法（Template-Based Recognition Algorithms）。
- 利用神经网络进行识别的算法（Recognition Algorithms Using Neural Network）。

现有的人脸识别系统在用户配合、采集条件比较理想的情况下可以取得令人满意的结果。但是，在用户不配合、采集条件不理想的情况下，现有系统的识别率将陡然下降。比如，人脸比对时，与系统中存储的人脸有出入，例如剃了胡子、换了发型、多了眼镜、变了表情都有可能引起比对失败。

3．优缺点

人脸识别的优势在于其自然性和不被被测个体察觉的特点。

　　所谓自然性，是指该识别方式同人类（甚至其他生物）进行个体识别时所利用的生物特征相同。例如人脸识别，人类也是通过观察比较人脸区分和确认身份的，另外具有自然性的识别还有语音识别、体形识别等，而指纹识别、虹膜识别等都不具有自然性，因为人类或者其他生物并不通过此类生物特征区别个体。

　　不被察觉的特点对于一种识别方法也很重要，这会使该识别方法不令人反感，并且因为不容易引起人的注意而不容易被欺骗。人脸识别具有这方面的特点，它完全利用可见光获取人脸图像信息，而不同于指纹识别或者虹膜识别，需要利用电子压力传感器采集指纹，或者利用红外线采集虹膜图像，这些特殊的采集方式很容易被人察觉，从而更有可能被伪装欺骗。

　　人脸识别具有以下难点。

　　1）人脸内在的影响

- 人脸存在一定的相似度，特别是同一个种族内部的人脸，相似度较高。
- 人脸具有相当细节的变化，例如人脸形状的不同、颜色的不同、嘴巴的张闭、表情等。
- 人脸被遮挡，例如眼镜、口罩、围巾、胡子、头发、头部饰物和其他的外部物体等。

　　2）人脸外在变化的影响

- 成像角度的不同造成人脸的多姿态。
- 光照的影响，如图像中的亮度、对比度的变化和阴影等。
- 图像的成像条件，如摄像设备的焦距、成像距离、图像获得的途径等。

12.2.2 经典算法

　　本小节介绍几个人脸识别的经典算法。

1. 特征脸法

　　特征脸（Eigenface）技术是用于人脸或者一般性刚体识别以及其他涉及人脸处理的一种方法。使用特征脸进行人脸识别的方法首先由 Sirovich 和 Kirby（1987）在他们的论文中提出（*Low-dimensional procedure for the characterization of human faces*，低维度人脸特征描述），并由 Matthew Turk 和 Alex Pentland 用于人脸分类方法（Eigenfaces for recognition）。首先把一批人脸图像转换成一个特征向量集，称为 Eigenfaces，即特征脸，它们是最初训练图像集的基本组件。识别的过程是把一幅新的图像投影到特征脸子空间，并通过它的投影点在子空间的位置以及投影线的长度来进行判定和识别。

　　将图像变换到另一个空间后，同一个类别的图像会聚到一起，不同类别的图像会距离比较远，在原像素空间中不同类别的图像在分布上很难用简单的线或者面切分，变换到另一个空间，就可以很好地把它们分开了。

Eigenfaces选择的空间变换方法是PCA（主成分分析），利用PCA得到人脸分布的主要成分，具体实现是对训练集中所有人脸图像的协方差矩阵进行本征值分解，得到对应的本征向量，这些本征向量就是特征脸。每个特征向量或者特征脸相当于捕捉或者描述人脸之间的一种变化或者特性。这就意味着每个人脸都可以表示为这些特征脸的线性组合。

2．局部二值模式

局部二值模式（Local Binary Patterns，LBP）是计算机视觉领域用于分类的视觉算子，是一种用来描述图像纹理特征的算子，该算子由芬兰奥卢大学的T.Ojala等人在1996年在他们的论文中提出（*A comparative study of texture measures with classification based on featured distributions*，基于特征分布的纹理测量方法的比较研究）。2002年，T.Ojala等人在PAMI上又发表了一篇关于LBP的文章（*Multiresolution gray-scale and rotation invariant texture classification with local binary patterns*，多分辨率灰度和旋转不变性纹理分类与局部二值模式）。该文章非常清楚地阐述了多分辨率、灰度尺度不变和旋转不变、等价模式改进的LBP特征。LBP的核心思想是：以中心像素的灰度值作为阈值，与它的区域相比较得到相对应的二进制码来表示局部纹理特征。

LBP提取局部特征作为判别依据。LBP方法显著的优点是对光照不敏感，但是依然没有解决姿态和表情的问题，不过相比于特征脸方法，LBP的识别率已经有了很大的提升。

3．Fisherface算法

线性鉴别分析在降维的同时考虑类别信息，由统计学家Sir R. A.Fisher在1936年提出（*The use of multiple measurements in taxonomic problems*，在分类学问题中使用多种测量方法），为了找到一种特征组合方式，达到最大的类间离散度和最小的类内离散度。这个想法很简单：在低维表示下，相同的类应该紧紧地聚在一起，而不同的类别尽量距离很远。1997年，Belhumer成功地将Fisher判别准则应用于人脸分类，提出了基于线性判别分析的Fisherface方法（*Eigenfaces vs. fisherfaces: Recognition using class specific linear projection*，特征脸 vs. fisherfaces：使用类特定线性投影进行识别）。

近些年，随着深度学习技术的发展，基于深度学习的人脸识别技术性能已经超越了这些方法。本书后续章节将采用PyTorch进行人脸识别实战。

12.2.3　应用领域

生物识别技术已广泛用于政府、军队、银行、社会福利保障、电子商务、安全防务等领域。例如，一位储户走进了银行，他既没带银行卡，也没有回忆密码就直接提款，当他在提款机上提款时，一台摄像机对该用户的眼睛扫描，然后迅速而准确地完成了用户身份鉴定，办理完业务。这是美国得克萨斯州联合银行的一个营业部中发生的一个真实的镜头，而该营业部所使用的正是现代生物识别技术中的"虹膜识别系统"。此外，美国9·11事件后，反恐怖活动已成为各国政府的共识，加强机场的安全防务十分重要。美国维萨格公司的脸像识别技术在美国的两家机场大显神通，它能在拥挤的人群中挑出某一张面孔，判断他是不是通缉犯。

当前社会上频繁出现的入室偷盗、抢劫、伤人等案件不断发生，鉴于这种原因，防盗门开始走进千家万户，给家庭带来安宁；然而，随着社会的发展，技术的进步，生活节奏的加速，消费水平的提高，人们对于家居的期望也越来越高，对便捷的要求也越来越迫切，基于传统的纯粹机械设计的防盗门，除了坚固耐用外，很难快速满足这些新兴的需求：便捷、开门记录等功能。人脸识别技术已经得到广泛的认同，但其应用门槛仍然很高：技术门槛高（开发周期长），经济门槛高（价格高）。

人脸识别产品已广泛应用于金融、司法、军队、公安、边检、政府、航天、电力、工厂、教育、医疗及众多企事业单位等方面。随着技术的进一步成熟和社会认同度的提高，人脸识别技术将应用在更多的领域。

（1）企业、住宅安全和管理。例如人脸识别门禁考勤系统、人脸识别防盗门等。

（2）电子护照及身份证。公安部一所正在加紧规划和实施中国的电子护照计划。

（3）公安、司法和刑侦。例如利用人脸识别系统和网络在全国范围内搜捕逃犯。

（4）自助服务。

（5）信息安全。例如计算机登录、电子政务和电子商务。在电子商务中，交易全部在网上完成，电子政务中的很多审批流程也都搬到了网上。当前，交易或者审批的授权都是靠密码来实现的，如果密码被盗，就无法保证安全。但是使用生物特征就可以做到当事人在网上的数字身份和真实身份统一，从而大大增加电子商务和电子政务系统的可靠性。

12.3　人脸检测与识别实战

前面已经介绍了人脸检测和识别的相关内容，本节将带领读者对 PyTorch 人脸检测和识别的相关应用进行实战。

12.3.1　Dlib 人脸检测

Dlib 是一款优秀的跨平台开源的 C++ 工具库，该库使用 C++ 编写，具有优异的性能。Dlib 库提供的功能十分丰富，包括线性代数、图像处理、机器学习、网络、最优化算法等。同时该库也提供了 Python 接口，本小节要用到这个 Python 接口。

1. 原理

Dlib 的核心原理是使用图像 HOG 特征来表示人脸，和其他特征提取算子相比，它对图像的几何和光学的形变都能保持很好的不变形。该特征与 LBP 特征、Haar 特征共同作为 3 种经典的图像特征，该特征提取算子通常和支持向量机（SVM）算法搭配使用，用在物体检测场景。

Dlib实现的人脸检测方法便是基于图像的HOG特征，综合支持向量机算法实现的人脸检测功能，该算法的大致思路如下：

（1）对正样本（包含人脸的图像）数据集提取HOG特征，得到HOG特征描述向量。

（2）对负样本（不包含人脸的图像）数据集提取HOG特征，得到HOG特征描述向量。其中负样本数据集中的样本数要远远大于正样本数据集中的样本数，负样本图像可以使用不含人脸的图片进行随机裁剪来获取。

（3）利用支持向量机算法训练正负样本，显然这是一个二分类问题，可以得到训练后的模型。

（4）利用该模型进行负样本难例检测，也就是困难样本挖掘（Hard-Negative Mining），以便提高最终模型的分类能力。具体思路为：对训练集中的负样本不断进行缩放，直至与模板匹配为止，通过模板滑动串口搜索匹配（该过程就是多尺度检测过程），如果分类器误检出非人脸区域，则截取该部分图像加入负样本中。

（5）集合难例样本重新训练模型，反复如此，得到最终分类模型。

应用最终训练出的分类器检测人脸图片，对该图片的不同尺寸进行滑动扫描，提取HOG特征，并用分类器分类。如果检测判定为人脸，则将其标定出来，经过一轮滑动扫描后必然会出现同一个人脸被多次标定的情况，这时用NMS完成收尾工作即可。

Dlib的主要优点如下：

（1）提供了矩阵、图像以及一些复杂的数据结构的实现。

（2）提供了比OpenCV更好的人脸检测与特征点定位算法。

（3）提供了一些数值算法的实现，如BFGS等。

（4）提供了一些机器学习的基础算法，包括分类、回归和聚类（聚类方法比OpenCV齐全，OpenCV中仅有KMeans）。

在Dlib工具箱中，人脸识别相关模型主要包括：

（1）基于HOG特征的人脸检测（face_detector.py）。

（2）基于CNN的人脸检测（cnn_face_detector.py）。

（3）基于HOG的人脸对齐（face_landmark_detection.py）。

（4）基于CNN的人脸识别（face_recognition.py）。

（5）基于ChineseWhispers的人脸聚类（face_clustering.py）。

2．人脸检测

使用Dlib进行人脸检测首先要安装Dlib库，在Ubuntu环境下可以直接使用如下pip命令安装：

```
pip install dlib
```

在Windows环境下安装Dlib会麻烦一些，需要先安装cmake和boost，使用以下命令：

```
pip install cmake
pip install boost
```

安装完成之后，需要从Dlib官网下载Dlib的.whl文件，下载完成之后，需要激活指定的Python环境，然后在存有.whl文件的路径下进行安装，具体安装命令为：

```
pip install path/xxx.whl
```

这里path指的是下载.whl文件的路径。由于Python版本等不同，下载的.whl文件会有差异，这里的xxx.whl指的是下载的Dlib的.whl文件名。

安装Dlib之后，准备需要进行人脸检测的图像，至此准备工作已经完成。

以下是使用Dlib进行人脸检测的一个例子。

【例12-1】　基于Dlib的人脸检测。

输入如下代码：

```python
import cv2
import dlib
import matplotlib.pyplot as plt
import numpy as np

# 读取图片
img_path = r'./data/f170_1.png'
img = cv2.imread(img_path)
origin_img = img.copy()
# 定义人脸检测器
detector = dlib.get_frontal_face_detector()
# 定义人脸关键点检测器
predictor = dlib.shape_predictor(".\\shape_predictor_68_face_landmarks.dat")
# 检测得到的人脸
faces = detector(img, 0)
# 如果存在人脸
if len(faces):
    print("Found %d faces in this image." % len(faces))
    for i in range(len(faces)):
        landmarks = np.matrix([[p.x, p.y] for p in predictor(img, faces[i]).parts()])
        for point in landmarks:
            pos = (point[0, 0], point[0, 1])
            cv2.circle(img, pos, 1, color=(0, 255, 255), thickness=3)
else:
    print('Face not found!')

cv2.namedWindow("Origin Face", cv2.WINDOW_FREERATIO)
cv2.namedWindow("Detected Face", cv2.WINDOW_FREERATIO)
cv2.imshow("Origin Face", origin_img)
cv2.waitKey(0)
cv2.imshow("Detected Face", img)
cv2.waitKey(0)
```

运行结果如下：

```
Found 1 faces in this image.
```

运行结果可视化如图12-7所示，左边是原图，右边是使用Dlib进行人脸检测的结果，可以看到检测到的人脸关键点已经显示在对应的人脸之上。

图 12-7　Dlib 人脸检测

12.3.2　基于 MTCNN 的人脸识别

本小节使用MTCNN进行人脸识别，开始识别之前需要先安装facenet_pytorch，使用以下命令进行安装：

```
pip install facenet_pytorch
```

然后准备待识别的数据，这里选取待识别的人脸图片，如图12-8所示，是同一个视频中截取的两帧人像图片，因此明显是同一个人。

图 12-8　待识别的人脸图片（同一个人）

至此，准备工作已经完成，以下开始进行人脸识别实战。

MTCNN人脸检测和识别算法已经被集成为相应的包，可以通过之前安装的facenet_pytorch直接导入，这里就使用MTCNN进行人脸识别。

【例12-2】 基于facenet_pytorch实现人脸识别。

输入如下代码：

```python
import cv2
import torch
from facenet_pytorch import MTCNN, InceptionResnetV1

# 获得人脸特征向量
def load_known_faces(dstImgPath, mtcnn, resnet):
    aligned = []
    knownImg = cv2.imread(dstImgPath)  # 读取图片
    face = mtcnn(knownImg)

    if face is not None:
        aligned.append(face[0])
    aligned = torch.stack(aligned).to(device)
    with torch.no_grad():
        known_faces_emb = resnet(aligned).detach().cpu() # 使用ResNet模型获取人脸对应的
特征向量
    print("\n人脸对应的特征向量为：\n", known_faces_emb)
    return known_faces_emb, knownImg

# 计算人脸特征向量间的欧氏距离，设置阈值，判断是否为同一张人脸
def match_faces(faces_emb, known_faces_emb, threshold):
    isExistDst = False
    distance = (known_faces_emb[0] - faces_emb[0]).norm().item()
    print("\n两张人脸的欧氏距离为：%.2f" % distance)
    if (distance < threshold):
        isExistDst = True
    return isExistDst


if __name__ == '__main__':
    device = torch.device('cuda:0' if torch.cuda.is_available() else 'cpu')
    print(device)
    mtcnn = MTCNN(min_face_size=12, thresholds=[0.2, 0.2, 0.3], keep_all=True,
                device=device)
    resnet = InceptionResnetV1(pretrained='vggface2').eval().to(device)
    MatchThreshold = 0.8

    known_faces_emb, _ = load_known_faces('./data/f170_2.png', mtcnn, resnet)
    faces_emb, img = load_known_faces('./data/f170_1.png', mtcnn, resnet)
    isExistDst = match_faces(faces_emb, known_faces_emb, MatchThreshold)
    print("设置的人脸特征向量匹配阈值为：", MatchThreshold)
    if isExistDst:
        boxes, prob, landmarks = mtcnn.detect(img, landmarks=True)
        print('由于欧氏距离小于匹配阈值，故匹配')
    else:
        print('由于欧氏距离大于匹配阈值，故不匹配')
```

运行结果如下：

```
cuda:0
两张人脸的欧氏距离为：0.17
设置的人脸特征向量匹配阈值为：　0.8
由于欧氏距离小于匹配阈值，故匹配
```

观察运行结果，由于特征值过长，这里没有给出人脸的特征值，但是给出了检测结果，小于阈值，说明是同一张人脸。

接下来使用不同的人脸进行检测，如图12-9所示。

图 12-9　待识别的人脸图片（不是同一个人）

只需修改以上代码中待识别图片的名字，即可实现不同人脸的识别，代码运行结果如下：

```
cuda:0
两张人脸的欧氏距离为：1.13
设置的人脸特征向量匹配阈值为：　0.8
由于欧氏距离大于匹配阈值，故不匹配
```

观察运行结果，可以看到，欧氏距离大于阈值，因此识别出不是同一个人。

读者可以在此基础上修改代码，实现人脸数据的批量识别。

12.4　小结

本章学习了人脸检测和识别相关的内容。人脸检测和识别是计算机视觉领域重要的应用，也是目前在产业界最成功的应用之一。本章内容主要包括人脸检测、特征提取、人脸识别等。本章学习的相关算法已经在学术界和产业界得到了广泛应用，已经可以满足大部分场景的需求。技术进步很快，相信会不断有更新和准确的算法出现，读者如果感兴趣，可以持续关注该领域的新算法。

12

第 13 章

生成对抗网络

生成对抗网络（Generative Adversarial Networks，GAN）可以实现无中生有，生成一些现实世界中不存在的图片，十分有意思。生成对抗网络是基于博弈论实现的，目的是找到达到纳什平衡的判别器网络和生成器网络。本章主要学习生成对抗网络相关内容。

学习目标：

（1）掌握生成对抗网络的原理。

（2）掌握生成对抗网络生成图片的方法。

13.1 生成对抗网络简介

生成对抗网络（以下简称GAN）是一种深度学习模型，是近年来复杂分布上非监督式学习最具前景的方法之一。模型通过框架中的（至少）两个模型：生成模型（Generative Model，简称G模型）和判别模型（Discriminative Model，简称D模型）的互相博弈学习产生相当好的输出。在原始GAN理论中，并不要求G模型和D模型都是神经网络，只需要是能拟合相应生成和判别的函数即可。但随着技术的进步，实际应用中一般均使用深度神经网络作为G和D。一个优秀的GAN应用需要有良好的训练方法，否则可能由于神经网络模型的自由性而导致输出不理想。

Ian J. Goodfellow等人于2014年10月在论文 *Generative Adversarial Networks*（生成对抗网络）中提出了一个通过对抗过程估计生成模型的新框架。框架中同时训练两个模型：捕获数据分布的生成模型G和估计样本来自训练数据的概率的判别模型D。G的训练程序是将D错误的概率最大化。这个框架对应一个最大值集下限的双方对抗游戏。可以证明在任意函数G和D的空间中，存在唯一的解决方案，使得G重现训练数据分布，而D=0.5。在G和D由多层感知器定义的情况下，整个系统可以用反向传播进行训练。在训练或生成样本期间，不需要任何马尔可夫链或展开的近似推理网络。实验通过对生成的样品的定性和定量评估证明了生成对抗网络的潜力。此后，如雨后春笋般，各种基于生成对抗网络的神经网络和应用层出不穷，时至今日，生成对抗网络成为计算机视觉领域一个重要的发展方向。

1. 方法

生成对抗网络的模型可大体分为两类，即生成模型和判别模型。判别模型需要输入变量，通过某种模型来预测。生成模型是给定某种隐含信息来随机产生观测数据。举一个简单的例子：

- 生成模型：给一系列猫的图片，生成一幅新的猫咪图片（不在数据集里）。
- 判别模型：给定一幅图，判断这幅图里的动物是猫还是狗。

对于判别模型，损失函数是容易定义的，因为输出的目标相对简单。但对于生成模型，损失函数的定义就不是那么容易了。对于生成结果的期望，往往是一个难以数学公理化定义的范式。所以不妨把生成模型的回馈部分交给判别模型处理，这使得Goodfellow将机器学习中的两大类模型生成式（Generative）和判别式（Discriminative）紧密地联合在了一起。

生成对抗网络的基本原理其实非常简单，这里以生成图片为例进行说明。假设有两个网络：G（Generator，生成器）和D（Discriminator，判别器）。正如它们的名字所暗示的那样，它们的功能分别是：

- 生成器是一个生成图片的网络，它接收一个随机的噪声z，通过这个噪声生成图片，记作G(z)。
- 判别器是一个判别网络，判别一幅图片是不是"真实的"。它的输入参数是x，x代表一幅图片，输出D（x）代表x为真实图片的概率，如果为1，就代表100%是真实的图片，而输出为0，就代表不可能是真实的图片。

在训练过程中，生成网络G的目标就是尽量生成真实的图片去欺骗判别网络D。而D的目标就是尽量把G生成的图片和真实的图片区分开来。这样，G和D构成了一个动态的博弈过程。

最后博弈的结果是：在最理想的状态下，G可以生成足以以假乱真的图片G(z)。对于D来说，它难以判定G生成的图片究竟是不是真实的，因此D(G(z))=0.5。

这样生成对抗网络的目的就达到了：得到了一个生成式的模型G，它可以用来生成图片。

生成对抗网络的发明者Goodfellow从理论上证明了该算法的收敛性，以及在模型收敛时，生成数据具有和真实数据相同的分布（保证了模型效果）。

2. 应用

随着AI技术的发展，生成对抗网络的应用越来越多，目前常见的应用有以下两大类。

13

1）图像生成

生成对抗网络最常使用的地方就是图像生成，如超分辨率任务、语义分割等。

图13-1是生成对抗网络生成的人像，这种人像在现实世界中是不存在的。生成对抗网络生成的人像已经达到了可以以假乱真的程度，在大多数情况下，人眼无法分辨这种图像的真伪。

图 13-1　生成对抗网络生成的图像

2）数据增强

用生成对抗网络生成的图像来进行数据增强，主要解决以下问题：

● 对于小数据集，数据量不足时，生成更多的图像，以保证数据量。
● 生成不存在的类别的数据，以增加数据类别。

13.2　数学模型

上一节从原理上介绍了什么是生成对抗网络，这一节用严格的数学语言证明生成对抗网络的合理性和深度学习网络实现的可行性。

首先需要一点预备知识：KL散度是统计学中的一个概念，用于衡量两种概率分布的相似程度。数值越小，表示两种概率分布越接近。注：KL散度（Kullback-Leibler Divergence）是一种度量两个概率分布之间差异的指标，用来衡量两个概率分布之间的相似性。它可以用来衡量机器学习模型的性能，在生成对抗网络（GAN）中用于训练生成器网络。

离散的概率分布定义如下：

$$D_{\mathrm{KL}}(P\|Q) = \sum_i P(i) \log \frac{P(i)}{Q(i)}$$

连续的概率分布定义如下：

$$D_{\mathrm{KL}}(P\|Q) = \int_{-\infty}^{\infty} p(x) \log \frac{p(x)}{q(x)} \mathrm{d}x$$

想要将一个随机高斯噪声 z 通过一个生成网络G得到一个和真的数据分布Pdata(x)差不多的生

成分布 $p_G\left(x;\theta\right)$，其中参数 θ 是网络的参数决定的，希望找到 θ 使得 $p_G\left(x;\theta\right)$ 和 Pdata(x) 尽可能接近。

从真实数据分布 Pdata(x) 里面取样 m 个点。$\{x^1,x^2,\cdots,x^m\}$ 根据给定的参数 θ 可以计算如下的概率 $P_G\left(x^i;\theta\right)$。那么生成 m 个样本数据的似然（Likelihood）就是：

$$L=\prod_{i=1}^{m}P_G\left(x^i;\theta\right)$$

找到 θ^* 来最大化这个似然估计：

$$\begin{aligned}\theta^*&=\underset{\theta}{\arg\max}\prod_{i=1}^{m}p_G\left(x^i;\theta\right)\Leftrightarrow\underset{\theta}{\arg\max}\log\prod_{i=1}^{m}P_G\left(x^i;\theta\right)\\&=\underset{\theta}{\arg\max}\sum_{i}^{m}\log P_G\left(x^i;\theta\right)\\&\approx\underset{\theta}{\arg\max}\,E_{x\sim P_{\text{data}}}\left[\log P_G(x;\theta)\right]\\&\Leftrightarrow\underset{\theta}{\arg\max}\int_x P_{\text{data}}(x)\log P_G(x;\theta)\mathrm{d}x-\int_x P_{\text{data}}(x)\log P_{\text{data}}(x)\mathrm{d}x\\&=\underset{\theta}{\arg\max}\int_x P_{\text{data}}(x)\log\frac{P_G(x;\theta)}{P_{\text{data}}(x)}\mathrm{d}x\\&=\underset{\theta}{\arg\min}\,KL\left(P_{\text{data}}(x)\big\|P_G(x;\theta)\right)\end{aligned}$$

而 $p_G\left(x;\theta\right)$ 如何计算出来呢？

$$P_G(x)=\int_z P_{\text{prior}}(z)I_{[G(z)=x]}\mathrm{d}z$$

里面的 I 是示性函数（(Indicator function)），也就是：

$$I_{G(z)=x}=\begin{cases}0 & G(z)\neq x\\1 & G(z)=x\end{cases}$$

这样其实根本没办法求出这个 $P_G(x)$，这就是生成模型的基本想法。注：示性函数可以将输入映射到输出，以表示某种特定的行为或模式，用于训练模型。

生成器 G 是一个生成器，给定先验分布 $P_{\text{prior}}(z)$，希望得到生成分布 $P_G(x)$，这里很难通过极大似然估计得到结果。

判别器 D 中的 D 是一个函数，用来度量 $P_G(x)$ 与 $P_{\text{data}}(x)$ 之间的距离，可用来取代极大似然估计。

首先定义函数 $V(G,D)$ 如下：

$$V(G,D)=E_{x\sim P_{\text{data}}}\left[\log D(X)\right]+E_{x\sim P_g}\left[\log(1-D(X))\right]$$

可以通过下面的式子求得最优的生成模型：

$$G^* = \operatorname{argmin}_G \max_D V(G, D)$$

为什么定义了一个 $V(G,D)$，然后通过求 max 和 min 就能够取得最优的生成模型呢？

首先只考虑 $\max_D V(G,D)$，看它表示什么含义。

在给定 G 的前提下，取一个合适的 D 使得 $V(G,D)$ 能够取得最大值，这就是简单的微积分。

$$
\begin{aligned}
V &= E_{x \sim P_{\text{data}}}[\log D(X)] + E_{x \sim P_G}[\log(1 - D(x))] \\
&= \int_x P_{\text{data}}(x) \log D(x) dx + \int_x p_G(x) \log(1 - D(x)) dx \\
&= \int_x \Big[P_{\text{data}}(x) \log D(X) + P_G(x) \log(1 - D(x)) \Big] dx
\end{aligned}
$$

对于这个积分，要取它的最大值，希望对于给定的 x，积分里面的项是最大的，也就是希望取一个最优的 D^* 最大化下面这个式子：

$$P_{\text{data}}(x) \log D(x) + P_G(x) \log(1 - D(x))$$

在数据给定和 G 给定的前提下，$P_{\text{data}}(x)$ 与 $P_G(x)$ 都可以不作常数，分别用 a、b 来表示它们，这样就可以得到如下的式子：

$$f(D) = a \log(D) + b \log(1 - D)$$

$$\frac{\mathrm{d}f(D)}{\mathrm{d}D} = a \times \frac{1}{D} + b \times \frac{1}{1-D} \times (-1) = 0$$

$$a \times \frac{1}{D^*} = b \times \frac{1}{1-D^*} \Leftrightarrow a \times \left(1 - D^*\right) = b \times D^*$$

$$D^*(x) = \frac{P_{\text{data}}(x)}{P_{\text{data}}(x) + P_G(x)}$$

这样就求得了在给定 G 的前提下，能够使得 $V(D)$ 取得最大值的 D，将 D 代回原来的 $V(G,D)$，得到如下的结果：

$$
\begin{aligned}
\max V(G,D) &= V\left(G, D^*\right) \\
&= E_{x \sim P_{\text{data}}}\left[\log \frac{P_{\text{data}}(x)}{P_{\text{data}}(x) + P_G(x)} \right] + E_{x \sim P_G}\left[\log \frac{P_G(x)}{P_{\text{data}}(x) + P_G(x)} \right] \\
&= \int_x P_{\text{data}}(x) \log \frac{\frac{1}{2} P_{\text{data}}}{\frac{P_{\text{data}}(x) + P_G(x)}{2}} dx + \int_x P_G(x) \log \frac{\frac{1}{2} P_G(x)}{\frac{P_{\text{data}}(x) + P_G(x)}{2}} dx \\
&= -2 \log 2 + \mathrm{KL}\left(P_{\text{data}}(x) \,\middle\|\, \frac{P_{\text{data}}(x) + P_G(x)}{2} \right) + \mathrm{KL}\left(P_G(x) \,\middle\|\, \frac{P_{\text{data}}(x) + P_G(x)}{2} \right) \\
&= -2 \log 2 + 2 \mathrm{JSD}\left(P_{\text{data}}(x) \,\middle\|\, P_G(x) \right)
\end{aligned}
$$

这里引入了一个新的概念——JS散度）定义如下：

$$\mathrm{JSD}(P\|Q) = \frac{1}{2}D(P\|M) + \frac{1}{2}D(Q\|M) \quad M = \frac{1}{2}(P+Q)$$

通过上面的定义知道，KL散度其实是不对称的，而JS散度是对称的，它们都能用于度量两种分布之间的差异。看到这里，其实就已经推导出了为什么这么度量是有意义的，因为取 D 使得 $V(G,D)$ 取得 max 值，这个时候这个 max 值是由两个KL散度构成的，相当于这个 max 的值就是衡量 $P_G(x)$ 与 $P_{\mathrm{data}}(x)$ 的差异程度，所以这个时候取：

$$\arg\left(\underset{G}{\min}\underset{D}{\max}\,V(G,D)\right)$$

就能够取到 G 使得这两种分布的差异性最小，这样自然就能够生成一个和原分布尽可能接近的分布，同时也摆脱了计算极大似然估计。所以生成对抗网络的本质是通过改变训练的过程来避免烦琐的计算。注：JS散度（Jensen-Shannon Divergence）是一种度量两个概率分布之间差异的指标，它是KL散度的变体，可以用来衡量两个概率分布之间的相似性。它用于生成对抗网络以训练生成器网络。

以上详细地介绍了生成对抗网络的数学推导过程，略微有些烦琐，但是有助于理解生成对抗网络的本质。

13.3 生成手写体数字图片实战

生成对抗网络的基本思想即为 G 和 D 的生成博弈过程。训练 D 来让它能辨明真假数据，即给 D 输入真数据，将标签赋值为1，输入假数据，将标签赋值为0。

而 G 是要愚弄 D，使它认为 G 生成的为真数据，即给 G 输入噪声 z，让它生成一个假数据 $G(z)$，将 $G(z)$ 输入 D，赋值为1。在 G 的训练过程中，固定 D 的参数不变，只调整 G 的参数，否则 D 只需简单地迎合 G 就能达到 G 的目的。

此项目代码较多，为了更清晰地为读者呈现出来，下面分步骤进行演示。

13.3.1 基本网络结构

生成手写体数字的基本网络结构如图13-2所示，通过噪声初始化生成器，然后生成伪造数据，通过判别器判别伪造数据（生成数据）和真实数据的真伪，最后达到纳什平衡，即可输出以假乱真的伪造手写体数字图片。所谓纳什平衡源于经济学理论的一个概念，它描述了一种市场状态，在这种状态下，每个参与者都会获得最大的利益，而且没有参与者可以通过改变自己的行为来改善自己的利益。这个概念用于描述机器学习模型的行为。

13

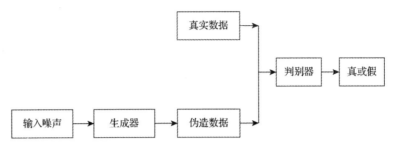

图 13-2　生成手写体数字的生成对抗网络的基本网络结构

13.3.2　准备数据

这里使用 MNIST 作为真实数据进行训练，MNIST 是一个手写体数字图像数据集，包含 0～9 的手写体数字，是一个经典的数据集，前面章节也多次用到该数据集，这里不再赘述。

1. 导入必要模块

导入必要模块，代码如下：

```
import os
import torch
import torch.nn as nn
import torchvision
import torchvision.transforms as transforms
from torchvision.utils import save_image

z_dimension = 100
```

z_dimension 是定义的一个超参数，表示噪声的维度。

2. 准备 MNIST 数据集

MNIST 数据已经用过多次，使用方法与之前的章节类似。

这里用 torchvision 扩展库读取 MNIST 数据，只需调用 torchvision.datasets.MNIST() 函数即可，该函数的参数如下：

- root: 表示数据将要保存在哪里，这里设置的是 './data'，那么函数会将解压后的文件保存在 './data/raw'，将处理过的文件保存在 './data/processed'（代码自动处理，读者无须手动处理）。
- train: 为 True 表示要读取训练集，为 False 表示要读取测试集。
- download: 表示是否要从网络上下载数据，一般设为 True，如果指定的 root 位置没有数据，则会下载数据，否则不需要重新下载数据。
- transform: 表示要将读取的原始数据转换为什么格式，为了方便 PyTorch 使用，一般转换为 Tensor，而这里先将原始数据转换为 Tensor（张量），再将其进行归一化操作，使用 torchvision.transforms.Compose 函数把多个步骤合在一起。

　　读取完数据，使用torch.utils.data,DataLoader分批读取类实例trainset（训练集）和testset（测试集）的内容。

　　这些过程的详细代码如下：

```
transform = transforms.Compose([
    #将PILImage或者NumPy的ndarray转化成Tensor，这样才能进行下一步的归一化
    transforms.ToTensor(),
    #transforms.Normalize(mean,std)参数
    transforms.Normalize([0.5], [0.5]),
])

trainset = torchvision.datasets.MNIST(root='./data', train=True, download=True,
transform=transform)
    trainloader = torch.utils.data.DataLoader(trainset, batch_size=128, shuffle=True)

    testset = torchvision.datasets.MNIST(root='./data', train=False, download=True,
transform=transform)
    testloader = torch.utils.data.DataLoader(testset, batch_size=100, shuffle=False)
```

13.3.3　定义网络和训练

　　定义网络和训练是最终生成图像质量好坏的关键。

1.　构建生成器和判别器

　　使用简单的线性结构构建生成器和判别器。

```
# 定义判别器
class Discriminator(nn.Module):
    def __init__(self):
        super(Discriminator, self).__init__()
        self.dis = nn.Sequential(
            nn.Linear(784, 256),
            nn.LeakyReLU(0.2),
            nn.Linear(256, 256),
            nn.LeakyReLU(0.2),
            nn.Linear(256, 1),
            nn.Sigmoid()
        )

    def forward(self, x):
        x = self.dis(x)
        return x

#定义生成器
class Generator(nn.Module):
    def __init__(self):
        super(Generator, self).__init__()
        self.gen = nn.Sequential(
            nn.Linear(z_dimension, 256),
            nn.ReLU(True),
```

13

```
            nn.Linear(256, 256),
            nn.ReLU(True),
            nn.Linear(256, 784),
            nn.Tanh()
        )

    def forward(self, x):
        x = self.gen(x)
        return x
```

2．数据处理

将x的范围由(-1,1)伸缩到(0,1)。

```
def to_img(x):
    out = 0.5 * (x + 1)
    out = out.view(-1, 1, 28, 28)
    return out
```

3．定义生成器、判别器、优化器

定义生成器、判别器、优化器的代码如下：

```
#实例化判别器和生成器
D = Discriminator().to('cpu')
G = Generator().to('cpu')

#定义优化方法
criterion = nn.BCELoss()
D_optimizer = torch.optim.Adam(D.parameters(), lr=0.0003)
G_optimizer = torch.optim.Adam(G.parameters(), lr=0.0003)

os.makedirs("MNIST_FAKE", exist_ok=True)
```

4．训练

训练函数如下：

```
def train(epoch):
    print('\nEpoch: %d' % epoch)
    #将模型调整到训练状态
    D.train()
    G.train()
    all_D_loss = 0.
    all_G_loss = 0.
    for batch_idx, (inputs, targets) in enumerate(trainloader):
        inputs, targets = inputs.to('cpu'), targets.to('cpu')
        #num_img即为图片的数量
        num_img = targets.size(0)
        #real的标签是1，fake的标签是0
        real_labels = torch.ones_like(targets, dtype=torch.float)
        fake_labels = torch.zeros_like(targets, dtype=torch.float)
```

```
#把输入的28×28图片压平成784，便于输入D进行运算
inputs_flatten = torch.flatten(inputs, start_dim=1)

# 训练判别器
real_outputs = D(inputs_flatten)
real_outputs = real_outputs.squeeze(-1)
print('real_outputs size is {}'.format(real_outputs.size()))
print('real_labels size is {}'.format(real_labels.size()))
D_real_loss = criterion(real_outputs, real_labels)

z = torch.randn((num_img, z_dimension))
fake_img = G(z)
fake_outputs = D(fake_img.detach())
fake_outputs = fake_outputs.squeeze(-1)
D_fake_loss = criterion(fake_outputs, fake_labels)

D_loss = D_real_loss + D_fake_loss
D_optimizer.zero_grad()
D_loss.backward()
D_optimizer.step()

# 训练生成器
z = torch.randn((num_img, z_dimension))
fake_img = G(z)
G_outputs = D(fake_img)
G_outputs = G_outputs.squeeze(-1)
G_loss = criterion(G_outputs, real_labels)
G_optimizer.zero_grad()
G_loss.backward()
G_optimizer.step()

all_D_loss += D_loss.item()
all_G_loss += G_loss.item()
print('Epoch {}, d_loss: {:.6f}, g_loss: {:.6f} '
      'D real: {:.6f}, D fake: {:.6f}'.format
      (epoch, all_D_loss/(batch_idx+1), all_G_loss/(batch_idx+1),
       torch.mean(real_outputs), torch.mean(fake_outputs)))

# 保存生成图片
fake_images = to_img(fake_img)
save_image(fake_images, 'MNIST_FAKE/fake_images-{}.png'.format(epoch + 1))

for epoch in range(100):
    train(epoch)
```

这里定义训练迭代100次。

13.3.4　生成结果分析

运行以上代码，将会得到如下可视化的运行结果（由于打印的运行结果过多，限于篇幅，这里选取了部分打印的运行结果）：

```
Epoch 85, d_loss: 0.726962, g_loss: 2.123314 D real: 0.800870, D fake: 0.188881
Epoch 85, d_loss: 0.726471, g_loss: 2.124085 D real: 0.816010, D fake: 0.196457
Epoch 89, d_loss: 0.752883, g_loss: 2.200290 D real: 0.784884, D fake: 0.269400
Epoch 89, d_loss: 0.752611, g_loss: 2.200551 D real: 0.821768, D fake: 0.232529
Epoch 99, d_loss: 0.817334, g_loss: 1.885991 D real: 0.844516, D fake: 0.353600
Epoch 99, d_loss: 0.817419, g_loss: 1.886268 D real: 0.802326, D fake: 0.370752
```

观察运行结果，随着网络迭代次数的增加，生成网络和对抗网络的损失均在减少，再观察生成数字图片的可视化结果。

图13-3所示是网络迭代一次生成数字图片的可视化结果，看到生成的数字图像还比较模糊，完全看不出手写体数字的样子。

图13-4所示是网络迭代50次生成数字图片的可视化结果，看到生成的手写体数字图像已经有了数字的样子，但是有点雾里看花的感觉，还是有点模糊，不过已经很神奇了，深度卷积生成对抗网络（Deep Convolutional Generative Adversarial Network，DCGAN）像一个魔术师，从无到有生成了这些手写体数字图像。

图13-5所示是网络迭代100次生成数字图片的可视化结果，看到生成的手写体数字图像已经比较清晰了，有点以假乱真的感觉，如果迭代次数更多，会有更好的可视化效果，这里只是举例说明，这个效果已经可以说明生成对抗网络的强大实战能力了。

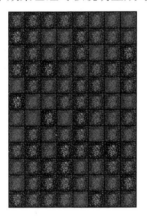  

图 13-3　迭代一次的结果　　　图 13-4　迭代 50 次的结果　　　图 13-5　迭代 100 次的结果

13.4　生成人像图片实战

本节通过一个例子来对DCGANs进行介绍，将会训练一个生成对抗网络（GAN）用于在展示了许多图片后产生新的图片。这里将对实现过程进行全面的介绍，并阐明该模型的工作原理以及为什么如此。读者可能需要花一些时间来思考PyTorch命令让底层实际发生的事情。另外，为了节省时间，最好使用GPU，如果只使用CPU，图片生成计算过程将十分漫长。

13.4.1　DCGAN 简介

DCGAN（深度卷积生成对抗网络）是生成对抗网络的直接扩展，区别是前者分别在判别器和生成器中明确地使用了卷积和卷积转置层。它是由 Radford 等人在论文 *Unsupervised Representation Learning With Deep Convolutional Generative Adversarial Networks*（非监督式表示学习与深度卷积生成对抗网络）中提出的。判别器由步长卷积层（strided convolution layers）、批量归一化层（batch norm layers）和 LeakyReLU 激活函数（LeakyReLU activations）组成，它输入 $3\times64\times64$ 的图像，然后输出一个代表输入来自实际数据分布的标量概率。生成器则是由 卷积转置层（convolutional-transpose layers）、批量归一化层（batch norm layers）和 ReLU 激活函数（ReLU activations）组成。它的输入是从标准正态分布中绘制的潜在向量，输出是 $3\times64\times64$ 的 RGB 图像。步长卷积转置层（strided conv-transpose layers）允许潜在标量转换成具有与图像相同形状的体积。

13.4.2　数据准备

从本小节开始分步骤详细实现生成人脸图像数据，首先导入必要的库和准备数据。

1. 导入必要的库

在项目开始，先导入一些后续将要使用到的 Python 库。

```python
from __future__ import print_function
import argparse
import os
import random
import torch
import torch.nn as nn
import torch.nn.parallel
import torch.backends.cudnn as cudnn
import torch.optim as optim
import torch.utils.data
import torchvision.datasets as dset
import torchvision.transforms as transforms
import torchvision.utils as vutils
import numpy as np
import matplotlib.pyplot as plt
import matplotlib.animation as animation
from IPython.display import HTML

# 为再现性设置随机种子数
manualSeed = 999
print("Random Seed: ", manualSeed)
random.seed(manualSeed)
torch.manual_seed(manualSeed)
```

13

2. 下载数据

这里使用Celeb-A Faces数据集作为真实数据集进行训练。该数据集需要从数据集官网下载（支持百度网盘下载）。数据集将下载名为*img_align_celeba.zip*的文件，下载后将.zip文件解压缩到该目录中。生成的数据目录结构用于存储JPG格式的图片。

生成的数据目录结构如图13-6所示，该数据集有202599个JPG格式的人脸头像数据。

图 13-6　Celeb-A Faces 数据存储结构

这里将使用ImageFolder数据集类，它要求数据集的根文件夹中有子目录。现在创建数据集，创建数据加载器，设置要运行的设备，以及最后可视化一些训练数据。

设置超参数的代码如下：

```
dataroot = r"J: \Celeb Faces Attributes Dataset (CelebA)\archive"
workers = 0
batch_size = 128
image_size = 64
nc = 3
nz = 100
ngf = 64
num_epochs = 5
lr = 0.0002
beta1 = 0.5
ngpu = 1
```

3. 载入数据并查看

载入数据集并查看部分数据的代码如下：

```
dataset = dset.ImageFolder(root=dataroot,
                transform=transforms.Compose([
                    transforms.Resize(image_size),
                    transforms.CenterCrop(image_size),
                    transforms.ToTensor(),
                    transforms.Normalize((0.5, 0.5, 0.5), (0.5, 0.5, 0.5)),
                    ]))
# 创建加载器
dataloader = torch.utils.data.DataLoader(dataset, batch_size=batch_size,
                    shuffle=True, num_workers=workers)
# 选择运行在上面的设备
device = torch.device("cuda:0" if (torch.cuda.is_available() and ngpu > 0) else "cpu")
# 绘制部分的输入图像
real_batch = next(iter(dataloader))
plt.figure(figsize=(8,8))
plt.axis("off")
plt.title("Training Images")
plt.imshow(np.transpose(vutils.make_grid(real_batch[0].to(device)[:64], padding=2,
normalize=True).cpu(),(1,2,0)))
    plt.show()
```

运行结果，查看部分训练的数据集，如图13-7所示，随机展示了8行8列（64个）Celeb-A Faces 人脸数据集中的人脸头像数据。

图 13-7 训练数据集部分展示

13.4.3 生成对抗网络的实现

本小节将详述生成对抗网络的PyTorch实现过程。

通过设置输入参数和准备好的数据集，现在可以进入真正的实现步骤，将从权重初始化策略开始，详细讨论生成器、鉴别器、损失函数和训练循环。

1. 初始化参数

在DCGAN论文中，作者指出所有模型权重应从正态分布中随机初始化，mean=0，stdev=0.02。weights_init函数将初始化模型作为输入，并重新初始化所有卷积、卷积转置和批量归一化层。初始化后立即将此函数应用于模型。

```
def weights_init(m):
    classname = m.__class__.__name__
    if classname.find('Conv') != -1:
        nn.init.normal_(m.weight.data, 0.0, 0.02)
    elif classname.find('BatchNorm') != -1:
        nn.init.normal_(m.weight.data, 1.0, 0.02)
        nn.init.constant_(m.bias.data, 0)
```

2. 生成器

生成器用于将潜在空间矢量映射到数据空间。由于数据是图像，因此将潜在空间矢量转换为数据空间意味着最终创建与训练图像具有相同大小的RGB图像（3×64×64）。实际上，这是通过一系列跨步的二维卷积转置层实现的，每个转换层与二维批量归一化层和ReLU激活函数（ReLU activation）进行配对。生成器的输出通过tanh函数输入，使其返回[−1,1]范围的输入数据。值得注意的是，在转换层之后存在批量范数函数，这是DCGAN论文的关键贡献。这些层有助于训练期间的梯度流动。DCGAN论文中的生成器如图13-8所示。

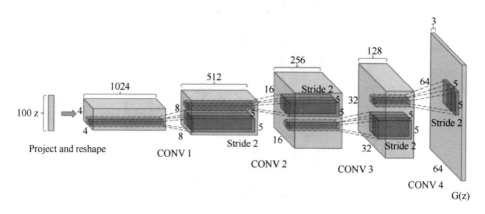

图 13-8　DCGAN 论文中的生成器

生成器的代码如下：

```
class Generator(nn.Module):
    def __init__(self, ngpu):
        super(Generator, self).__init__()
```

```
        self.ngpu = ngpu
        self.main = nn.Sequential(
            # 输入是Z，进入卷积
            nn.ConvTranspose2d( nz, ngf * 8, 4, 1, 0, bias=False),
            nn.BatchNorm2d(ngf * 8),
            nn.ReLU(True),
            # state size. (ngf*8) x 4 x 4
            nn.ConvTranspose2d(ngf * 8, ngf * 4, 4, 2, 1, bias=False),
            nn.BatchNorm2d(ngf * 4),
            nn.ReLU(True),
            # state size. (ngf*4) x 8 x 8
            nn.ConvTranspose2d( ngf * 4, ngf * 2, 4, 2, 1, bias=False),
            nn.BatchNorm2d(ngf * 2),
            nn.ReLU(True),
            # state size. (ngf*2) x 16 x 16
            nn.ConvTranspose2d( ngf * 2, ngf, 4, 2, 1, bias=False),
            nn.BatchNorm2d(ngf),
            nn.ReLU(True),
            # state size. (ngf) x 32 x 32
            nn.ConvTranspose2d( ngf, nc, 4, 2, 1, bias=False),
            nn.Tanh()
            # state size. (nc) x 64 x 64
        )

    def forward(self, input):
        return self.main(input)
```

现在，可以实例化生成器并应用weights_init函数。查看打印的模型以查看生成器对象的结构。

创建生成器：

```
netG = Generator(ngpu).to(device)
```

应用weights_init函数随机初始化所有权重，mean= 0，stdev = 0.2。

```
netG.apply(weights_init)
# 打印模型
print(netG)
```

打印显示的模型结果如下：

```
Generator(
  (main): Sequential(
    (0): ConvTranspose2d(100, 512, kernel_size=(4, 4), stride=(1, 1), bias=False)
    (1): BatchNorm2d(512, eps=1e-05, momentum=0.1, affine=True,
                  track_running_stats=True)
    (2): ReLU(inplace=True)
    (3): ConvTranspose2d(512, 256, kernel_size=(4, 4), stride=(2, 2), padding=(1, 1),
                       bias=False)
    (4): BatchNorm2d(256, eps=1e-05, momentum=0.1, affine=True,
                  track_running_stats=True)
    (5): ReLU(inplace=True)
```

13

```
(6): ConvTranspose2d(256, 128, kernel_size=(4, 4), stride=(2, 2), padding=(1, 1),
                     bias=False)
(7): BatchNorm2d(128, eps=1e-05, momentum=0.1, affine=True,
                 track_running_stats=True)
(8): ReLU(inplace=True)
(9): ConvTranspose2d(128, 64, kernel_size=(4, 4), stride=(2, 2), padding=(1, 1),
                     bias=False)
(10): BatchNorm2d(64, eps=1e-05, momentum=0.1, affine=True,
                  track_running_stats=True)
(11): ReLU(inplace=True)
(12): ConvTranspose2d(64, 3, kernel_size=(4, 4), stride=(2, 2), padding=(1, 1),
                      bias=False)
(13): Tanh()
  )
)
```

3. 判别器

如上所述，判别器是二分类网络，它将图像作为输入并输出输入图像是真实的标量概率（与假的相反）。这里，判别器采用 $3 \times 64 \times 64$ 的输入图像，通过一系列Conv2d、BatchNorm2d和LeakyReLU层处理它，并通过Sigmoid激活函数输出最终概率。如果有需要，可以使用更多层扩展此体系结构，但使用Strided Convolution（跨步卷积）时，BatchNorm和LeakyReLU具有重要意义。DCGAN论文提到使用跨步卷积而不是池化到降低采样是一种很好的做法，因为它可以让网络学习自己的池化功能。批量归一化和Leaky ReLU函数也可以促进良好的梯度流动，这对于生成器（Generator）和判别器（Discriminator）的学习过程都是至关重要的。

判别器的代码如下：

```
class Discriminator(nn.Module):
    def __init__(self, ngpu):
        super(Discriminator, self).__init__()
        self.ngpu = ngpu
        self.main = nn.Sequential(
            # 输入维度 (nc) x 64 x 64
            nn.Conv2d(nc, ndf, 4, 2, 1, bias=False),
            nn.LeakyReLU(0.2, inplace=True),
            nn.Conv2d(ndf, ndf * 2, 4, 2, 1, bias=False),
            nn.BatchNorm2d(ndf * 2),
            nn.LeakyReLU(0.2, inplace=True),
            nn.Conv2d(ndf * 2, ndf * 4, 4, 2, 1, bias=False),
            nn.BatchNorm2d(ndf * 4),
            nn.LeakyReLU(0.2, inplace=True),
            nn.Conv2d(ndf * 4, ndf * 8, 4, 2, 1, bias=False),
            nn.BatchNorm2d(ndf * 8),
            nn.LeakyReLU(0.2, inplace=True),
            nn.Conv2d(ndf * 8, 1, 4, 1, 0, bias=False),
            nn.Sigmoid()
        )
```

```
    def forward(self, input):
        return self.main(input)
```

与生成器一样，可以创建判别器，应用weights_init函数，并打印模型的结构。

创建判别器并打印显示判别器：

```
# 创建判别器
netD = Discriminator(ngpu).to(device)
netD.apply(weights_init)
print(netD)
```

打印显示的判别器模型如下：

```
Discriminator(
  (main): Sequential(
    (0): Conv2d(3, 64, kernel_size=(4, 4), stride=(2, 2), padding=(1, 1), bias=False)
    (1): LeakyReLU(negative_slope=0.2, inplace=True)
    (2): Conv2d(64, 128, kernel_size=(4, 4), stride=(2, 2), padding=(1, 1), bias=False)
    (3): BatchNorm2d(128, eps=1e-05, momentum=0.1, affine=True,
                    track_running_stats=True)
    (4): LeakyReLU(negative_slope=0.2, inplace=True)
    (5): Conv2d(128, 256, kernel_size=(4, 4), stride=(2, 2), padding=(1, 1),
                bias=False)
    (6): BatchNorm2d(256, eps=1e-05, momentum=0.1, affine=True,
                    track_running_stats=True)
    (7): LeakyReLU(negative_slope=0.2, inplace=True)
    (8): Conv2d(256, 512, kernel_size=(4, 4), stride=(2, 2), padding=(1, 1),
                bias=False)
    (9): BatchNorm2d(512, eps=1e-05, momentum=0.1, affine=True,
                    track_running_stats=True)
    (10): LeakyReLU(negative_slope=0.2, inplace=True)
    (11): Conv2d(512, 1, kernel_size=(4, 4), stride=(1, 1), bias=False)
    (12): Sigmoid()
  )
)
```

4．损失函数和优化器

通过生成器和判别器设置，可以指定它们如何通过损失函数和优化器学习。可使用PyTorch中定义的交叉熵损失函数（BCELoss函数）。注：交叉熵损失函数是一种常用的损失函数，用来衡量模型预测值与真实值之间的差异，它是通过计算预测值与真实值之间的信息熵来实现。

```
# 初始化BCELoss函数
criterion = nn.BCELoss()
fixed_noise = torch.randn(64, nz, 1, 1, device=device)
real_label = 1
fake_label = 0
optimizerD = optim.Adam(netD.parameters(), lr=lr, betas=(beta1, 0.999))
optimizerG = optim.Adam(netG.parameters(), lr=lr, betas=(beta1, 0.999))
```

13

5．训练

既然已经定义了GAN框架的所有部分，接下来就可以对其进行训练了。请注意，训练生成对抗网络在某种程度上是一种艺术，因为设置不正确的超参数会导致训练模型崩溃，而对失败的原因几乎没有解释。在这个方面我们应该密切关注Goodfellow的论文中的算法，同时遵守GANhacks中展示的一些最佳实践。也就是说，将为真实和虚假图像构建不同的最小批量（mini-batches），并且调整生成器的目标函数以最大化。训练分为两个主要部分，第一部分更新判别器，第二部分更新生成器。注：GANhacks是一种用于改善生成对抗网络性能的技术，改变生成对抗网络的训练方法，来改善模型的稳定性，提高生成的质量，并减少模型的训练时间。

训练过程的代码如下：

```
img_list = []
    G_losses = []
    D_losses = []
    iters = 0

    print("Starting Training Loop...")
    # 训练过程
    for epoch in range(num_epochs):
        # 对于数据加载器中的每批数据（batch）
        for i, data in enumerate(dataloader, 0):

            ###############################
            # (1)优化生成器
            ###############################
            netD.zero_grad()
            # 归一化每一批的数据
            real_cpu = data[0].to(device)
            b_size = real_cpu.size(0)
            label = torch.full((b_size,), real_label, device=device)
            output = netD(real_cpu).view(-1)
            output = output.to(torch.float32)
            label = label.to(torch.float32)
            errD_real = criterion(output, label)
            errD_real.backward()
            D_x = output.mean().item()

            ## 训练全伪造的批数据
            noise = torch.randn(b_size, nz, 1, 1, device=device)
            fake = netG(noise)
            label.fill_(fake_label)
            output = netD(fake.detach()).view(-1)
            # 计算损失
            errD_fake = criterion(output, label)
            # 计算每一批的梯度
            errD_fake.backward()
            D_G_z1 = output.mean().item()
            errD = errD_real + errD_fake
```

```
# 更新判别器
optimizerD.step()

###############################
# (2) 更新生成器网络
###########################
netG.zero_grad()
label.fill_(real_label)  # fake labels are real for generator cost
output = netD(fake).view(-1)
# 计算生成器损失
errG = criterion(output, label)
# 计算生成器梯度
errG.backward()
D_G_z2 = output.mean().item()
# 更新生成器
optimizerG.step()

# 输出训练结果
if i % 50 == 0:
    print('[%d/%d][%d/%d]\tLoss_D: %.4f\tLoss_G: %.4f\tD(x):
            %.4f\tD(G(z)): %.4f / %.4f'
        % (epoch, num_epochs, i, len(dataloader),
            errD.item(), errG.item(), D_x, D_G_z1, D_G_z2))

# 保存损失
G_losses.append(errG.item())
D_losses.append(errD.item())

# 保存生成器的损失
if (iters % 500 == 0) or ((epoch == num_epochs - 1) and (i == len(dataloader)
                                                            - 1)):
    with torch.no_grad():
        fake = netG(fixed_noise).detach().cpu()
    img_list.append(vutils.make_grid(fake, padding=2, normalize=True))

iters += 1
```

6. 查看结果

运行代码，输出结果如下（运行结果过多，限于篇幅，这里只选取部分显示）：

```
Starting Training Loop...
[0/6][0/1583]    Loss_D: 1.7169    Loss_G: 6.8737    D(x): 0.7336 D(G(z)): 0.6777 /
 0.0019
[0/6][50/1583]   Loss_D: 0.0085    Loss_G: 36.0877   D(x): 0.9935 D(G(z)): 0.0000 /
 0.0000
[0/6][100/1583]  Loss_D: 0.2470    Loss_G: 9.7313    D(x): 0.9305 D(G(z)): 0.1091 /
 0.0002
[0/6][150/1583]  Loss_D: 0.4750    Loss_G: 6.4607    D(x): 0.8956 D(G(z)): 0.2476 /
 0.0051
[0/6][200/1583]  Loss_D: 0.9090    Loss_G: 6.2288    D(x): 0.9496 D(G(z)): 0.4945 /
 0.0045
[1/6][0/1583]    Loss_D: 2.7725    Loss_G: 2.9720    D(x): 0.1474 D(G(z)): 0.0029 /
 0.1201
```

13

```
[1/6][50/1583]    Loss_D: 0.3552    Loss_G: 4.1556    D(x): 0.8967 D(G(z)): 0.1820 /
    0.0302
[1/6][1450/1583]Loss_D: 1.0232    Loss_G: 1.0393    D(x): 0.4609 D(G(z)): 0.0375 /
    0.4231
[1/6][1500/1583]Loss_D: 0.9917    Loss_G: 4.5098    D(x): 0.9210 D(G(z)): 0.5297 /
    0.0201
[1/6][1550/1583]Loss_D: 0.5501    Loss_G: 2.2047    D(x): 0.7829 D(G(z)): 0.2200 /
    0.1482
[2/6][0/1583]    Loss_D: 0.4598    Loss_G: 3.1528    D(x): 0.8784 D(G(z)): 0.2451 /
    0.0641
[2/6][50/1583]    Loss_D: 1.6704    Loss_G: 1.0746    D(x): 0.2599 D(G(z)): 0.0110 /
    0.4224
[2/6][100/1583]  Loss_D: 0.6516    Loss_G: 1.8457    D(x): 0.6931 D(G(z)): 0.1948 /
    0.1962
[2/6][150/1583]  Loss_D: 0.7848    Loss_G: 2.0218    D(x): 0.6098 D(G(z)): 0.1716 /
    0.1669
[2/6][1550/1583]Loss_D: 1.2723    Loss_G: 0.6404    D(x): 0.3590 D(G(z)): 0.0536 /
    0.5770
[3/6][700/1583]  Loss_D: 0.5635    Loss_G: 2.0219    D(x): 0.7043 D(G(z)): 0.1431 /
    0.1716
[3/6][750/1583]  Loss_D: 0.8301    Loss_G: 3.5299    D(x): 0.8607 D(G(z)): 0.4489 /
    0.0413
[3/6][800/1583]  Loss_D: 0.6167    Loss_G: 2.6480    D(x): 0.7524 D(G(z)): 0.2435 /
    0.0927
[4/6][1550/1583]Loss_D: 0.5021    Loss_G: 2.6108    D(x): 0.8158 D(G(z)): 0.2242 /
    0.0923
[5/6][0/1583]    Loss_D: 0.6190    Loss_G: 3.0768    D(x): 0.8602 D(G(z)): 0.3376 /
    0.0629
[5/6][50/1583]    Loss_D: 0.5506    Loss_G: 2.2721    D(x): 0.7052 D(G(z)): 0.1333 /
    0.1336
[5/6][950/1583]  Loss_D: 0.7905    Loss_G: 3.8146    D(x): 0.9236 D(G(z)): 0.4654 /
    0.0308
[5/6][1000/1583]Loss_D: 0.4570    Loss_G: 2.9385    D(x): 0.8900 D(G(z)): 0.2646 /
    0.0699
[5/6][1050/1583]Loss_D: 1.2170    Loss_G: 4.7150    D(x): 0.9357 D(G(z)): 0.6159 /
    0.0142
[5/6][1550/1583]Loss_D: 0.6853    Loss_G: 1.9639    D(x): 0.6335 D(G(z)): 0.1524 /
    0.1797
```

还能以可视化显示训练过程中生成器和判别器的损失曲线，需要用到以下代码：

```
plt.figure(figsize=(10, 5))
plt.title("Generator and Discriminator Loss During Training")
plt.plot(G_losses, label="G")
plt.plot(D_losses, label="D")
plt.xlabel("iterations")
plt.ylabel("Loss")
plt.legend()
plt.show()
```

运行结果可视化如图13-9所示，可以看到随着迭代次数的增多，损失是在逐渐减少的。

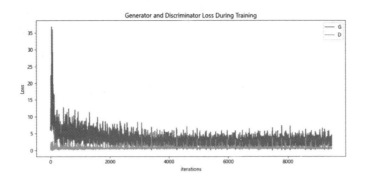

图 13-9　生成器和判别器的迭代损失

查看生成器生成的图片，需要用到以下代码：

```
fig = plt.figure(figsize=(8, 8))
plt.axis("off")
ims = [[plt.imshow(np.transpose(i, (1, 2, 0)), animated=True)] for i in img_list]
ani = animation.ArtistAnimation(fig, ims, interval=1000, repeat_delay=1000,
blit=True)

HTML(ani.to_jshtml())
```

运行结果，生成的一批图像如图13-10所示，观察发现，粗看发现是人脸头像，但是仔细看就会发现这些头像有点魔幻，缺少细节内容，细节内容不合理，这是由于迭代次数和算法原理导致的。

图 13-10　生成器生成的一批人脸图像

对比真实图像和生成的图像需要用到以下代码：

```
real_batch = next(iter(dataloader))

# 绘制真实图像
plt.figure(figsize=(15, 15))
```

13

```
plt.subplot(1, 2, 1)
plt.axis("off")
plt.title("Real Images")
plt.imshow(
    np.transpose(vutils.make_grid(real_batch[0].to(device)[:64], padding=5,
                normalize=True).cpu(), (1, 2, 0)))
# 在最后一个完整迭代（Epoch）中绘制伪图像
plt.subplot(1, 2, 2)
plt.axis("off")
plt.title("Fake Images")
plt.imshow(np.transpose(img_list[-1], (1, 2, 0)))
plt.show()
```

运行代码，结果如图13-11所示，可以明显对比出真实人脸头像和生成的人脸头像的区别，真实人脸头像眼睛、眉毛、嘴部细节细腻真实，而生成的图像这些细节缺失甚至不合理，但远远看去有些生成的人脸图像已经可以以假乱真了。

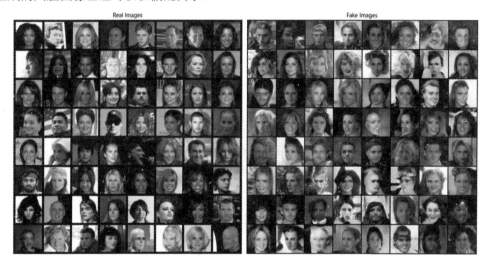

图 13-11　真实图像和生成器生成的图像对比

读者如果感兴趣，可以修改参数，增加迭代次数，一定会得到更好的生成图像。另外，新的生成对抗网络算法层出不穷，读者可以查阅相关资料，进行深入学习。

13.5　小结

本章学习了生成对抗网络相关的内容，从提出生成对抗网络的论文 *Generative Adversarial Networks* 讲起，学习了深度网络的原理，最后通过两个项目实例用PyTorch实现了生成对抗网络。生成对抗网络在如今的网络世界得到了越来越多的应用，本章抛砖引玉，如果读者感兴趣，可以充分发挥想象力，在此基础上开发出有意思的应用。

## 第 14 章

目 标 检 测

14

本章主要学习基于深度学习的目标检测，目标检测是计算机视觉领域的一个复杂问题。本章涉及的主要内容包括：目标检测的发展历程、深度学习目标检测的关键概念和计算方法、经典目标检测网络解析、目标检测项目实战。经过本章的学习，读者可以掌握相关深度学习目标检测项目的开发方法。

学习目标：

（1）掌握目标检测的发展历程。

（2）掌握目标检测关键概念的计算方法。

（3）掌握经典目标检测算法。

（4）熟悉目标检测项目的开发流程。

14.1　目标检测概述

目标检测也叫目标提取，是一种基于目标几何和统计特征的图像分割。它将目标的分割和识别合二为一，其准确性和实时性是整个系统的一项重要能力。一个目标检测的例子如图14-1所示。

分类　　　　分类+定位　　　　目标检测

CAT　　　　　CAT　　　CAT, DOG, DUCK

图 14-1　目标检测示意图

目标检测是计算机视觉领域一个复杂且有趣的问题。目标检测是计算机视觉和数字图像处理的一个热门方向，广泛应用于机器人导航、智能视频监控、工业检测、航空航天等诸多领域，通过计算机视觉减少对人力资源的消耗，具有重要的现实意义。因此，目标检测也就成为近年来理论和应用的研究热点，它是图像处理和计算机视觉学科的重要分支，也是智能监控系统的核心部分，同时目标检测也是泛身份识别领域的一个基础性的算法，对后续的人脸识别、步态识别、人群计数、实例分割等任务起着至关重要的作用。由于深度学习的广泛运用，目标检测算法得到了较为快速的发展，本文广泛调研国内外的目标检测方法，主要介绍基于深度学习的两种目标检测算法思路，分别为One-Stage目标检测算法和Two-Stage目标检测算法。

14.1.1 传统目标检测算法的研究现状

目标检测一直是计算机视觉领域经久不衰的研究方向。目标检测是一个主观的过程，对于人类来说相当简单。就连一个没受过任何训练的孩子通过观察图片中不同的颜色、区域等特征都能轻易定位出目标物体。但计算机收到这些RGB像素矩阵，不会直接得到目标（如行人、车辆等）的抽象概念，更不必说定位其位置了。再加上目标形态千差万别，目标和背景重合等问题，使得目标检测难上加难。

传统的目标检测算法包括3个阶段，首先生成目标建议框，接着提取每个建议框中的特征，最后根据特征进行分类。这3个阶段的具体过程如下：

（1）生成目标建议框。当输入一幅原始图片时，计算机只认识每一个像素点，想要用方框框出目标的位置以及大小，最先想到的方法就是穷举建议框，具体的做法是用滑动窗口扫描整幅图像，还要通过缩放来进行多尺度滑窗。显然这种方法的计算量很大，很多都是重复计算，并且效率极低。

（2）提取每个建议框中的特征。在传统的检测中，常见的HOG算法对物体边缘使用直方图统计来进行编码，有较好的表达能力。然而传统特征设计需要人工指定，达不到可靠性的要求。

（3）分类器的设计。传统的分类器在机器学习领域非常多，具有代表性的支持向量机（SVM）将分类间隔最大化来获得分类平面的支持向量，在指定特征的数据集上表现良好。

然而传统的算法在预测精度和速度上都很不理想，随着深度学习算法在计算机视觉领域大放异彩，并逐渐成为霸主，传统识别算法渐渐暗淡。

本书重点介绍深度学习的检测算法，限于篇幅，传统算法不再赘述。

14.1.2 深度学习目标检测算法的研究现状

时至今日，高性能的检测算法都是基于深度学习。最早的R-CNN（Regions with CNN features，CNN特征区域）首次使用深度模型提取图像特征，以49.6%的准确率开创了检测算法的新时代。早期的目标检测都以滑动窗口的方式生成目标建议框，这种方式本质上与穷举法无异。

实际上，重复计算问题仍然没有得到解决。Fast R-CNN的出现正是为了解决冗余计算这个问题。Fast R-CNN添加了一个简化的SPP层，使得它的训练和测试过程能够合并在一起。

Fast R-CNN使用Selective Search（一种离线算法工具）来生成目标候选框，但是速度依然达不到实时的要求。Faster R-CNN直接利用RPN（Region Proposal Networks，区域提议网络）网络来生成目标候选框。RPN输入任意像素的原始图像，输出一批矩形区域，每个区域对应一个目标坐标信息和置信度。从R-CNN到Faster R-CNN是一个合并的过程，它把传统检测的3个步骤整合到同一个深度网络模型中。

基于回归算法的检测模型又将检测领域带到一个新的高度，其中以YOLO（目前，YOLO已经发展到V7版本，其性能十分优越）和SSD方法为代表的检测方法做到了真正意义上的实时效果。

R-CNN到Faster R-CNN，再到SSD等是检测方法发展的主要轨迹，实际应用中还有许多特定物体的检测方法，如人脸检测、行人检测等，但使用的主要方法都大同小异。

本小节只是抛砖引玉，有关算法模型的详细内容将在后续章节展开论述。

14.1.3 应用领域

目标检测的应用领域十分广泛，这里概括如下：

（1）人脸检测：智能门控、人脸支付等。
（2）行人检测：智能辅助驾驶、智能监控等。
（3）车辆检测：自动驾驶、交通违章查询等。
（4）遥感检测：天气预测、军事目标检测等。

14.2 检测算法模型

以2012年为分水岭，目标检测在过去的二十多年中可大致分为两个时期：2012年前的传统目标检测期及之后的基于深度学习的目标检测期。

14.2.1 传统的目标检测模型

传统的目标检测算法大多是基于手工特征构建的，由于当时缺乏有效的图像表示，人们别无选择，只能设计复杂的特征表示以及各种加速技术来对有限的计算资源物尽其用，传统目标检测网络发展技术路线如图14-2所示。

本小节简要介绍两种重要的传统模型，深度学习检测算法用到了这些算法的检测思想。

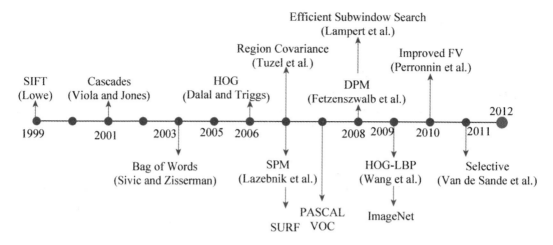

图 14-2 传统目标检测算法模型及其发展

1. Viola Jones检测器

2001年，P.Viola和M.Jones在没有任何约束（如肤色分割）的情况下首次实现了人脸的实时检测。他们所设计的检测器在一台配备700MHz Pentium III CPU的计算机上运行，在保持同等检测精度的条件下的运算速度是其他算法的数十甚至数百倍。这种检测算法以共同作者的名字命名为"Viola-Jones（VJ）检测器"以纪念他们的重大贡献。

VJ检测器采用最直接的检测方法，即滑动窗口（Slide Window）：查看一幅图像中所有可能的窗口尺寸和位置并判断是否有窗口包含人脸。这一过程虽然听上去简单，但它背后所需的计算量远远超出了当时计算机的算力。VJ检测器结合了积分图像、特征选择和检测级联3种重要技术，大大提高了检测速度。

1）积分图像

这是一种计算方法，以加快盒滤波或卷积过程。与当时的其他目标检测算法一样，在VJ检测器中使用Haar小波作为图像的特征表示。积分图像使得VJ检测器中每个窗口的计算复杂度与其窗口大小无关。

2）特征选择

作者没有使用一组手动选择的Haar基（小波基的一种，读者感兴趣可查阅相关资料）过滤器，而是使用AdaBoost算法从一组巨大的随机特征池（大约18万维）中选择一组对人脸检测最有帮助的小特征。

3）检测级联

在VJ检测器中引入了一个多级检测范例（又称检测级联，Detection Cascades），通过减少对背景窗口的计算而增加对人脸目标的计算，从而减少计算开销。

2. 基于可变形部件的模型（DPM）

DPM作为voco-07、voco-08、voco-09三届检测挑战赛的优胜者，它曾是传统目标检测方法的巅峰模型。DPM最初是由P.Felzenszwalb提出的，于2008年作为HOG检测器的扩展，之后R.Girshick进行了各种改进。

DPM遵循分而治之的检测思想，训练可以简单地看作是学习一种正确的分解对象的方法，推理可以看作是对不同对象部件的检测的集合。例如，检测汽车的问题可以看作是检测它的窗口、车身和车轮。工作的这一部分就是star model由P.Felzenszwalb等人完成。后来，R.Girshick进一步将星型模型（star model）扩展到混合模型，以处理更显著变化下的现实世界中的物体。

一个典型的DPM检测器由一个根过滤器（Root-Filter）和一些零件滤波器（Part-Filters）组成。该方法不需要手动设定零件滤波器的配置（如尺寸和位置），而是开发了一种弱监督式学习方法并使用到了DPM中，所有零件滤波器的配置都可以作为潜在变量自动学习。R. Girshick将这个过程进一步表述为一个多实例学习的特殊案例，同时还应用了困难负样本挖掘（Hard-Negative Mining）、边界框回归、语境启动等重要技术以提高检测精度。为了加快检测速度，Girshick开发了一种技术，将检测模型编译成一个更快的模型，实现了级联结构，在不牺牲任何精度的情况下实现了超过10倍的加速。

虽然今天的目标探测器在检测精度方面已经远远超过了DPM，但仍然受到DPM的许多有价值的见解的影响，如混合模型、困难负样本挖掘、边界框回归等。2010年，P.Felzenszwalb和R.Girshick被授予PASCAL VOC的"终身成就奖"。

14.2.2 基于深度学习的目标检测模型

随着手动选取特征技术的性能趋于饱和，目标检测在2010年之后达到了一个平稳的发展期。2012年，卷积神经网络在世界范围内重新焕发生机。由于深度卷积网络能够学习图像的鲁棒性和高层次特征表示，自然而然会想到能否将其应用到目标检测中。

伴随着深度学习技术和物理硬件算力的发展，基于深度学习的目标检测技术应运而生，发展如火如荼，直到2018年，目前常用的检测框架都已出现，后续发展的算法都是在这些框架的基础上进行的修改，基于深度学习的目标检测技术的发展路线如图14-3所示。

1. 双阶段目标检测器

R.Girshick等人在2014年率先打破僵局，提出了具有CNN特征的区域（R-CNN）用于目标检测。从那时起，目标检测开始以前所未有的速度发展。在深度学习时代，目标检测主要可以分为两类：双阶段检测（Two-Stage Detection）和单阶段检测（One-Stage Detection），前者将检测框定为一个从粗到细的过程，而后者将其定义为一步到位。

14

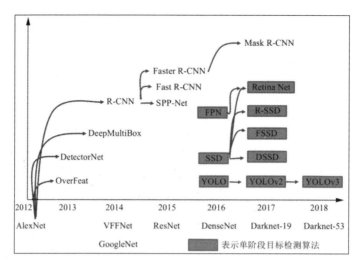

图 14-3　基于深度学习的目标检测算法模型及其发展

1）R-CNN

R-CNN的思路很简单：它首先通过选择性搜索来提取一组对象作为提议（Proposal）并当作对象的候选框。然后将每个提议重新调整成一个固定大小的图像，再输入一个在ImageNet上训练得到的CNN模型（如AlexNet）来提取特征。最后，利用线性支持向量机分类器对每个区域内的目标进行预测，识别目标类别。

虽然R-CNN已经取得了很大的进步，但它的缺点是显而易见的：需要在大量重叠的提议上进行冗余的特征计算（一幅图片超过2000个框），导致检测速度极慢（使用GPU时每幅图片耗时14秒）。同年晚些时候，有人提出了SPPNet并克服了这个问题。

2）SPPNet

2014年，K. He等人提出了空间金字塔池化网络（Spatial Pyramid Pooling Networks，SPPNet）。以前的CNN模型需要固定大小的输入，例如AlexNet需要224×224的图像。SPPNet的主要贡献是引入了空间金字塔池化（SPP）层，它使CNN能够生成固定长度的表示，而不需要重新调节有意义的图像的尺寸。

利用SPPNet进行目标检测时，只对整幅图像进行一次特征映射计算，然后生成任意区域的定长表示以训练检测器，避免了卷积特征的重复计算。SPPNet的速度是R-CNN的二十多倍，并且没有牺牲任何检测精度。

SPPNet虽然有效地提高了检测速度，但仍然存在一些不足：

（1）训练仍然是多阶段的。

（2）SPPNet只对其全连接层进行微调，而忽略了之前的所有层。而次年晚些时候出现了Fast R-CNN并解决了这些问题。

3）Fast R-CNN

2015年，R.Girshick提出了Fast R-CNN检测器，这是对R-CNN和SPPNet的进一步改进。Fast R-CNN能够在相同的网络配置下同时训练检测器和边界框回归器。在VOC07数据集上，Fast R-CNN将mAP从58.5%（R-CNN）提高到70.0%，检测速度是R-CNN的200多倍。

虽然Fast R-CNN成功地融合了R-CNN和SPPNet的优点，但其检测速度仍然受到提案检测的限制，之后的Faster R-CNN解决并改进了这些问题。

4）Faster R-CNN

2015年，在Fast R-CNN之后不久，S.Ren等人提出了Faster R-CNN检测器。Faster R-CNN是第一个端到端的，也是第一个接近实时的深度学习检测器。

Faster R-CNN的主要贡献是引入了区域提议网络（RPN），从而允许几乎所有的cost-free的区域提议。从R-CNN到Faster R-CNN，一个目标检测系统中的大部分独立块，如提议检测、特征提取、边界框回归等，都已经逐渐集成到一个统一的端到端学习框架中。

虽然Faster R-CNN突破了Fast R-CNN的速度瓶颈，但是在后续的检测阶段仍然存在计算冗余。后来提出了多种改进方案，包括RFCN和Light Head R-CNN。

5）FPN

2017年，T.-Y.Lin等人基于Faster R-CNN提出了特征金字塔网络（Feature Pyramid Networks，FPN）。在FPN之前，大多数基于深度学习的检测器只在网络的顶层进行检测。虽然CNN较深层的特征有利于分类识别，但不利于对象的定位。

为此，开发了具有横向连接的自顶向下的体系结构，用于在所有级别构建高级语义。CNN通过它的正向传播自然形成了一个特征金字塔，FPN在检测各种尺度的目标方面显示出了巨大的进步。

2．单阶段目标检测器

1） YOLO

YOLO（You Only Look Once）由R. Joseph等人于2015年提出。它是深度学习时代的第一个单阶段检测器。YOLO的速度非常快：YOLO的一个快速版本运行速度为155fps，VOC07mAP=52.7%，而它的增强版本运行速度为45fps，VOC07mAP=63.4%，VOC12mAP=57.9%。从它的名字可以看出，作者完全抛弃了之前的提议检测+验证的检测范式。

相反，它遵循一个完全不同的设计思路：将单个神经网络应用于整幅图像。该网络将图像分割成多个区域，同时预测每个区域的边界框和概率。后来，R. Joseph在YOLO的基础上进行了一系列改进，其中包括以PAN（Path Aggregation Network，路径聚合网络）取代FPN，定义新的损失函数等，陆续提出了其v2、v3及v4版本（截至2020年7月，Ultralytics发布了YOLO v5版本，但并没有得到官方承认），在保持高检测速度的同时进一步提高了检测精度。

14

必须指出的是，尽管与双阶段检测器相比，YOLO的探测速度有了很大的提高，但它的定位精度有所下降，特别是对于一些小目标而言。YOLO的后续版本及在它之后提出的SSD更关注这个问题。目前，YOLO已经发展到v7版本，其精度和速度都十分惊人。

2）SSD

SSD（Single Shot MultiBox Detector，单发多框检测器）由W.Liu等人于2015年提出。这是深度学习时代的第二款单阶段检测器。SSD的主要贡献是引入了多参考和多分辨率检测技术，大大提高了单阶段检测器的检测精度，特别是对于一些小目标而言。SSD在检测速度和准确度上都有优势（VOC07mAP=76.8%，VOC12mAP=74.9%，COCOmAP@.5=46.5%，mAP@[.5,.95]=26.8%，快速版本运行速度为59fps）。SSD与其他的检测器的主要区别在于，前者在网络的不同层检测不同尺度的对象，而后者仅在其顶层运行检测。

3）RetinaNet

单阶段检测器有速度快、结构简单的优点，但在精度上多年来一直落后于双阶段检测器。T.-Y.Lin等人发现了背后的原因，并在2017年提出了RetinaNet。他们认为精度不高的原因是在密集探测器训练过程中极端的前景－背景阶层不平衡现象。

为此，他们在RetinaNet中引入了一个新的损失函数——焦点损失（Focal Loss），通过对标准交叉熵损失的重构，使检测器在训练过程中更加关注难分类的样本。焦点损失使得单阶段检测器在保持很高的检测速度的同时，可以达到与双阶段检测器相当的精度（COCO mAP@.5=59.1%，mAP@[.5,.95]=39.1%）。

3. 深度学习目标检测顶级会议发表情况

计算机视觉领域发展十分迅速，新的算法和思想被不断提出，这些算法通常都在计算机顶级会议汇总发表。这里总结了近些年计算机顶级会议中发表的算法，如图14-4所示，以便读者查阅学习，更好地掌握目标检测技术发展的脉络。

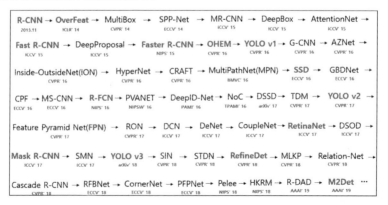

图 14-4　近些年发表的目标检测算法

14.3 目标检测的基本概念

目标检测是一个复杂的问题，基于深度学习的目标检测技术经过多年发展，积累了计算机视觉领域众多研究者的聪明才智，产生了许多在初学者来看晦涩难懂的概念，本节讲解一些常用的目标检测概念和计算方法，为后续目标检测学习打下坚实的基础。

14.3.1 IoU

本小节学习IoU的原理和计算方法。

1. IoU的概念

IoU（Intersection-over-Union，交并比）是目标检测中使用的一个概念，是产生的候选框（Candidate Bound）与原标记框（Ground Truth Bound）的交叠率，即它们的交集与并集的比值。IoU示意图如图14-5所示。

在目标检测中，最理想的情况是完全重叠，即比值为1，但是实际应用中很难达到这么高的IoU，显示中可以达到0.9以上已经很难得了。从0.95到0的结果如图14-6所示，读者可以有一个直观的体会，感受一下不同的IoU在图像中是一个什么概念。

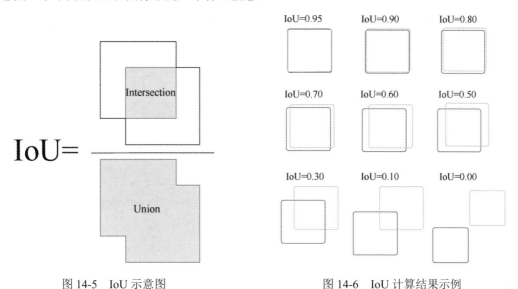

图 14-5　IoU 示意图　　　　　　图 14-6　IoU 计算结果示例

2. IoU的计算

假设 a、b 分别表示两个框，其中1、2表示每个框的左上角坐标与右下角坐标。

先计算交集部分（公式分子部分）：

相交部分左上角坐标为：

$$x_1 = \max\left(x_{a1}, x_{b1}\right), \quad y_1 = \max\left(y_{a1}, y_{b1}\right)$$

相交部分右下角坐标为：

$$x_2 = \min\left(x_{a2}, x_{b2}\right), \quad y_2 = \min\left(y_{a2}, y_{b2}\right)$$

那么相交部分的面积计算公式为：

$$\text{Intersection} = \max\left(x_2 - x_1 + 1.0, 0\right) \cdot \max\left(y_2 - y_1 + 1.0, 0\right)$$

这里，都加1的目的是排除两个框之间重叠的像素对面积的影响，取 $\max\left(*,0\right)$ 的目的是避免出现负数的情况。

再来计算一下两个框的并集部分。

两个框的面积为：

$$S_A = \left(x_{a2} - x_{a1} + 1.0\right) \cdot \left(y_{a2} - y_{a1} + 1.0\right)$$

$$S_B = \left(x_{b2} - x_{b1} + 1.0\right) \cdot \left(y_{b2} - y_{b1} + 1.0\right)$$

计算相比部分的面积：

$$\text{Union} = S_A + S_B - \text{Intersection}$$

所以，最终的IoU的计算公式为：

$$\text{IoU} = \frac{\text{Intersection}}{\text{Union}}$$

在目标检测中，框一般有两种表现手法：一种是（xyxy）；另一种是（xywh）。其实二者之间的实现方式差不多，这里按照第一种方式来编写代码。

【例14-1】　IoU的计算。

输入如下代码：

```
def cal_iou_xyxy(box1,box2):
    x1min, y1min, x1max, y1max = box1[0], box1[1], box1[2], box1[3]
    x2min, y2min, x2max, y2max = box2[0], box2[1], box2[2], box2[3]
    #计算两个框的面积
    s1 = (y1max - y1min + 1.) * (x1max - x1min + 1.)
    s2 = (y2max - y2min + 1.) * (x2max - x2min + 1.)

    #计算相交部分的坐标
    xmin = max(x1min,x2min)
```

```
        ymin = max(y1min,y2min)
        xmax = min(x1max,x2max)
        ymax = min(y1max,y2max)

        inter_h = max(ymax - ymin + 1, 0)
        inter_w = max(xmax - xmin + 1, 0)

        intersection = inter_h * inter_w
        union = s1 + s2 - intersection

        #计算iou
        iou = intersection / union
        return iou
box1 = [100,100,200,200]
box2 = [120,120,220,220]
iou = cal_iou_xyxy(box1,box2)
print(iou)
```

运行结果如下：

```
0.47402644317607107
```

观察运行结果，首先定义了IoU的计算函数，然后定义了两个框，最后调用IoU函数计算了两个定义框的IoU。

14.3.2 NMS

NMS（Non-Maximum Suppression，非极大值抑制）是目标检测中另一个重要的概念，其计算过程要用到刚刚学习过的IoU，本小节讲解NMS的原理和计算方法。

1. NMS的原理

非极大值抑制顾名思义就是抑制不是极大值的元素，可以理解为局部最大搜索。这个局部代表的是一个邻域，邻域有两个参数可变，一是邻域的维数，二是邻域的大小。这里主要是为了抑制减少目标检测中检测框的数量。

目标检测在使用了基于深度学习的端到端模型后效果斐然。目前，常用的目标检测算法，无论是One-Stage（单阶段）的SSD系列算法、YOLO系列算法还是Two-Stage（双阶段）的基于R-CNN系列的算法,非极大值抑制都是其中必不可少的一个组件。在现有的基于Anchor的目标检测算法中，都会产生数量巨大的候选矩形框，这些矩形框有很多指向同一目标，因此存在大量冗余的候选矩形框。非极大值抑制算法的目的正在于此，它可以消除多余的框，找到最佳的物体检测位置。

非极大值抑制（以下简称NMS）的思想是搜索局部极大值，抑制非极大值元素。针对不同的应用场景和检测算法，由于矩形框的表征方式不同，NMS算法具有各种变体。

NMS抑制效果如图14-7所示，左图中有多个检测框，经过抑制只有一个较为准确的检测框，很明显，经过NMS抑制之后检测效果得到明显改善。

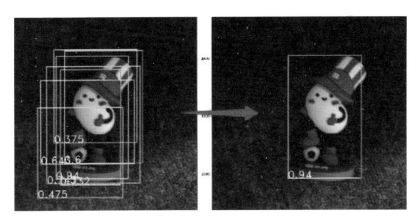

图 14-7　NMS 抑制效果

经典NMS最初第一次应用到目标检测中是在R-CNN算法中，它严格按照搜索局部极大值，抑制非极大值元素的思想来实现，具体的实现步骤如下：

（1）设定目标框的置信度阈值，常用的阈值是0.5左右。

（2）根据置信度降序排列候选框列表。

（3）选取置信度最高的框A添加到输出列表，并将其从候选框列表中删除。

（4）计算A与候选框列表中的所有框的IoU值，删除大于阈值的候选框。

（5）重复上述过程，直到候选框列表为空，返回输出列表。

2．NMS计算实例

下面举例说明NMS的实现过程，为简单起见，这里直接定义了多个框，然后定义检测阈值，根据这些已知条件实现最终的NMS检测。

【例14-2】　NMS计算实例。

输入如下代码：

```
import numpy as np
boxes = np.array([[100, 100, 210, 210, 0.72],
                  [250, 250, 420, 420, 0.8],
                  [220, 220, 320, 330, 0.92],
                  [100, 100, 210, 210, 0.72],
                  [230, 240, 325, 330, 0.81],
                  [220, 230, 315, 340, 0.9]])

#定义NMS计算
def py_cpu_nms(dets, thresh):

    x1 = dets[:, 0]
    y1 = dets[:, 1]
    x2 = dets[:, 2]
    y2 = dets[:, 3]
```

```
    areas = (y2 - y1 + 1) * (x2 - x1 + 1)
    scores = dets[:, 4]
    keep = []
    index = scores.argsort()[::-1]

    while index.size > 0:
        print("sorted index of boxes according to scores", index)

        i = index[0]
        keep.append(i)

        x11 = np.maximum(x1[i], x1[index[1:]])
        y11 = np.maximum(y1[i], y1[index[1:]])
        x22 = np.minimum(x2[i], x2[index[1:]])
        y22 = np.minimum(y2[i], y2[index[1:]])

        print("x1 values by original order:", x1)
        print("x1 value by scores:", x1[index[:]])
        print("x11 value means  replacing the less value compared"\
            " with the value by the largest score :" , x11)

        w = np.maximum(0, x22 - x11 + 1)
        h = np.maximum(0, y22 - y11 + 1)
        overlaps = w * h

        ious = overlaps / (areas[i] + areas[index[1:]] - overlaps)

        idx = np.where(ious <= thresh)[0]

        index = index[idx + 1]

    return keep

import matplotlib.pyplot as plt
#画图显示函数
def plot_bbox(dets, c='k', title_name="title"):
    x1 = dets[:, 0]
    y1 = dets[:, 1]
    x2 = dets[:, 2]
    y2 = dets[:, 3]

    plt.plot([x1, x2], [y1, y1], c)
    plt.plot([x1, x1], [y1, y2], c)
    plt.plot([x1, x2], [y2, y2], c)
    plt.plot([x2, x2], [y1, y2], c)
    plt.title(title_name)

#定义主函数
if __name__ == '__main__':
    plot_bbox(boxes, 'k', title_name="before NMS")
    plt.show()

    keep = py_cpu_nms(boxes, thresh=0.7)
```

14

```
plot_bbox(boxes[keep], 'r', title_name="after NMS")
plt.show()
```

运行结果如下：

```
sorted index of boxes according to scores [2 5 4 1 3 0]
x1 values by original order: [100. 250. 220. 100. 230. 220.]
x1 value by scores: [220. 220. 230. 250. 100. 100.]
x11 value means  replacing the less value compared with the value by the largest score :
[220. 230. 250. 220. 220.]
sorted index of boxes according to scores [1 3 0]
x1 values by original order: [100. 250. 220. 100. 230. 220.]
x1 value by scores: [250. 100. 100.]
x11 value means  replacing the less value compared with the value by the largest score :
[250. 250.]
sorted index of boxes according to scores [3 0]
x1 values by original order: [100. 250. 220. 100. 230. 220.]
x1 value by scores: [100. 100.]
x11 value means  replacing the less value compared with the value by the largest score :
[100.]
```

观察运行结果的可视化效果。图14-8是NMS抑制之前的检测框，抑制之前具有4个检测框，图14-9是NMS抑制之后的检测框，抑制之后只有一个检测框。

可以看到，进行NMS抑制之后，5个检测框变为一个检测框，有效抑制了检测框的数量，改善了检测结果。

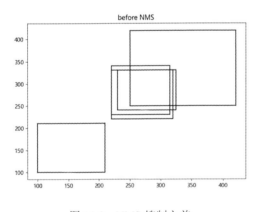

图 14-8　NMS 抑制之前

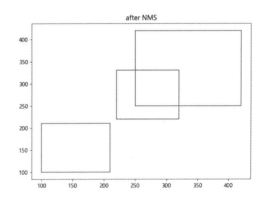

图 14-9　NMS 抑制之后

14.4　Faster R-CNN 目标检测

本节使用Faster R-CNN实现目标检测。R-CNN其实是一个很大的家族，子孙无数。在此，只探讨R-CNN的直系亲属，其发展顺序为：R-CNN→SPP Net→Fast R-CNN→Faster R-CNN→Mask R-CNN。本节讨论Faster R-CNN及其应用。

14.4.1　网络原理

R-CNN家族的技术发展主要路径如图14-10所示，可以看出，Faster R-CNN是该系列网络中的集大成者。

| Region Proposal (SS) | | Region Proposal (ss) | Region Proposal (RPNs) |

```
┌─────────────────────────────┐  ┌─────────────────────────────┐  ┌─────────────────────────────┐
│   Region Proposal (SS)      │  │   Region Proposal (ss)      │  │                             │
├─────────────────────────────┤  ├─────────────────────────────┤  │  Region Proposal (RPNs)     │
│   Feature Extraction        │  │                             │  │  Feature Extraction         │
│   (Neural Network)          │  │   Feature Extraction        │  │  Classification + Bbox Refine│
├──────────────┬──────────────┤  │  Classification + Bbox Refine│  │  (Neural Network)           │
│ Classification│  Bbox Refine │  │  (Neural Network)           │  │                             │
│   (SVM)      │  (Regression)│  │                             │  │                             │
└──────────────┴──────────────┘  └─────────────────────────────┘  └─────────────────────────────┘
    R-CNN / SPP Net                    Fast R-CNN                 Faster R-CNN / Mask R-CNN
```

图 14-10　R-CNN 家族的技术发展主要路径

1. 总体框架

Fast R-CNN是何凯明等在2015年提出的目标检测算法，该算法在2015年的ILSVRV和COCO竞赛中获得多项第一。该算法在Fast R-CNN的基础上提出了RPN候选框生成算法，使得目标检测速度大大提高。Fast R-CNN的总体框架如图14-11所示。

可以看出，Faster R-CNN由下面几部分组成：

（1）输入数据（Image Input）。

（2）卷积层CNN等基础网络，提取特征得到特征图（Feature Map）。

（3）RPN层，在经过卷积层提取到的特征图上用一个3×3的滑动窗口来遍历整个特征图，在遍历过程中每个窗口中心按Rate、Scale（1:2,1:1,2:1）生成9个锚点（Anchor），然后利用全连接对每个锚点做二分类（是前景还是背景）和初步边界框回归（BBox Regression），最后输出比较精确的300个感兴趣区域（Region of Interest，ROI）。

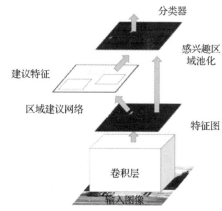

图 14-11　Fast R-CNN 的总体框架

把经过卷积层的特征图用感兴趣区域池化（ROI Pooling）固定全连接层的输入维度。

（4）把经过区域提议网络（RPN）输出的感知区域映射到感兴趣区域池化的特征图上进行边界框回归和分类。

2. 卷积层

卷积层（Conv Layers）即特征提取网络，用于提取特征。通过一组卷积+ReLU激励函数+池化（Conv+ReLU+Pooling）层来提取图像的特征图，用于后续的RPN层和提取区域提议（Proposal）。

Faster R-CNN网络结构如图14-12所示，从中可以看出，卷积层模块共有13个卷积层、13个ReLU层和4个池化层。

- 卷积：kernel_size=3，padding=1，stride=1。
- 池化：kernel_size=2，padding=0，stride=2。

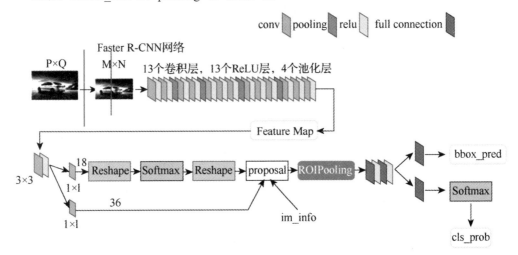

图 14-12   Fast R-CNN 网络结构

3. RPN

RPN（Region Proposal Network，区域提议网络）的核心思想是使用卷积神经网络（CNN）直接产生区域提议（Region Proposal），该方法使用的本质上就是滑动窗口（只需在最后的卷积层上滑动一遍），因为锚点机制和边框回归可以得到多尺度多长宽比的区域提议（关键区域）。RPN网络结构如图14-13所示。

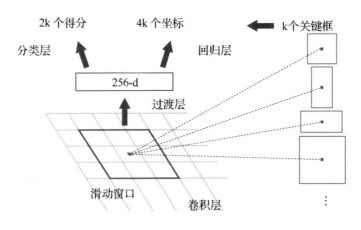

图 14-13   RPN 网络结构

（1）将每个特征图的位置编码成一个特征向量（ZF为256d，VGG为512d）。

（2）对每一个位置输出一个客观得分和k个关键区的回归边界，即在每个卷积映射位置输出这个位置上多种尺度（3种）和长宽比（3种）的k个（3×3=9）区域提议的物体得分和回归边界。

（3）RPN网络的输入可以是任意大小（但还是有最小分辨率要求的，例如VGG是228×228）的图片。如果用VGG16进行特征提取，那么RPN网络的组成形式可以表示为VGG16+RPN。

计算机视觉中的一个挑战就是平移不变性，比如在人脸识别任务中，小的人脸（24×24的分辨率）和大的人脸（1080×720的分辨率）如何在同一个训练好权值的网络中都能正确识别。若平移了图像中的目标，则提议框也应该平移，应该能用同样的函数预测提议框。

有两种主流的解决方式：

（1）对图像或特征图层进行尺度、宽高的采样。

（2）对滤波器进行尺度、宽高的采样（可以认为是滑动窗口）。

但Faster R-CNN解决该问题的具体实现是：通过卷积核中心（用来生成推荐窗口的锚点）进行尺度、宽高比的采样，使用3种尺度和3种比例来产生9种锚点。

RPN替代了之前R-CNN版本的选择性搜索（Selective Search），用于生成候选框。这里的任务有两部分：一个是分类，判断所有预设锚点是属于正的（Positive）还是负的（Negative），锚点内是否有目标，二分类；另一个是边界回归（Bounding Box Regression），修正锚点得到较为准确的提议。因此，RPN相当于提前做了一部分检测，即判断是否有目标（具体什么类别这里不判断），以及修正锚点使得框得更准一些。

RPN结构有两条线：一条通过Softmax分类锚点获得Positive和Negative分类；另一条用于计算对于锚点的边界回归偏移量，以获得精确的提议。

最后的区域提议层负责综合正锚点和对应的边界回归偏移量以获取修正后的区域提议，同时剔除太小和超出边界的区域提议。其实整个网络到了提议层这里，就完成了相当于目标定位的功能。

4．感兴趣区域池化

感兴趣区域池化（RoI Pooling）层则负责收集区域提议，并计算出区域提议特征图（从卷积层后的特征图中找出对应位置），输入有两个：

（1）卷积层提出的原始特征图。

（2）RPN网络生成的区域提议，大小各不相同。

全连接层的每次输入特征大小必须是相同的，而这里得到的区域提议大小各不相同。传统的有两种解决办法（见图14-14）：

（1）从图像裁剪（crop）一部分送入网络。

图 14-14　剪切和形变示例

（2）将图像形变（wrap）成需要的大小送入网络。

可以很明显地看到，裁剪（crop）会损失图像完整结构信息，形变（wrap）会破坏图像原始的形状信息。因此，需要一种能够把所有图像大小整合到一起又不会简单粗暴地造成破坏的方法，这里使用的是感兴趣区域池化，由SSP（Spatial Pyramid Pooling，空间金字塔池化）发展而来。

感兴趣区域池化有一个预设的pooled_w和pooled_h，表明要把每个区域提议特征都统一为固定大小的特征图：

（1）由于区域提议坐标是基于M×N尺度的，先映射回(M/16)×(N/16)尺度。

（2）将每个区域提议对应的特征图区域分为pooled_w×pooled_h的网格。

（3）对网格的每一部分做最大池化（Max Pooling）。

（4）这样处理后，即使是大小不同的区域提议，输出结果都是pooled_w×pooled_h固定大小，实现了固定尺度的输出。

5. 分类

这里的分类和RPN中的分类不同，RPN中只是二分类，用于区分目标还是背景；这里的分类是对之前的所有正锚点（Positive Anchor）识别其具体属于哪一类，如图14-15所示。

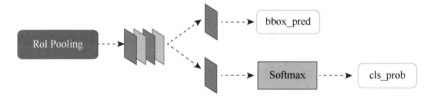

图 14-15　Faster R-CNN 分类结构

从感兴趣区域池化处获取到pooled_w×pooled_h大小的区域提议特征图后，送入后续网络，做以下两件事：

（1）通过全连接层和Softmax对所有区域提议进行具体类别的分类（通常为多分类）。举例说明，假设pooled_w和pooled_h都为7，那么这些区域提议在经过感兴趣区域池化后的特征向量维度为[7, 7, 256]，假设一共输出了300个区域提议，那么所有的区域提议组合起来维度就是[300,7,7,256]，经过最后一个全连接层之后（会有拉平操作），维度应该是[300, 类别数]，则该向量能反映出每个区域提议属于每一类的概率有多大。最终就知道每个区域提议属于哪一类，根据区域提议索引来找到具体是图上哪个区域提议。

（2）再次对区域提议进行边界回归，以获取更高精度的最终的预测框（Predicted Box）。

目标检测是一个复杂问题，算法较为复杂，更深入的技术细节请读者参考源代码和查阅原始论文。

14.4.2　实战

Torchvision库中已存在目标检测的相应模型，只需要调用相应的函数即可。这里使用MSCOCO2017数据集中的val2017数据进行实验，读者可去官网下载相关数据集。

1．fasterrcnn_resnet50网络目标检测

这里直接从Torchvision库导入fasterrcnn_resnet50网络进行目标检测。

【例14-3】　fasterrcnn_resnet50网络的目标检测。

输入如下代码：

```
# 导入相关模块
import numpy as np
import torchvision
import torch
import torchvision.transforms as transforms
from PIL import Image, ImageDraw, ImageFont
import matplotlib.pyplot as plt

model = torchvision.models.detection.fasterrcnn_resnet50_fpn(pretrained=True)
model.eval()

# 准备需要检测的图像
image = Image.open("./MSCOCO2017/val2017/000000005477.jpg")
transform_d = transforms.Compose([transforms.ToTensor()])
image_t = transform_d(image)
pred = model([image_t])
print(pred)

#数据类名
COCO_INSTANCE_CATEGORY_NAMES = [
    '__BACKGROUND__', 'person', 'bicycle', 'car', 'motorcycle',
    'airplane', 'bus', 'train', 'trunk', 'boat', 'traffic light',
    'fire hydrant', 'N/A', 'stop sign', 'parking meter', 'bench',
    'bird', 'cat', 'dog', 'horse', 'sheep', 'cow', 'elephant',
    'bear', 'zebra', 'giraffe', 'N/A', 'backpack', 'umbrella', 'N/A',
    'N/A', 'handbag', 'tie', 'suitcase', 'frisbee', 'skis', 'snowboard',
    'sports ball', 'kite', 'baseball bat', 'baseball glove', 'skateboard',
    'surfboard', 'tennis racket', 'bottle', 'N/A', 'wine glass',
    'cup', 'fork', 'knife', 'spoon', 'bowl', 'banana', 'apple',
```

```
'sandwich', 'orange', 'broccoli', 'carrot', 'hot dog', 'pizza',
'donut', 'cake', 'chair', 'couch', 'potted plant', 'bed', 'N/A',
'dining table', 'N/A', 'N/A', 'toilet', 'N/A', 'tv', 'laptop',
'mouse', 'remote', 'keyboard', 'cell phone', 'microwave', 'oven',
'toaster', 'toaster', 'sink', 'refrigerator', 'N/A', 'book', 'clock',
'vase', 'scissors', 'teddy bear', 'hair drier', 'toothbrush'
]

# 检测出目标的类别和得分
pred_class = [COCO_INSTANCE_CATEGORY_NAMES[ii] for ii in
            list(pred[0]['labels'].numpy())]
pred_score = list(pred[0]['scores'].detach().numpy())

# 检测出目标的边界框
pred_boxes = [[ii[0], ii[1], ii[2], ii[3]] for ii in
            list(pred[0]['boxes'].detach().numpy())]

# 只保留识别的概率大约为0.5的结果
pred_index = [pred_score.index(x) for x in pred_score if x > 0.5]

# 设置图像显示的字体
fontsize = np.int16(image.size[1] / 20)

# 可视化对象
draw = ImageDraw.Draw(image)
for index in pred_index:
    box = pred_boxes[index]
    draw.rectangle(box, outline="blue")
    texts = pred_class[index]+":"+str(np.round(pred_score[index], 2))
    draw.text((box[0], box[1]), texts, fill="blue")

# 显示图像
plt.imshow(image)
plt.show()
```

运行结果如下：

```
[{'boxes': tensor([[ 36.6523, 100.1914, 627.7899, 285.1671],
        [ 41.9199, 248.9491, 151.2729, 275.1944],
        [583.3226, 215.8127, 593.7252, 226.7932],
        [109.6719, 251.9968, 247.6811, 274.4950],
        [ 49.6542, 249.4958, 105.1096, 272.6933],
        [129.0006, 249.3696, 186.1146, 273.1412],
        [ 28.3775, 247.2778, 312.1848, 279.9117],
        [611.4284, 227.7840, 639.7213, 262.1945],
        [ 70.3778, 249.3213, 123.6812, 274.8493],
        [126.7851, 248.4286, 153.8058, 272.1781],
        [464.8332, 268.0154, 490.4989, 274.3769],
        [584.4739, 219.3656, 592.1854, 225.8198],
        [ 33.2741, 264.4103,  57.2368, 272.9406],
        [ 32.0459, 251.6098,  61.1854, 272.8086],
        [ 44.8825, 249.9282,  69.3858, 270.4585],
        [155.1723, 252.2111, 163.3810, 271.0150],
        [ 48.2471, 243.6112, 205.3114, 269.6079],
```

```
          [479.8240, 268.5553, 491.2027, 273.4847]], grad_fn=<StackBackward0>),
      'labels': tensor([5, 5, 1, 5, 5, 5, 5, 5, 5, 5, 3, 1, 5, 5, 5, 1, 5, 3]),
      'scores': tensor([0.9986, 0.9863, 0.3675, 0.2958, 0.2507, 0.2469, 0.2403,
        0.2399, 0.2389, 0.2292, 0.2159, 0.2044, 0.1926, 0.1472, 0.1178, 0.0696, 0.0663,
        0.0602],
      grad_fn=<IndexBackward0>)}]
```

若首次运行该代码，则运行结果中还会有如下结果：

```
  Downloading:
"https://download.pytorch.org/models/fasterrcnn_resnet50_fpn_coco-258fb6c6.pth"
```

这是系统在自动下载官网的预训练模型。

运行结果的可视化效果如图14-16所示，准确地检测出了图中的飞机目标。

图 14-16　fasterrcnn_resnet50 检测结果

2. 随机选择文件夹中的图片进行检测

随机选择文件夹中指定数量的图片进行目标检测，这里指定数量的参数为number。

【例14-4】　随机选择文件夹中的3幅图片使用fasterrcnn_resnet50网络进行目标检测。

输入如下代码：

```
import numpy as np
import torchvision
import torch
import torchvision.transforms as transforms
from PIL import Image, ImageDraw, ImageFont
import matplotlib.pyplot as plt
import os

COCO_INSTANCE_CATEGORY_NAMES = [
    '__BACKGROUND__', 'person', 'bicycle', 'car', 'motorcycle',
    'airplane', 'bus', 'train', 'trunk', 'boat', 'traffic light',
    'fire hydrant', 'N/A', 'stop sign', 'parking meter', 'bench',
    'bird', 'cat', 'dog', 'horse', 'sheep', 'cow', 'elephant',
    'bear', 'zebra', 'giraffe', 'N/A', 'backpack', 'umbrella', 'N/A',
```

```
            'N/A', 'handbag', 'tie', 'suitcase', 'frisbee', 'skis', 'snowboard',
            'sports ball', 'kite', 'baseball bat', 'baseball glove', 'skateboard',
            'surfboard', 'tennis racket', 'bottle', 'N/A', 'wine glass',
            'cup', 'fork', 'knife', 'spoon', 'bowl', 'banana', 'apple',
            'sandwich', 'orange', 'broccoli', 'carrot', 'hot dog', 'pizza',
            'donut', 'cake', 'chair', 'couch', 'potted plant', 'bed', 'N/A',
            'dining table', 'N/A', 'N/A', 'toilet', 'N/A', 'tv', 'laptop',
            'mouse', 'remote', 'keyboard', 'cell phone', 'microwave', 'oven',
            'toaster', 'toaster', 'sink', 'refrigerator', 'N/A', 'book', 'clock',
            'vase', 'scissors', 'teddy bear', 'hair drier', 'toothbrush'
]
# 加载预训练的模型
model = torchvision.models.detection.fasterrcnn_resnet50_fpn(pretrained=True)
model.eval()

# 准备需要检测的图像文件夹
image_folder_path = "./MSCOCO2017/val2017/"
number = 3
transform_d = transforms.Compose([transforms.ToTensor()])

# 随机选择10幅图片
dirs = os.listdir(image_folder_path)
idx = np.random.randint(0, len(dirs), number)

for i in idx:
    image_path = os.path.join(image_folder_path, dirs[i])
    image = Image.open(image_path)

    image_t = transform_d(image)
    pred = model([image_t])
    print(pred)

    # 检测出目标的类别和得分
    pred_class = [COCO_INSTANCE_CATEGORY_NAMES[ii] for ii in
                    list(pred[0]['labels'].numpy())]
    pred_score = list(pred[0]['scores'].detach().numpy())

    # 检测出目标的边界框
    pred_boxes = [[ii[0], ii[1], ii[2], ii[3]] for ii in
                    list(pred[0]['boxes'].detach().numpy())]

    # 只保留识别的概率大约为0.5 的结果
    pred_index = [pred_score.index(x) for x in pred_score if x > 0.5]

    # 设置图像显示的字体
    fontsize = np.int16(image.size[1] / 10)

    # 可视化对象
    draw = ImageDraw.Draw(image)
    for index in pred_index:
        box = pred_boxes[index]
        draw.rectangle(box, outline="blue")
        texts = pred_class[index]+":"+str(np.round(pred_score[index], 2))
        draw.text((box[0], box[1]), texts, fill="blue")
```

```
# 显示图像
plt.imshow(image)
plt.show()
```

由于选择了3幅图片，因此运行结果有3幅图片，分别如图14-17～图14-19所示。

图 14-17　目标检测结果（1）

图 14-18　目标检测结果（2）

图 14-19　目标检测结果（3）

从运行结果可以看出，准确地检测出了图中的目标。

14.5　小结

本章学习了PyTorch目标检测相关的内容。目标检测是产业界应用最多的领域之一，也是学术界的重点研究方向。本章在学习基本目标检测知识的基础上，通过目标检测项目实战带领读者全流程学习了PyTorch目标检测，通过本章的学习，读者应当掌握相关PyTorch目标检测项目的开发方法，为深入学习奠定良好的基础。

第 15 章

图像风格迁移

本章主要学习PyTorch图像风格迁移。图像风格迁移是一个十分有意思的任务，能够得到意想不到的图片。针对计算机视觉中的图像风格迁移，本章使用PyTorch完成两种风格的迁移模型的使用，分别是固定风格的普通风格迁移和快速风格迁移。

学习目标：

（1）掌握计算机视觉风格迁移任务的实现流程。

（2）掌握普通风格迁移算法。

（3）掌握快速风格迁移算法。

15.1　风格迁移概述

深度神经网络不仅在图片分类、目标检测等计算机视觉领域取得了巨大的成功，而且由于在一些小众的视觉领域效果良好，还带火了一些小众的计算机视觉领域。基于深度学习的风格迁移算法就是被深度学习技术重新激活焕发新机的。

风格迁移算法起源于纹理生成，本节从纹理生成开始讲解深度学习的风格迁移，然后在后续章节进行风格迁移技术的实践。

在2015年前，所有的关于图像纹理的论文都是手动建模的，其中最重要的一个思想是：纹理可以用图像局部特征的统计模型来描述。没有这个前提，一切模型都无从谈起，也无法建立图像纹理模型。

图15-1可以看作是开心果的纹理，这个纹理有一个明显的特征，就是主色调是白色，并且所有开心果都有一个开口。

用简单的数学模型表示开口的话，就是两点：第一点，颜色主要是白色；第二点，两条大概某个弧度的弧线相交，从统计学上来说就是这种纹理有两条这个弧度的弧线相交的概率比较大，可以被称为统计特征。

有了这个前提或者思想之后，研究者成功地用复杂的数学模型和公式归纳和生成了一些纹理，但毕竟手工建模耗时耗力（想象一下手工计算开心果开口的数学模型，计算出来的模型大概除了能套用在开心果上，就没什么用了），当时计算机的计算能力还没现在的手机强，因此这方面的研究进展缓慢。

图15-2显示了一些早期纹理生成的图片，这些图片通过一些固定模型生成，只能生成特定形式的纹理特征。虽然计算复杂，但是已经可以在一定程度上实现视觉的以假乱真。

图 15-1　开心果纹理　　　　　　　　　　图 15-2　早期纹理生成的一些图片

与此同时，图像风格迁移也好不到哪里去，甚至比纹理生成还惨。因为纹理生成至少不管生成什么样子的纹理都叫纹理生成，然而图像风格迁移这个领域当时连个合适的名字都没有，因为每个风格的算法都是各管各的，互相之间并没太多的共同之处。比如油画风格迁移算法和头像风格迁移算法的步骤十分复杂，而且两种算法没有相似之处，算法计算出来的效果甚至没有Photoshop手动修图效果好。

同一个时期，计算机领域进展最大的研究之一是计算机图形学。计算机图形学的一个重要分支贡献就是在游戏领域的应用，这促使显卡技术的快速进步，为深度学习技术奠定了算力基础。比如一个128×128的超级马里奥游戏，用CPU处理的话，每一帧都需要运行128×128=16 384步，而GPU因为可以同时计算所有像素点，时间上只需要一步，速度比CPU快很多。

2014年左右，深度学习开始被广泛应用，一个主要原因是人们发现深度学习可以用来训练物体识别模型。之前的物体识别模型有些是用几何形状和物体的不同部分比较来识别的，有些是按颜色识别的，有些是按3D建模的，还有一些按照局部特征识别。

　　传统物体识别算法中值得一提的是按照局部特征来识别物体，目标物体对于程序而言就是一堆像素，让它直接找的话只能一个一个像素去比较，然后返回最接近的。但是现实中物体的形状颜色会发生变化，如果手头只有这一幅照片，直接去找的速度和正确率实在太低。

　　有研究者想到，可以把这个人的照片拆成许多小块，然后一块一块地比较（这种方法叫Bag of Features，特征包），如图15-3所示。最后哪一块区域相似的块数最多，就把那片区域标出来。这种做法的好处在于即使识别一个小块出了问题，还有其他的小块能作为识别的依据，发生错误的风险比之前大大降低了。

　　这种做法最大的缺点就是它还是把一个小块看成一堆像素，然后按照像素的数值去比较，之前提到的改变光照、改变形状导致物体无法被识别的问题没有从根本上得到解决。

　　用卷积神经网络做的物体识别器的原理和特征包差不多，只是把有用的特征（Feature）都装到了神经网络里。神经网络经过训练会自动提取最有用的特征，所以特征也不再只是单纯地把原来的物体一小块一小块地切开产生的，而是由神经网络选择最优的方式提取的。

　　卷积神经网络当时最出名的一个物体识别网络叫作VGG19，如图15-4所示。

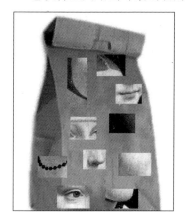

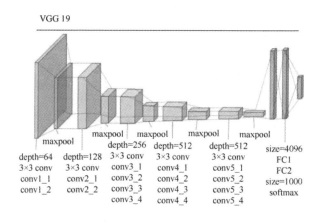

图 15-3　特征包　　　　　　　　　　　　　图 15-4　VGG19 网络结构

　　每一层神经网络都会利用上一层的输出来进一步提取更加复杂的特征，直到复杂到能被用来识别物体为止，所以每一层都可以被认为是很多个局部特征的提取器。VGG19在物体识别方面的精度甩了之前的算法一大截，之后的物体识别系统也基本改用深度学习了。

　　因为VGG19的优秀表现，引起了很多兴趣和讨论，但是VGG19具体内部在做什么其实很难理解，因为每一个神经元内部的参数只是一堆数字而已。每个神经元有几百个输入和几百个输出，一个一个去梳理清楚神经元和神经元之间的关系太难。

　　于是有人想到一种办法：虽然不知道神经元是怎么工作的，但是如果知道了它的激活条件，就能对理解神经网络有所帮助。

于是采用反向传播（Back Propagation）技术，和训练神经网络的方法一样，倒过来把每个神经元所对应的能激活它的图片找出来，把之前的那幅特征提取示意图显示出来，就可以理解神经网络了。

有人在此基础上进一步认为，既然能找到一个神经元的激活条件，那么能不能把所有关于狗的神经元找出来，让它们全部被激活，然后看看对于神经网络来说狗长的样子，如图15-5所示。

图 15-5　对神经网络来说狗长的样子

这是神经网络想象中最完美的狗的样子，非常迷幻，感觉都可以自成一派搞个艺术风格出来了。而能把任何图像稍作修改让神经网络产生那就是狗的幻觉的程序被称作Deep Dream[1]。至此，所有的条件已经具备，图像风格迁移算法据此就能被顺利地开发出来，本章后续内容将详细讲解这些内容。

15.2　固定风格固定内容的迁移

风格迁移（Style Transfer）其实就是提供一幅图像作为参考风格的图像（Reference Style Image），将任意一幅其他图像转化成这个风格，并尽量保留原图像的内容（Content）。利用风格迁移技术可以将图像转换为作者想要的风格。

15.2.1　固定风格固定内容迁移的原理

固定风格固定内容迁移也被称作普通图像风格迁移技术，是最早基于深度卷积神经网络实现的图像迁移技术。针对每幅固定内容和风格的图像，普通图像风格迁移方法都需要经过长时间的训练，这是最慢的方法，同时也是最经典的方法。

在深度神经网络之前，图像风格迁移的算法有一个共同的思路：分析某一种风格的图像，给这种风格建立一个数学或者统计模型，再改变要做迁移的图像，让它能更好地符合建立的模型。这样做出来的效果还是不错的，但有一个很大的缺点：一个程序基本只能做某一种风格或者某一个场景。因此，基于传统风格迁移研究的实际应用非常有限。

15

---

1 Deep Dream 项目是 Google 在 2015 年公布的一个十分有趣的项目，在训练好的神经网络中，只需要修改几个参数就可以通过这项技术生成一张奇幻的图像。

　　Gates的两篇论文改变了这种现状，在这之前让程序模仿任意一幅图像（或绘画）是没法想象的。固定风格固定内容的迁移方法于2015年由德国人Gates等提出，其主要原理是将参考图像的风格应用于目标图像，同时保留目标图像的内容。一个具体示例如图15-6所示，左图是原图，通过深度学习技术将中间图像的风格加载到左图上，最终形成了右图。

图 15-6　固定风格迁移说明示例

　　固定风格迁移的具体思路是，把图像当作可以训练的变量，通过不断地优化图像的像素值，降低其余内容图像的内容差异，并缩小其与风格图像的风格差异，通过对卷积网络的多次迭代训练，生成一幅具有特定风格的图像，并且它的内容与内容图像的内容一致，生成图像的风格与风格图像的风格一致。这就是Gates的两篇论文*A Neural Algorithm of Artistic Style*（艺术风格的神经网络算法）和*Texture Synthesis Using Convolutional Neural Networks*（使用卷积神经网络进行纹理合成）进行深度学习风格迁移的主要思想，他提出的算法引起了巨大反响。

　　Gates的论文*Texture Synthesis Using Convolutional Neural Networks*提出的图像风格迁移算法流程如图15-7所示，其算法以VGG16为骨干网络。

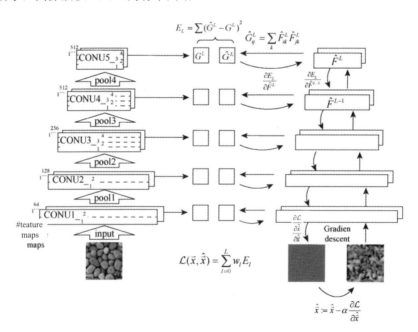

图 15-7　图像风格迁移算法示意图

在文章*Image Style Transfer Using Convolutional Neural Networks*（使用卷积神经网络进行图像风格转换）中也提到这个基于VGG16网络中卷积层的图像风格迁移流程。在图中左边的图像 $\vec{a}$ 为输入的风格图像，右边的图像 $\vec{p}$ 为输入的内容图像，中间的图像 $\vec{x}$ 则是由随机噪声生成的图像风格迁移后产生的图像。$\mathcal{L}_{\text{content}}$ 表示图像的内容损失，$\mathcal{L}_{\text{style}}$ 表示图像的风格损失，α 和 β 分别表示内容损失权重和风格损失权重。

针对深度卷积神经网络的研究发现，使用较深层次的卷积计算得到的特征映射能够较好地表示图像的内容，而较浅层次的卷积计算得到的特征映射能够较好地表示图像的风格。基于这样的思想，就可以通过不同卷积层的特征映射来度量目标图像在风格上和风格图像的差异，以及在内容上和内容图像的差异。

两幅图像的内容相似性度量主要是通过度量两幅图像在通过VGG16的卷积计算后，在conv4_2层上特征映射的相似性，作为图像的内容损失，内容损失函数如下：

$$\mathcal{L}_{\text{content}} = \frac{1}{2} \sum_{i,j} \left(F_{ij}^l - P_{ij}^l \right)^2$$

式中，l 表示特征映射的层数；F 和 P 分别是目标图像和内容图像在对应卷积层输出的特征映射。

图像风格的损失并不是直接通过特征映射进行比较的，而是通过计算Gram矩阵先计算出图像的风格，再比较图像的风格损失。计算特征映射的Gram矩阵是先将其特征映射变换为一个列向量，而Gram矩阵则使用这个列向量乘以其转置获得，Gram矩阵可以更好地表示图像的风格。所以输入风格图像 $\vec{a}$ 和目标图像 $\vec{x}$，使用 A^l 和 G^l 分别表示它们在 l 层特征映射的风格表示（计算得到的Gram矩阵），那么图像的风格损失可以通过下面的方式进行计算：

$$E_l = \frac{1}{4N_l^2 M_l^2} \sum_{i,j} \left(G_{ij}^l - A_{ij}^l \right)^2$$

$$\mathcal{L}_{\text{style}} = \sum_{l=0}^{L} w_l E_l$$

式中，w_l 是每个层的风格损失的权重；N_l 和 M_l 对应着特征映射的高和宽。

针对固定图像固定风格的图像风格迁移，使用PyTorch很容易实现. 后续将介绍如何使用PyTorch进行固定图像固定风格的图像风格迁移。

风格迁移算法的具体实现过程如图15-8所示，包括输入图像（风格图像和内容图像）、内容表示、风格表示等部分，定义相应的损失函数和优化算法，通过神经网络迭代，最后实现风格迁移。

15

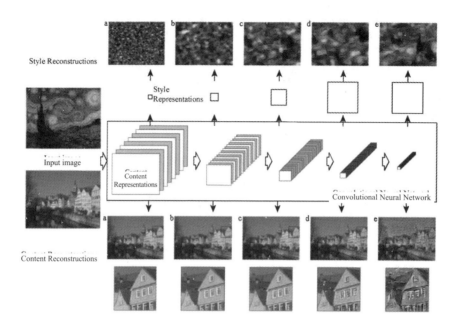

图 15-8　风格迁移算法的实现过程

15.2.2　PyTorch 实现固定风格迁移

前面学习了风格迁移的理论，相信读者已经摩拳擦掌，准备实现自己心中想要的图像了，本小节就带领读者实现风格迁移图像。

在进行图像风格迁移时，需要注意内容图像和风格图像大小需要一致，不然代码无法运行。当图像尺寸不一致时，读者可以通过Python的工具将图像尺寸调整得大小一致，然后进行图像风格迁移。

图像风格迁移的原理很简单：定义两个距离，一个用于内容，另一个用于风格。内容距离用于测量两幅图像之间内容的不同程度，而风格距离用来测量两幅图像之间风格的不同程度。然后，取第三幅图像，即输入图像，并对其进行转换，使其与内容图像的内容距离和与风格图像的风格距离最小化。

风格迁移是一个复杂的过程，这里使用PyTorch分步骤详细说明实现风格迁移的过程。

1. 导入模块

根据Python的编程习惯，首先导入需要的各种模块。

```
from __future__ import print_function

import torch
import torch.nn as nn
import torch.nn.functional as F
import torch.optim as optim
```

```
from PIL import Image
import matplotlib.pyplot as plt

import torchvision.transforms as transforms
import torchvision.models as models

import copy
```

本迁移实战代码是通过PyTorch实现的，因此导入了需要使用的PyTorch模块。

如果可以使用GPU训练，那么将大大提高训练效率。

接下来，需要选择在哪个设备上运行网络并导入内容和样式图像。在大型图像上运行神经传输算法需要更长的时间，在GPU上运行时速度会快得多。可以使用torch.cuda.is_available()来检测是否有可用的GPU。接下来，设置torch.设备，以便在整个教程中使用。此外，.to(device)方法用于将张量或模块移动到所需的设备。

```
device = torch.device("cuda" if torch.cuda.is_available() else "cpu")
```

这行代码是PyTorch训练中常用的选择设备的代码，读者需要熟练掌握。

2．载入图像

巧妇难为无米之炊，这里学习载入对应的内容图像和风格图像，并将其存在对应的文件夹下。

现在将导入风格图像和内容图像。原始PIL图像的值在0～255，但当转换为Torch张量时，它们的值转换为0～1。图像还需要调整大小，使其具有相同的尺寸（这一点非常重要，不然无法进行风格迁移）。需要注意的一个重要细节是，来自Torch库的神经网络使用从0到1的张量值进行训练。如果试图给网络提供0～255的张量图像，那么激活的特征映射将无法感知预期的内容和风格。但是，这里要说明的一点是，来自Caffe库的预训练网络使用0～255的张量图像进行训练。

```
imsize = 512 if torch.cuda.is_available() else 128

loader = transforms.Compose([
    transforms.Resize([imsize, imsize]),
    transforms.ToTensor()])

def image_loader(image_name):
    image = Image.open(image_name)
    # 伪造批的维度需要和网络的输入维度匹配
    image = loader(image).unsqueeze(0)
    return image.to(device, torch.float)

content_img = image_loader('./style_img.jpeg')
style_img = image_loader('./content_img.jpeg')

print(style_img.shape)
print(content_img.shape)

assert style_img.size() == content_img.size(), \
    "风格图像和内容图像需要大小一致"
```

现在，创建一个函数，通过将图像的副本重新转换为PIL格式并使用plt.imshow显示该副本来显示图像。将尝试显示内容和样式图像，以确保它们被正确导入。

```
unloader = transforms.ToPILImage()

plt.ion()

def imshow(tensor, title=None):
    image = tensor.cpu().clone()
    image = image.squeeze(0)
    image = unloader(image)
    plt.imshow(image)
    if title is not None:
        plt.title(title)
    plt.pause(0.001) # pause a bit so that plots are updated

plt.figure()
imshow(style_img, title='Style Image')

plt.figure()
imshow(content_img, title='Content Image')
```

运行以上代码即可查看所载入的内容图像和风格图像。

内容图像如图15-9所示，这里采用的是一幅山水画，通过观察发现导入的内容图像没有问题。

风格图像如图15-10所示，这里采用的是一个宫殿群，通过观察发现导入的风格图像没有问题。

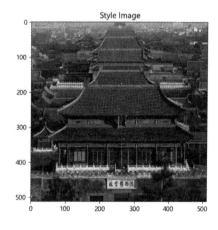

图 15-9　内容图像　　　　　　　　　　　图 15-10　风格图像

这里只是举例说明，读者可以根据需要载入自己想要的内容图像和风格图像。

3. 定义损失函数

实现风格迁移的核心思想是定义损失函数，如何定义损失函数就成为解决问题的关键。这个损失函数应该包括内容损失和风格损失。

1）内容损失

内容丢失是一个函数，它表示单个层的内容距离的加权版本。该函数处理某个层的特征映射，返回输入图像和内容图像的一个加权的内容距离。该函数必须知道内容图像的特征映射，以方便计算内容损失。通过Torch模块nn.MSELoss计算平均方差损失来实现。

将在用于计算内容距离的卷积层之后直接添加这个内容丢失模块。这样，每次网络输入图像时，内容损失将在所需的层上计算，因为自动计算梯度，所以所有的梯度将被计算。现在，为了使内容损失层可见，必须定义一个forward方法来计算内容丢失，然后返回该层的输入。计算内容损失的函数被保存为一个类，该类通过继承nn.Module类实现。

最终，定义的内容损失函数如下：

```
class ContentLoss(nn.Module):
    def __init__(self, target,):
        super(ContentLoss, self).__init__()
        self.target = target.detach()

    def forward(self, input):
        self.loss = F.mse_loss(input, self.target)
        return input
```

需要注意的是，尽管这里叫作内容损失函数，但是为了方便调用，其实是一个类。读者如果需要可以自定义为函数的形式。

2）风格损失

风格损失模块和内容损失模块类似，它在网络中扮演了一个计算某层风格损失的角色。为计算风格损失，需要计算Gram矩阵。风格迁移的Gram矩阵表示图像的风格特征，该矩阵在最终能够保证内容的情况下，进行风格的传输。

这里需要注意的是，必须通过将每个元素除以矩阵中元素的总数来归一化Gram矩阵。这种归一化是为了抵消具有大维数的矩阵在Gram矩阵中产生较大的值的事实。这些较大的值将导致第一层（在池化层之前）在梯度下降过程中产生过大的影响。风格特征往往位于网络的更深层次，因此这个归一化步骤是至关重要的。

```
def gram_matrix(input):
    a, b, c, d = input.size()
    features = input.view(a * b, c * d)
    G = torch.mm(features, features.t())

    # 归一化
    # 通过除以元素数目归一化
    return G.div(a * b * c * d)
class StyleLoss(nn.Module):
    def __init__(self, target_feature):
        super(StyleLoss, self).__init__()
```

```
        self.target = gram_matrix(target_feature).detach()
    def forward(self, input):
        G = gram_matrix(input)
        self.loss = F.mse_loss(G, self.target)
        return input
```

4. 导入模型

现在需要导入一个预先训练好的神经网络。这里将使用VGG19网络。PyTorch的VGG实现是一个分为两个子顺序模块的网络：特征（包含卷积和池化层）和分类器（包含完全连接层）。这里使用迁移学习的思路，将使用features模块，因为需要各个卷积层的输出来度量内容和风格损失。在训练过程中，有些层的行为与求值不同，因此必须调用.eval()将网络设置为求值模式。

```
cnn = models.vgg19(pretrained=True).features.to(device).eval()
```

VGG19已经集成在了PyTorch中，这里通过一行命令就可以导入，导入十分方便。代码运行之后，会自动下载在ImageNet数据集上的预训练结果，运行如下：

```
Downloading: "https://download.pytorch.org/models/vgg19-dcbb9e9d.pth" to
C:\Users\vis\.cache\torch\hub\checkpoints\vgg19-dcbb9e9d.pth
100%|██████████████| 548M/548M [01:11<00:00, 8.07MB/s]
```

另外，VGG网络在训练过程中需要对图像进行归一化处理，这里采用训练时的归一化参数进行归一化，对内容和风格图像归一化之后再送入网络进行风格迁移。

```
cnn_normalization_mean = torch.tensor([0.485, 0.456, 0.406]).to(device)
cnn_normalization_std = torch.tensor([0.229, 0.224, 0.225]).to(device)
```

下面定义一个模块进行归一化操作。

```
class Normalization(nn.Module):
    def __init__(self, mean, std):
        super(Normalization, self).__init__()
        # 通过均值和方差归一化
        self.mean = torch.tensor(mean).view(-1, 1, 1)
        self.std = torch.tensor(std).view(-1, 1, 1)

    def forward(self, img):
        # normalize img
        return (img - self.mean) / self.std
```

下面定义期望进行风格损失和内容损失的特征层。

PyTorch的Sequential模块包含子模块的有序列表。例如，vgg19.features包含一个序列(Conv2d, ReLU, MaxPool2d, Conv2d, ReLU…)，按正确的深度顺序排列。需要在检测到的卷积层之后立即添加内容丢失和风格丢失层。为此，这里必须创建一个新的Sequential模块，其中正确插入内容丢失和风格丢失模块。

```
content_layers_default = ['conv_4']
style_layers_default = ['conv_1', 'conv_2', 'conv_3', 'conv_4', 'conv_5']
```

```python
def get_style_model_and_losses(cnn, normalization_mean, normalization_std,
            style_img, content_img,
            content_layers=content_layers_default,
            style_layers=style_layers_default):
    # 归一化模块
    normalization = Normalization(normalization_mean, normalization_std).to(device)

    content_losses = []
    style_losses = []

    model = nn.Sequential(normalization)

    i = 0
    for layer in cnn.children():
        if isinstance(layer, nn.Conv2d):
            i += 1
            name = 'conv_{}'.format(i)
        elif isinstance(layer, nn.ReLU):
            name = 'relu_{}'.format(i)
            layer = nn.ReLU(inplace=False)
        elif isinstance(layer, nn.MaxPool2d):
            name = 'pool_{}'.format(i)
        elif isinstance(layer, nn.BatchNorm2d):
            name = 'bn_{}'.format(i)
        else:
            raise RuntimeError('Unrecognized layer:{}'
                            .format(layer.__class__.__name__))

        model.add_module(name, layer)

        if name in content_layers:
            # 添加内容损失
            target = model(content_img).detach()
            content_loss = ContentLoss(target)
            model.add_module("content_loss_{}".format(i), content_loss)
            content_losses.append(content_loss)

        if name in style_layers:
            # 添加风格损失
            target_feature = model(style_img).detach()
            style_loss = StyleLoss(target_feature)
            model.add_module("style_loss_{}".format(i), style_loss)
            style_losses.append(style_loss)

    for i in range(len(model) - 1, -1, -1):
        if isinstance(model[i], ContentLoss) or isinstance(model[i], StyleLoss):
            break

    model = model[:(i + 1)]

    return model, style_losses, content_losses
```

接下来就可以选择输入图像了，这里可以使用内容图像甚至是白噪声。

```python
input_img = content_img.clone()
```

```
plt.figure()
imshow(input_img, title='Input Image')
```

这里使用L-BFGS算法进行梯度下降运算。

```
def get_input_optimizer(input_img):
    optimizer = optim.LBFGS([input_img])
    return optimizer
```

5. 定义迁移网络

最后定义一个风格迁移函数。对于网络的每一次迭代，它都被输入一个更新的输入，并计算新的损失。该函数将运行每个损失模块的逆向方法，并动态计算它们的梯度。优化器需要一个闭包函数，该函数重新计算对应模块并返回损失。另外，还有最后一个限制条件需要解决：网络可能尝试用超过图像0～1张量范围的值来优化输入，因此可以通过在每次运行网络时将输入张量值纠正为0～1的范围来解决这个问题。

```
def run_style_transfer(cnn, normalization_mean, normalization_std,
                       content_img, style_img, input_img, num_steps=1000,
                       style_weight=1000000, content_weight=1):
    print('Building the style transfer model..')
    model, style_losses, content_losses = get_style_model_and_losses(cnn,
        normalization_mean, normalization_std, style_img, content_img)

    # 优化输入参数
    input_img.requires_grad_(True)
    model.requires_grad_(False)

    optimizer = get_input_optimizer(input_img)

    print('Optimizing..')
    run = [0]
    while run[0] <= num_steps:

        def closure():
            with torch.no_grad():
                input_img.clamp_(0, 1)

            optimizer.zero_grad()
            model(input_img)
            style_score = 0
            content_score = 0

            for sl in style_losses:
                style_score += sl.loss
            for cl in content_losses:
                content_score += cl.loss
            style_score *= style_weight
            content_score *= content_weight
            loss = style_score + content_score
            loss.backward()

            run[0] += 1
```

```
        if run[0] % 50 == 0:
            print("run {}:".format(run))
            print('Style Loss : {:4f} Content Loss: {:4f}'.format(
                style_score.item(), content_score.item()))
            print()
        return style_score + content_score
    optimizer.step(closure)
  with torch.no_grad():
      input_img.clamp_(0, 1)
  return input_img

output = run_style_transfer(cnn, cnn_normalization_mean, cnn_normalization_std,
                   content_img, style_img, input_img)

#画图显示
plt.figure()
imshow(output, title='Output Image')

plt.ioff()
plt.show()
```

6. 风格迁移结果

所有准备工作已经完成，运行以上代码即可得到风格迁移结果。一个风格迁移结果的实例如下：

```
Building the style transfer model..
Optimizing..
run [50]:
Style Loss : 125.089996 Content Loss: 28.100136
run [100]:
Style Loss : 46.166004 Content Loss: 26.931927
run [950]:
Style Loss : 1.084881 Content Loss: 13.661814
run [1000]:
Style Loss : 1.107044 Content Loss: 13.602678
```

观察运行结果，可以看到随着深度网络的迭代，风格损失和内容损失都大幅度下降。通过设置参数num_steps可以调整网络的迭代次数。最后再来看看得到的风格迁移结果。

风格迁移结果如图15-11所示，可以看到山水画风格的图片经过风格迁移之后形成了宫殿群风格的图片。生成的图片给人带来了强烈的视觉冲击，而这样的风景在现实中是不存在的。

还可以交换风格图片和内容图片，重新训练进行迁移，得到新的迁移结果，如图15-12所示，观察结果可以看到浓浓的山水画风格的宫殿群。

风格迁移是一个有意思的应用，但是普通的风格迁移算法不够灵活，接下来将介绍快速风格迁移算法。

15

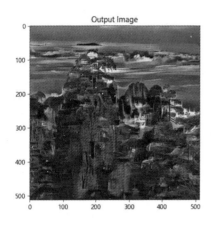

图 15-11　风格迁移结果

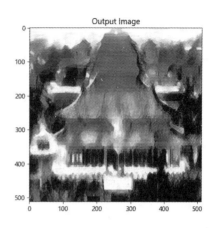

图 15-12　交换风格图像和内容图像的迁移结果

15.3　快速风格迁移

Leon.A.Gatys等人提出的方法被称为神经网络风格（Neural Style，其实就是风格迁移），但是在实现上过于复杂。Justin Johnson等提出了一种快速实现风格迁移的算法，称为快速神经网络风格（Fast Neural Style）。当用快速迁移风格训练好一个风格的模型之后，通常只需要GPU运行几秒，就能生成对应的风格迁移效果。

15.3.1　快速迁移模型的原理

快速风格迁移是在固定风格迁移的基础上做一些必要的改进。具体来说，就是在普通图像风格迁移的基础上，增加一个可供训练的图像转换网络。针对一种风格的图像进行训练后，就可以对任意输入的图像非常迅速地进行图像迁移学习，让该图像具有训练好的图像风格。

快速风格迁移算法来自论文*Perceptual Losses for Real-Time Style Transfer and Super-Resolution*（实时风格转换和超分辨率的感知损失），该算法专门设计了一个网络用来进行风格迁移，输入原图片，网络将自动生成目标图片，网络结构如图15-13所示。

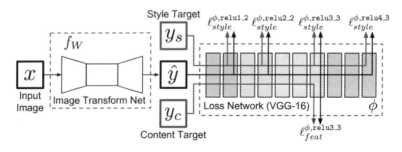

图 15-13　快速风格迁移算法流程

整个网络由两部分组成：图像转换网络（Image Transformation Network）和损失网络（Loss Network）。

- 图像转换网络（Image Transformation Network）是一个深度残差卷积网络（Deep Residual Conv Network），用来将输入的内容图像（Content Image）直接转换为带有风格的图像。
- 损失网络的参数是固定的，这里的损失网络和艺术风格的神经网络算法中的网络结构一致，只是参数不更新（神经网络风格的权重也是常数，不同的是像素级损失和感知损失的区别，风格迁移里面是更新像素，得到最后的合成图片），只用来做内容损失和风格损失的计算，这就是所谓的感知损失。

一个是生成图像的网络，就是图像中前面那个，主要用来生成图像，其后面的是一个VGG网络，主要用于提取特征，其实就是用这些特征计算损失的，训练的时候只训练前面这个网络，后面的使用基于ImageNet训练好的模型直接进行特征提取。

快速风格迁移算法论文首次提出使用预训练模型在图像变换任务中使用感知损失来进行相似性度量。在这篇论文刚出的时候，正是风格迁移领域极度火热的时候，让科研人员对于风格迁移的效果都感觉到非常惊艳。然而，原版风格迁移论文中使用优化的方法来进行度量，使得每次进行风格迁移的时候都得重新优化一次，而且耗时特别长。该算法通过结合传统方法使用优化算法来感知度量，利用神经网络模型浅层提取低层（low-level）信息，高层提取高层（high-level）信息的特点，使用图像在预训练模型中的高维信息来进行相似性度量，取得了很好的效果。在当时，该算法比传统算法速度快3个数量级，在超分任务上也取得了很好的视觉重建效果。由于感知损失的通用性，该算法可以很好地应用于其他的图像变换任务中，以取得更好的视觉变换效果。

在图像变换任务中，都需要进行相似性的度量。一些典型的图像变换任务有风格迁移、图像上色、超分辨率重建、图像降噪，当前的方法使用的都是一些逐像素的损失函数。

风格图像是固定的，而内容图像是可变的输入，因此以上模型用于将任意图像快速转换为指定风格的图像。

- 转换网络：参数需要训练，将内容图像转换成迁移图像。
- 损失网络：计算迁移图像和风格图像之间的风格损失，以及迁移图像和原始内容图像之间的内容损失。

经过训练后，转换网络所生成的迁移图像在内容上和输入的内容图像相似，在风格上和指定的风格图像相似。

进行推断时，仅使用转换网络，输入内容图像，即可得到对应的迁移图像。

如果有多个风格图像，则对每个风格分别训练一个模型即可。

15

更通俗地讲，就是让损失网络不动，训练转换网络，让网络达到这样的效果：随便给一幅图像，都能转移成所对应风格的图像。这里需要大量的图像，将不同的图像训练成所指定的具体风格。训练好后，将模型保存，下次使用的时候，就不需要再经过损失网络，只需将待转移风格的图像塞进转换网络，就将生成所对应的风格图像。

固定风格迁移和快速风格迁移主要有以下两点区别：

（1）快速风格迁移针对每一幅风格图像训练一个模型，而后可以反复使用，进行快速风格迁移。固定风格迁移不需要专门训练模型，只需要从噪声中不断地调整图像的像素值，直到最后得到结构，速度较慢，需要十几分钟到几十分钟不等。

（2）普遍认为固定风格迁移生成的图像的效果比快速风格迁移的效果好。

15.3.2　PyTorch 实现快速风格迁移

经过本章前面内容的学习，相信读者已经对风格迁移算法了然于心，本小节通过PyTorch实现快速风格迁移算法。这里选择的风格图像如图15-14所示。

图 15-14　快速风格迁移算法风格图像

1. 导入模块

与其他PyTorch项目类似，这里需要首先导入需要的模块。

```python
import numpy as np
import matplotlib.pyplot as plt
from PIL import Image
import time

import torch
import torch.nn as nn
import torch.utils.data as Data
import torch.nn.functional as F
import torch.optim as optim
```

```
from torchvision import transforms
from torchvision.datasets import ImageFolder
from torchvision import models
import os

# 模型加载选择GPU
device = torch.device("cuda" if torch.cuda.is_available() else "cpu")
```

2. 快速风格迁移网络准备

通过3个卷积层对图像的特征映射进行降维操作，然后通过5个残差连接层学习图像风格，并添加到内容图像上，最后通过3个转置卷积操作对特征映射进行升维，以重构风格迁移后的图像。

在转换网络的升维操作中，使用转置卷积来代替前文中的上采样和卷积层的结合，因为输入的是归一化后的图像。聚焦于神经网络局部，采用ResNet定义风格迁移网络。

残差块定义如下：

```
# ResidualBlock 残差块
class ResidualBlock(nn.Module):
    def __init__(self, channels):
        super(ResidualBlock, self).__init__()
        self.conv = nn.Sequential(
            nn.Conv2d(channels, channels, kernel_size = 3, stride = 1, padding = 1),
            nn.ReLU(),
            nn.Conv2d(channels, channels, kernel_size = 3, stride = 1, padding = 1)
        )
    def forward(self, x):
        return F.relu(self.conv(x) + x)
```

然后定义图像转换网络，分别是下采样模块、5个残差连接模块以及上采样模块。

```
class ImfwNet(nn.Module):
    def __init__(self):
        super(ImfwNet, self).__init__()
        # 下采样
        self.downsample = nn.Sequential(
            nn.ReflectionPad2d(padding = 4), # 使用边界反射填充
            nn.Conv2d(3, 32, kernel_size = 9, stride = 1),
            nn.InstanceNorm2d(32, affine = True), # 像素值上做归一化
            nn.ReLU(),
            nn.Conv2d(32, 64, kernel_size = 3, stride = 2),
            nn.InstanceNorm2d(64, affine = True),
            nn.ReLU(),
            nn.ReflectionPad2d(padding = 1),
            nn.Conv2d(64, 128, kernel_size = 3, stride = 2),
            nn.InstanceNorm2d(128, affine = True),
            nn.ReLU()
        )
        # 5个残差连接
        self.res_blocks = nn.Sequential(
```

15

```
            ResidualBlock(128),
            ResidualBlock(128),
            ResidualBlock(128),
            ResidualBlock(128),
            ResidualBlock(128),
        )
        # 上采样
        self.unsample = nn.Sequential(
            nn.ConvTranspose2d(128, 64, kernel_size = 3, stride = 2, padding = 1,
                               output_padding = 1),
            nn.InstanceNorm2d(64, affine = True),
            nn.ReLU(),
            nn.ConvTranspose2d(64, 32, kernel_size = 3, stride = 2, padding = 1,
                               output_padding = 1),
            nn.InstanceNorm2d(32, affine = True),
            nn.ReLU(),
            nn.ConvTranspose2d(32, 3, kernel_size = 9, stride = 1, padding = 4)
        )
    def forward(self, x):
        x = self.downsample(x)
        x = self.res_blocks(x)
        x = self.unsample(x)
        return x

myfwnet = ImfwNet().to(device)
```

3. 数据准备

这里采用蚂蚁和蜜蜂数据进行风格迁移，风格图片是一张绿色的蚂蚁图像。

```
# 定义图像预处理
data_transform = transforms.Compose([
    transforms.Resize(256),
    transforms.CenterCrop(256),      # 图像尺寸为256×256
    transforms.ToTensor(),           # 转为0~1的张量
    transforms.Normalize(mean = [0.485, 0.456, 0.406],
                         std = [0.229, 0.224, 0.225])
])

# 从文件夹中读取数据
dataset = ImageFolder(r'./data/', transform = data_transform)
# 每个batch使用4幅图像
data_loader = Data.DataLoader(dataset, batch_size = 8, shuffle = True,
                              num_workers = 0, pin_memory = True)
```

4. 定义VGG16网络

```
# 读取预训练的VGG16网络
vgg16 = models.vgg16(pretrained = True)
# 不需要分类器，只需要卷积层和池化层
vgg = vgg16.features.to(device).eval()
```

5. 定义转换和图片可视化工具

定义一个读取风格图像的函数，并将图像进行必要的转化。

```
def load_image(img_path, shape = None):
    image = Image.open(img_path)
    size = image.size
    if shape is not None:
        size = shape  # 如果指定了图像尺寸就转为指定的尺寸
    # 使用transforms将图像转为张量，并归一化
    in_transform = transforms.Compose([
        transforms.Resize(size),
        transforms.ToTensor(),  # 转为0~1的张量
        transforms.Normalize(mean = [0.485, 0.456, 0.406],
                             std = [0.229, 0.224, 0.225])
    ])
    # 使用图像的RGB通道，并添加batch维度
    image = in_transform(image)[:3, :, :].unsqueeze(dim = 0)
    return image
```

定义一个将归一化后的图像转化为便于利用Matplotlib可视化的函数。

```
def im_convert(tensor):
    '''
    将[1, c, h, w]维度的张量转为[h, w, c]的数组
    因为张量进行了表转化，所以要进行归一化逆变换
    '''
    tensor = tensor.cpu()
    image = tensor.data.numpy().squeeze()    # 去除batch维度的数据
    image = image.transpose(1, 2, 0)         # 置换数组维度[c, h, w]->[h, w, c]
    # 进行归一化的逆操作
    image = image * np.array((0.229, 0.224, 0.225)) + np.array((0.485, 0.456, 0.406))
    image = image.clip(0, 1)  # 将图像的取值剪切到0~1
    return image

# 读取风格图像
style = load_image('./data/ants/148715752_302c84f5a4.jpg',
        shape = (256, 256)).to (device)
# style = load_image('./style.jpeg', shape = (256, 256)).to(device)
# 可视化图像
plt.figure()
plt.imshow(im_convert(style))
plt.axis('off')
plt.show()
```

6. 定义迁移网络

与普通风格迁移一样，首先要计算输入张量的Gram矩阵。

```
#定义计算Gram矩阵
def gram_matrix(tensor):
    '''
```

```
        计算表示图像风格特征的Gram矩阵，它最终能够在保证内容的情况下，
        进行风格的传输。tensor（张量）：是一幅图像前向计算后的一层特征映射
        '''
        # 获得tensor的batch_size, channel, height, width
        b, c, h, w = tensor.size()
        # 改变矩阵的维度为(深度，高*宽)
        tensor = tensor.view(b, c, h * w)
        tensor_t = tensor.transpose(1, 2)
        # 计算gram matrix，针对多幅图像进行计算
        gram = tensor.bmm(tensor_t) / (c * h * w)
        return gram

# 定义一个用于获取图像在网络上指定层的输出的方法
def get_features(image, model, layers = None):
        '''
        将一幅图像image在一个网络model中进行前向传播计算，
        并获取指定层layers中的特征输出
        '''
        # 将映射层名称与论文中的名称相对应
        if layers is None:
            layers = {'3': 'relu1_2',
                      '8': 'relu2_2',
                      '15': 'relu3_3',  # 内容图层表示
                      '22': 'relu4_3'}  # 经过ReLU激活后的输出
        features = {}  # 获得的每层特征保存到字典中
        x = image  # 需要获取特征的图像
        # model._modules是一个字典，保存着网络model每层的信息
        for name, layer in model._modules.items():
            # 从第一层开始获取图像的特征
            x = layer(x)
            # 如果是layers参数指定的特征，就保存到features中
            if name in layers:
                features[layers[name]] = x
        return features

# 计算风格图像的风格表示
style_layer = {'3': 'relu1_2',
               '8': 'relu2_2',
               '15': 'relu3_3',
               '22': 'relu4_3'}
content_layer = {'15': 'relu3_3'}
# 内容表示的图层，均使用经过ReLU激活后的输出
style_features = get_features(style, vgg, layers = style_layer)
# 为风格表示计算每层的Gram矩阵，使用字典保存
style_grams = {layer: gram_matrix(style_features[layer]) for layer in style_features}

# 网络训练，定义3种损失的权重
style_weight = 1e5
content_weight = 1
tv_weight = 1e-5
# 定义优化器
optimizer = optim.Adam(myfwnet.parameters(), lr = 1e-3)
```

需要注意的是，因为输入的数据使用一个batch的特征映射，所以在张量乘以其转置时，需要计算每幅图像的Gram矩阵，故调用tensor.bmm方法完成相关的矩阵乘法计算。

定义get-features获取图像数据在指定网络指定层上的特征映射。

7. 风格迁移网络训练

为了测试训练得到的风格迁移网络fwnet，下面随机获取数据集中的一个batch的图像，进行图像风格迁移。

```python
if __name__ == '__main__':
    myfwnet.train()
    since = time.time()
    for epoch in range(501):
        print('Epoch: {}'.format(epoch + 1))
        content_loss_all = []
        style_loss_all = []
        tv_loss_all = []
        all_loss = []
        for step, batch in enumerate(data_loader):
            optimizer.zero_grad()

            # 计算使用图像转换网络后，内容图像得到的输出
            content_images = batch[0].to(device)
            transformed_images = myfwnet(content_images)
            transformed_images = transformed_images.clamp(-2.1, 2.7)

            # 使用VGG16计算原图像对应的content_layer特征
            content_features = get_features(content_images, vgg,
                                            layers = content_layer)

            # 使用VGG16计算\hat{y}图像对应的全部特征
            transformed_features = get_features(transformed_images, vgg)

            # 内容损失
            # 调用F.mse_loss函数计算预测(transformed_images)和标签(content_images)之间的
            #   损失
            content_loss = F.mse_loss(transformed_features['relu3_3'],
                            content_features['relu3_3'])
            content_loss = content_weight * content_loss

            # 全变分损失
            # total variation图像水平和垂直平移一个像素，与原图相减
            # 然后计算绝对值的和，即为tv_loss
            y = transformed_images # \hat{y}
            tv_loss = torch.sum(torch.abs(y[:, :, :, :-1] - y[:, :, :, 1:])) + \
                        torch.sum(torch.abs(y[:, :, :-1, :] - y[:, :, 1:, :]))
            tv_loss = tv_weight * tv_loss

            # 风格损失
            style_loss = 0
            transformed_grams = {layer: gram_matrix(transformed_features[layer]) for
```

```
                              layer in transformed_features}
    for layer in style_grams:
        transformed_gram = transformed_grams[layer]
        # 是针对一个batch图像的Gram
        style_gram = style_grams[layer]
        # 是针对一幅图像的, 所以要扩充style_gram
        # 并计算预测(transformed_gram)和标签(style_gram)之间的损失
        style_loss += F.mse_loss(transformed_gram,
                style_gram.expand_as(transformed_gram))
    style_loss = style_weight * style_loss

    # 3个损失加起来, 梯度下降
    loss = style_loss + content_loss + tv_loss
    loss.backward(retain_graph = True)
    optimizer.step()

    # 统计各个损失的变化情况
    content_loss_all.append(content_loss.item())
    style_loss_all.append(style_loss.item())
    tv_loss_all.append(tv_loss.item())
    all_loss.append(loss.item())
    if epoch % 100 == 1:
        print('step: {}; content loss: {:.3f}; style loss: {:.3f};
                tv loss: {:.3f}, loss: {:.3f}'.format(step, content_loss.item(),
                style_loss.item(), tv_loss.item(), loss.item()))
        time_use = time.time() - since
        print('Train complete in {:.0f}m {:.0f}s'.format(time_use // 60,
                time_use % 60))
        # 可视化一幅图像
        plt.figure()
        im = transformed_images[1, ...] # 省略号表示后面的内容不写了
        plt.axis('off')
        plt.imshow(im_convert(im))
        plt.show()
```

8. 快速风格迁移结果

运行以上步骤的代码，可以得到一些风格迁移图像的结果。

快速风格迁移之前的图像如图15-15所示。

图 15-15　快速风格迁移之前的图片

快速风格迁移之后的图像如图15-16所示。

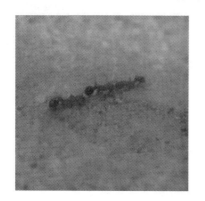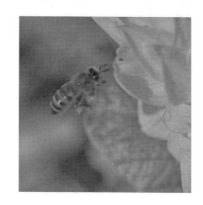

图 15-16 快速风格迁移之后的图像

由于风格图像和迁移图像大小不一致，因此算法运行过程中做了图像尺度变化。

15.4 小结

本章讲解了PyTorch深度学习风格迁移，详细讲解了深度学习风格迁移算法的起源，在此基础上讲解了两种风格迁移算法：第一种是固定风格固定内容的迁移算法，该算法是一种基础的算法，也是进入该领域必须学习的算法；第二种是快速风格迁移算法，掌握该算法之后，读者可以发挥想象力，实现自己想要实现的风格迁移内容。

本章主要学习ViT（Vision in Transformer，视觉变换器）。ViT是近两年计算机视觉领域新的研究热点，已经被广泛应用在计算机视觉的各个领域，包括使用ViT进行目标检测。因此，本章将对ViT进行讲解，带领读者学习。希望读者在牢固掌握传统深度学习的基础上，熟悉技术的发展方向。

学习目标：

（1）掌握ViT的原理。

（2）掌握ViT图像分类方法。

16.1　ViT 详解

近两年关于ViT的研究如火如荼，甚至在某些领域，其性能已经超越了CNN网络。ViT是2020年Google团队提出的将Transformer模型应用在图像分类的模型（论文*An Image Is Worth* 16×16 *Words: Transformers For Image Recognition At Scale*，一幅图像等同于16×16个单词：大规模图像识别的变换模型），虽然不是第一篇将Transformer模型应用在视觉任务的论文，但是因为其模型简单且效果好，可扩展性强（Scalable，模型越大效果越好），因此这篇有关Transformer模型的论文成为计算机视觉应用领域里程碑式的论文，也引爆了后续相关研究。

本节学习ViT模型，Attention机制（注意力机制）是ViT的重要基础，在学习ViT之前先讲解Attention机制，然后详细讲解ViT的实现过程。Attention是指注意力机制，用于模型中的自然语言处理（NLP）和计算机视觉（CV），它可以帮助模型更好地理解输入，从而提高模型的准确性。

16.1.1　Transformer 模型中的 Attention 注意力机制

Transformer模型是2017年Google在*Computation and Language*（计算与语言）上发表的，当时

主要是针对自然语言处理领域提出的模型。在当时Google提出了Self-Attention（自注意力）机制的概念（论文：*Attention Is All You Need*，注意力就是你所需要的一切），然后在此基础上提出了Multi-Head Attention（多头注意力机制），所以这里对Self-Attention和Multi-Head Attention的理论进行讲解，以便读者理解后续内容。

1．Self-Attention机制

论文中Self-Attention（自注意力）机制的结构如图16-1所示，看图不好理解，接下来讲解其实现过程。

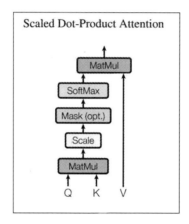

图 16-1　Self-Attention 结构示意图

为了方便理解，假设输入的序列长度为2，输入只有两个节点 x_1 和 x_2 ，然后通过输入向量（Input Embedding）的 $f(x)$ 将输入映射到 a_1 和 a_2 ，紧接着分别将 a_1 和 a_2 通过3个变换矩阵 W_q 、W_k 和 W_v （这3个参数是可训练的，是共享的）得到对应的 q^i 、k^i 和 v^i （这里在源码中是直接使用全连接层实现的，为了方便理解，忽略偏置）。

其中：

- q 代表query，后续会去和每一个 k 进行匹配。
- k 代表key，后续会被每个 q 匹配。
- v 代表从 a 中提取到的信息。
- 后续 q 和 k 匹配的过程可以理解成计算两者的相关性，相关性越大，对应 v 的权重也就越大。

假设 $a_1 = (1,1)$ ，$a_2 = (1,0)$ ，$W^q = \begin{pmatrix} 1,1 \\ 0,1 \end{pmatrix}$ ，那么：

$$q^1 = (1,1)\begin{pmatrix} 1,1 \\ 0,1 \end{pmatrix} = (1,2)，\quad q^2 = (1,0)\begin{pmatrix} 1,1 \\ 0,1 \end{pmatrix} = (1,1)$$

16

前面讲过Transformer模型是可以并行化的，所以可以直接写成：

$$\begin{pmatrix} q^1 \\ q^2 \end{pmatrix} = \begin{pmatrix} 1,1 \\ 1,0 \end{pmatrix}\begin{pmatrix} 1,1 \\ 0,1 \end{pmatrix} = \begin{pmatrix} 1,2 \\ 1,1 \end{pmatrix}$$

同理，可以得到 $\begin{pmatrix} k^1 \\ k^2 \end{pmatrix}$ 和 $\begin{pmatrix} v^1 \\ v^2 \end{pmatrix}$，那么求得的 $\begin{pmatrix} q^1 \\ q^2 \end{pmatrix}$ 就是原论文中的 Q ，$\begin{pmatrix} k^1 \\ k^2 \end{pmatrix}$ 就是 K ，$\begin{pmatrix} v^1 \\ v^2 \end{pmatrix}$ 就是 V 。接着先拿 q^1 和每个 k 进行匹配，进行点乘操作，接着除以 $\sqrt{d}$ 得到对应的 α ，其中 d 代表向量 k^i 的长度，在本示例中等于2，除以 $\sqrt{d}$ 的原因在论文中的解释是"进行点乘后的数值很大，导致通过Softmax后梯度变得很小"，所以通过除以 $\sqrt{d}$ 来进行缩放。比如计算 $\alpha_{1,i}$：

$$\alpha_{1,1} = \frac{q^1 \cdot k^1}{\sqrt{d}} = \frac{1\times1 + 2\times0}{\sqrt{2}} = 0.71$$

$$\alpha_{1,2} = \frac{q^1 \cdot k^2}{\sqrt{d}} = \frac{1\times0 + 2\times1}{\sqrt{2}} = 1.41$$

同理，拿 q^2 去匹配所有的 k 能得到 $\alpha_{2,i}$ ，统一写成矩阵乘法形式如下：

$$\begin{pmatrix} \alpha_{1,1} & \alpha_{1,2} \\ \alpha_{2,1} & \alpha_{2,2} \end{pmatrix} = \frac{\begin{pmatrix} q^1 \\ q^2 \end{pmatrix}\begin{pmatrix} k^1 \\ k^2 \end{pmatrix}^{\mathrm{T}}}{\sqrt{d}}$$

接着对每一行即 $(\alpha_{1,1}, \alpha_{1,2})$ 和 $(\alpha_{2,1}, \alpha_{2,2})$ 分别进行Softmax处理得到 $(\hat{\alpha}_{1,1}, \hat{\alpha}_{1,2})$ 和 $(\hat{\alpha}_{2,1}, \hat{\alpha}_{2,2})$ ，这里的 $\hat{\alpha}$ 相当于计算得到针对每个 v 的权重。至此就完成了 $\mathrm{Attention}(Q,K,V)$ 公式中 $\mathrm{Softmax}\left(\dfrac{QK^{\mathrm{T}}}{\sqrt{d_k}}\right)$ 部分。

上面已经计算得到 α ，即针对每个 v 的权重，接着进行加权得到最终结果：

$$b_1 = \hat{\alpha}_{1,1} \times v^1 + \hat{\alpha}_{1,2} \times v^2 = (0.33, 0.67)$$

$$b_2 = \hat{\alpha}_{2,1} \times v^1 + \hat{\alpha}_{2,2} \times v^2 = (0.50, 0.50)$$

统一写成矩阵乘法形式：

$$\begin{pmatrix} b_1 \\ b_2 \end{pmatrix} = \begin{pmatrix} \hat{\alpha}_{1,1} & \hat{\alpha}_{1,2} \\ \hat{a}_{2,1} & \hat{a}_{2,2} \end{pmatrix}\begin{pmatrix} v^1 \\ v^2 \end{pmatrix}$$

至此，Self-Attention的内容就讲完了。总结下来就是论文中的一个公式：

$$\text{Attention}(Q, K, V) = \text{Softmax}\left(\frac{Q^{\mathrm{T}}}{\sqrt{d_k}}\right)V$$

2．Multi-Head Attention

刚刚已经讲完了Self-Attention模块，接下来看看Multi-Head Attention（多头注意力）模块，实际使用中基本使用的还是Multi-Head Attention模块。原论文中说使用Multi-Head Attention机制能够联合来自不同head部分学习到的信息。其实只要懂了Self-Attention模块，学习Muti-Head Attention模块就非常简单了。

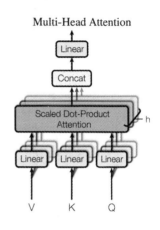

图 16-2　Multi-Head Attention
结构示意图

Multi-Head Attention结构如图16-2所示。

首先还是和Self-Attention模块一样，将a_i分别通过W^q、W^k和W^v得到对应的q^i、k^i和v^i，然后根据使用的head的数目h进一步把得到的q^i、k^i和v^i均分成h份。比如假设$h=2$，然后q^1拆分成$q^{1,1}$和$q^{1,2}$，那么$q^{1,1}$就属于Head1，$q^{1,2}$属于Head2。

看到这里，如果读过原论文的人肯定有疑问，论文中写的是通过W_i^Q、W_i^K和W_i^V映射得到每个head的Q^i、K^i和V^i。

$$\text{head}_i = \text{Attention}\left(QW_i^Q, KW_i^K, VW_i^V\right)$$

但也可以简单地进行均分，其实也可以将W_i^Q、W_i^K和W_i^V设置成对应的值来实现均分，比如Q通过W_1^Q就能得到均分后的Q_1。

通过上述方法就能得到每个head_i对应的Q_i、K_i和V_i参数。接下来针对每个head使用和Self-Attention中相同的方法即可得到对应的结果。

$$\text{Attention}\left(Q_i, K_i, V_i\right) = \text{Softmax}\left(\frac{Q_i K_i^{\mathrm{T}}}{\sqrt{d_k}}\right)V_i$$

接着将每个head得到的结果进行拼接，比如$b_{1,1}$（head_1得到的b_1）和$b_{1,2}$（head_2得到的b_1）拼接在一起，$b_{2,1}$（head_1得到的b_2）和$b_{2,2}$（head_2得到的b_2）拼接在一起。

接着将拼接后的结果通过W^O（可学习的参数）进行融合，融合后得到最终的结果b_1和b_2。

至此，Multi-Head Attention机制的内容就讲完了。总结下来就是论文中的两个公式：

$$\text{MultiHead}(Q, K, V) = \text{Concat}\left(\text{head}_1, \cdots, \text{head}_h\right)W^O$$

$$\text{where head}_i = \text{Attention}\left(QW_i^Q, KW_i^K, VW_i^V\right)$$

16.1.2 视觉 Transformer 模型详解

Transformer模型最初提出是针对NLP领域的，并且在NLP领域大获成功。计算机视觉领域的研究者受到其启发，尝试将Transformer模型应用到计算机视距（CV）领域，ViT（视觉Transformer）模型的示意图如图16-3所示。

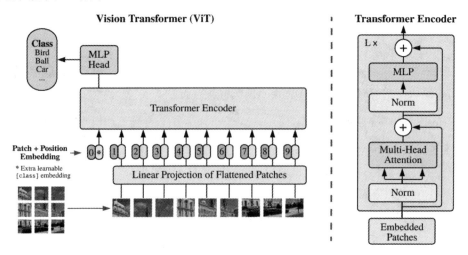

图 16-3　ViT 模型示意图

简单而言，ViT模型的框架由3个模块组成：

- Linear Projection of Flattened Patches（扁平化小块数据的线性投影），Embedding层（嵌入层）。
- Transformer Encoder（Transformer编码器），编码层。
- MLP Head（最终用于分类的层结构）。

接下来分别讲解这3个模块。

1．Embedding层结构

对于标准的Transformer模块，要求输入的是向量（token）序列，即二维矩阵[num_token, token_dim]，如图16-4所示，token0～9对应的都是向量，以ViT-B/16为例，每个token向量长度为768。

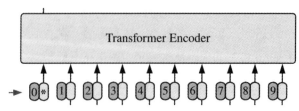

图 16-4　Embedding 层结构

对于图像数据而言，其数据格式为$[H,W,C][H,W,C]$，是三维矩阵，明显不是Transformer模型想要的。所以需要先通过一个Embedding层来对数据进行变换。首先将一幅图像按给定大小分成一堆Patch（小块数据）。以ViT-B/16为例，将输入图像（224×224）按照16×16大小的Patch进行划分，划分后会得到$(224/16)^2 = 196$个Patch。接着通过线性映射将每个Patch映射到一维向量中，以ViT-B/16为例，每个Patch数据的形状为[16,16,3]，通过映射得到一个长度为768的向量（后面都直接称为token），即[16,16,3] -> [768]。

在代码实现中，直接通过一个卷积层来实现。以ViT-B/16为例，直接使用一个卷积核大小为16×16、步距为16、卷积核个数为768的卷积来实现。通过卷积[224, 224, 3] -> [14, 14, 768]，然后把H和W两个维度展平，即[14, 14, 768] -> [196, 768]，此时正好变成一个二维矩阵，正是Transformer模型想要的。

在输入Transformer模型的编码器之前，注意需要加上[class]token和Position Embedding（位置嵌入）。在刚刚得到的一堆token中插入一个专门用于分类的[class]token，这个[class]token是一个可训练的参数，数据格式和其他token一样都是向量，以ViT-B/16为例，就是一个长度为768的向量，与之前从图像中生成的token拼接在一起，Cat([1, 768], [196, 768]) -> [197, 768]。然后关于Position Embedding就是之前Transformer模型中讲到的Positional Encoding（位置编码），这里的Position Embedding采用的是一个可训练的参数（1D位置嵌入），是直接叠加在token上的（add），所以形状（shape）要一样。以ViT-B/16为例，刚刚拼接[class]token后形状是[197, 768]，那么这里的Position Embedding的形状也是[197, 768]。Patch + Position Embedding如图16-5所示。

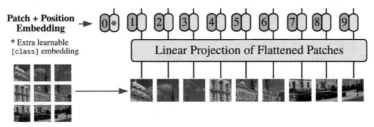

图 16-5　Patch + Position Embedding

2. Transformer模型的编码器

Transformer模型的编码器其实就是重复堆叠Encoder Block L次，Encoder Block如图16-6所示，主要由以下几部分组成：

（1）Layer Norm，这种归一化方法主要是针对NLP领域提出的，这里是对每个token进行Norm处理。

（2）Multi-Head Attention，前面章节已经讲过。

（3）Dropout/DropPath，在原论文的代码中是直接使用的随机失活（Dropout层）。

16

（4）MLP Block由全连接+GELU激活函数+Dropout组成，也非常简单，如图16-7所示。需要注意的是，第一个全连接层会把输入节点个数翻4倍[197, 768] -> [197, 3072]，第二个全连接层会还原回原节点个数[197, 3072] -> [197, 768]。

3. MLP Head

上面通过Transformer模型的编码器后输出的形状和输入的形状是保持不变的，以ViT-B/16为例，输入的是[197, 768]，输出的还是[197, 768]。这里只需要分类的信息，所以只需要提取出[class]token生成的对应结果就行，即[197, 768]中抽取出[class]token对应的[1, 768]。接着通过MLP Head得到最终的分类结果。其结构如图16-8所示。

4. ViT模型

将以上各个模块组合起来，即可完成一个完整的ViT模型（视觉Transformer模型），如图16-9所示。

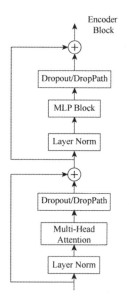

图 16-6　Encoder Block

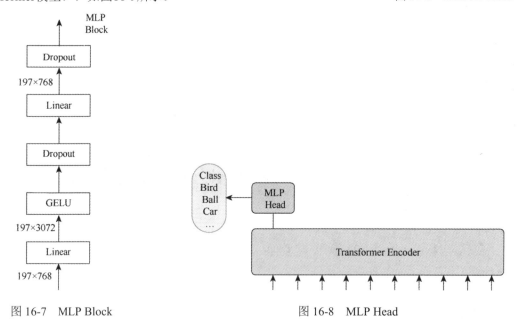

图 16-7　MLP Block　　　　　图 16-8　MLP Head

ViT原论文中有一个很重要的结论是：当拥有足够多的数据进行预训练的时候，ViT的表现就会超过CNN，突破Transformer模型缺少归纳偏置的限制，可以在下游任务中获得较好的迁移效果。近两年计算机视觉领域中发表的论文说明了ViT的性能在不断提升，在某些应用领域已经超越了CNN，感兴趣的读者可以查阅相关的研究文献。

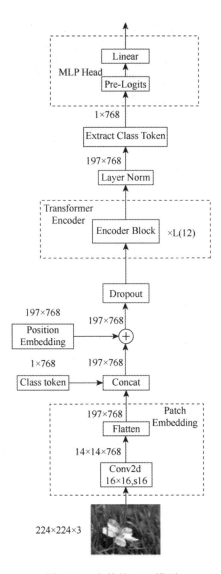

图 16-9　完整的 ViT 模型

16.2　ViT 图像分类实战

本节使用ViT对花朵图像数据进行分类实战。

16.2.1　数据准备

该花朵数据集包含5类数据（可以在TensorFlow官网查找下载），分别为daisy、dandelion、roses、sunflowers和tulips，示例如图16-10所示。

图 16-10　花朵数据集中的 roses 展示

准备好数据之后，需要定义数据集类，之前的章节已经学习过如何定义数据集类，这里不再赘述，给出定义方法。

```python
#定义数据类
class MyDataSet(Dataset):

    def __init__(self, images_path: list, images_class: list, transform=None):
        self.images_path = images_path
        self.images_class = images_class
        self.transform = transform

    def __len__(self):
        return len(self.images_path)

    def __getitem__(self, item):
        img = Image.open(self.images_path[item])
        if img.mode != 'RGB':
            raise ValueError("image: {} isn't RGB mode."
                             .format(self.images_path[item]))
        label = self.images_class[item]

        if self.transform is not None:
            img = self.transform(img)

        return img, label

    @staticmethod
    def collate_fn(batch):
        images, labels = tuple(zip(*batch))

        images = torch.stack(images, dim=0)
        labels = torch.as_tensor(labels)
        return images, labels
```

将该函数封装在脚本my_dataset.py中。

16.2.2　定义 ViT 模型

根据上一节讲解的ViT内容，这里使用PyTorch定义一个ViT模型，代码如下：

```python
from functools import partial
from collections import OrderedDict
```

```python
import torch
import torch.nn as nn

def drop_path(x, drop_prob: float = 0., training: bool = False):
    if drop_prob == 0. or not training:
        return x
    keep_prob = 1 - drop_prob
    shape = (x.shape[0],) + (1,) * (x.ndim - 1)  # work with diff dim tensors,
            not just 2D ConvNets
    random_tensor = keep_prob + torch.rand(shape, dtype=x.dtype, device=x.device)
    random_tensor.floor_()  # binarize
    output = x.div(keep_prob) * random_tensor
    return output


class DropPath(nn.Module):
    def __init__(self, drop_prob=None):
        super(DropPath, self).__init__()
        self.drop_prob = drop_prob

    def forward(self, x):
        return drop_path(x, self.drop_prob, self.training)

#定义Patchbed
class PatchEmbed(nn.Module):
    def __init__(self, img_size=224, patch_size=16, in_c=3, embed_dim=768,
                norm_layer=None):
        super().__init__()
        img_size = (img_size, img_size)
        patch_size = (patch_size, patch_size)
        self.img_size = img_size
        self.patch_size = patch_size
        self.grid_size = (img_size[0] // patch_size[0], img_size[1] // patch_size[1])
        self.num_patches = self.grid_size[0] * self.grid_size[1]

        self.proj = nn.Conv2d(in_c, embed_dim, kernel_size=patch_size,
                    stride=patch_size)
        self.norm = norm_layer(embed_dim) if norm_layer else nn.Identity()

    def forward(self, x):
        B, C, H, W = x.shape
        assert H == self.img_size[0] and W == self.img_size[1], \
            f"Input image size ({H}*{W}) doesn't match model
                            ({self.img_size[0]}*{self.img_size[1]})."

        x = self.proj(x).flatten(2).transpose(1, 2)
        x = self.norm(x)
        return x

#定义Attention模块
class Attention(nn.Module):
    def __init__(self,
                dim,  # 输入token的dim
```

```python
                    num_heads=8,
                    qkv_bias=False,
                    qk_scale=None,
                    attn_drop_ratio=0.,
                    proj_drop_ratio=0.):
            super(Attention, self).__init__()
            self.num_heads = num_heads
            head_dim = dim // num_heads
            self.scale = qk_scale or head_dim ** -0.5
            self.qkv = nn.Linear(dim, dim * 3, bias=qkv_bias)
            self.attn_drop = nn.Dropout(attn_drop_ratio)
            self.proj = nn.Linear(dim, dim)
            self.proj_drop = nn.Dropout(proj_drop_ratio)

        def forward(self, x):
            B, N, C = x.shape

            qkv = self.qkv(x).reshape(B, N, 3, self.num_heads, C // self.num_heads)
                .permute(2, 0, 3, 1, 4)
            q, k, v = qkv[0], qkv[1], qkv[2]

            attn = (q @ k.transpose(-2, -1)) * self.scale
            attn = attn.softmax(dim=-1)
            attn = self.attn_drop(attn)

            x = (attn @ v).transpose(1, 2).reshape(B, N, C)
            x = self.proj(x)
            x = self.proj_drop(x)
            return x


class Mlp(nn.Module):

    def __init__(self, in_features, hidden_features=None, out_features=None,
                 act_layer=nn.GELU, drop=0.):
        super().__init__()
        out_features = out_features or in_features
        hidden_features = hidden_features or in_features
        self.fc1 = nn.Linear(in_features, hidden_features)
        self.act = act_layer()
        self.fc2 = nn.Linear(hidden_features, out_features)
        self.drop = nn.Dropout(drop)

    def forward(self, x):
        x = self.fc1(x)
        x = self.act(x)
        x = self.drop(x)
        x = self.fc2(x)
        x = self.drop(x)
        return x


class Block(nn.Module):
    def __init__(self,
                 dim,
```

```
                        num_heads,
                        mlp_ratio=4.,
                        qkv_bias=False,
                        qk_scale=None,
                        drop_ratio=0.,
                        attn_drop_ratio=0.,
                        drop_path_ratio=0.,
                        act_layer=nn.GELU,
                        norm_layer=nn.LayerNorm):
        super(Block, self).__init__()
        self.norm1 = norm_layer(dim)
        self.attn = Attention(dim, num_heads=num_heads, qkv_bias=qkv_bias,
                qk_scale=qk_scale,
                attn_drop_ratio=attn_drop_ratio, proj_drop_ratio=drop_ratio)
        self.drop_path = DropPath(drop_path_ratio) if drop_path_ratio > 0.
                     else nn.Identity()
        self.norm2 = norm_layer(dim)
        mlp_hidden_dim = int(dim * mlp_ratio)
        self.mlp = Mlp(in_features=dim, hidden_features=mlp_hidden_dim,
                     act_layer=act_layer, drop=drop_ratio)

    def forward(self, x):
        x = x + self.drop_path(self.attn(self.norm1(x)))
        x = x + self.drop_path(self.mlp(self.norm2(x)))
        return x


class VisionTransformer(nn.Module):
    def __init__(self, img_size=224, patch_size=16, in_c=3, num_classes=1000,
                embed_dim=768, depth=12, num_heads=12, mlp_ratio=4.0, qkv_bias=True,
                qk_scale=None, representation_size=None, distilled=False,
                drop_ratio=0., attn_drop_ratio=0., drop_path_ratio=0.,
                embed_layer=PatchEmbed, norm_layer=None,act_layer=None):

        super(VisionTransformer, self).__init__()
        self.num_classes = num_classes
        self.num_features = self.embed_dim = embed_dim
        self.num_tokens = 2 if distilled else 1
        norm_layer = norm_layer or partial(nn.LayerNorm, eps=1e-6)
        act_layer = act_layer or nn.GELU

        self.patch_embed = embed_layer(img_size=img_size, patch_size=patch_size,
                                    in_c=in_c, embed_dim=embed_dim)
        num_patches = self.patch_embed.num_patches

        self.cls_token = nn.Parameter(torch.zeros(1, 1, embed_dim))
        self.dist_token = nn.Parameter(torch.zeros(1, 1, embed_dim)) if distilled
                         else None
        self.pos_embed = nn.Parameter(torch.zeros(1, num_patches + self.num_tokens,
                                    embed_dim))
        self.pos_drop = nn.Dropout(p=drop_ratio)

        dpr = [x.item() for x in torch.linspace(0, drop_path_ratio, depth)]
```

16

```python
        # stochastic depth decay rule
        self.blocks = nn.Sequential(*[
            Block(dim=embed_dim, num_heads=num_heads, mlp_ratio=mlp_ratio,
                  qkv_bias=qkv_bias, qk_scale=qk_scale, drop_ratio=drop_ratio,
                  attn_drop_ratio=attn_drop_ratio, drop_path_ratio=dpr[i],
                  norm_layer=norm_layer, act_layer=act_layer)
            for i in range(depth)
        ])
        self.norm = norm_layer(embed_dim)
        # 表示层
        if representation_size and not distilled:
            self.has_logits = True
            self.num_features = representation_size
            self.pre_logits = nn.Sequential(OrderedDict([
                ("fc", nn.Linear(embed_dim, representation_size)),
                ("act", nn.Tanh())
            ]))
        else:
            self.has_logits = False
            self.pre_logits = nn.Identity()

        # 分类头
        self.head = nn.Linear(self.num_features, num_classes) if num_classes > 0
                    else nn.Identity()
        self.head_dist = None
        if distilled:
            self.head_dist = nn.Linear(self.embed_dim, self.num_classes) if
                             num_classes > 0 else nn.Identity()

        # 权重初始化
        nn.init.trunc_normal_(self.pos_embed, std=0.02)
        if self.dist_token is not None:
            nn.init.trunc_normal_(self.dist_token, std=0.02)

        nn.init.trunc_normal_(self.cls_token, std=0.02)
        self.apply(_init_vit_weights)

    def forward_features(self, x):
        # [B, C, H, W] -> [B, num_patches, embed_dim]
        x = self.patch_embed(x)  # [B, 196, 768]
        # [1, 1, 768] -> [B, 1, 768]
        cls_token = self.cls_token.expand(x.shape[0], -1, -1)
        if self.dist_token is None:
            x = torch.cat((cls_token, x), dim=1)  # [B, 197, 768]
        else:
            x = torch.cat((cls_token, self.dist_token.expand(x.shape[0], -1, -1),
                          x), dim=1)

        x = self.pos_drop(x + self.pos_embed)
        x = self.blocks(x)
        x = self.norm(x)
        if self.dist_token is None:
            return self.pre_logits(x[:, 0])
```

```
        else:
            return x[:, 0], x[:, 1]

    def forward(self, x):
        x = self.forward_features(x)
        if self.head_dist is not None:
            x, x_dist = self.head(x[0]), self.head_dist(x[1])
            if self.training and not torch.jit.is_scripting():
                # during inference, return the average of both classifier predictions
                return x, x_dist
            else:
                return (x + x_dist) / 2
        else:
            x = self.head(x)
        return x
```

#初始化函数
```
def _init_vit_weights(m):
    if isinstance(m, nn.Linear):
        nn.init.trunc_normal_(m.weight, std=.01)
        if m.bias is not None:
            nn.init.zeros_(m.bias)
    elif isinstance(m, nn.Conv2d):
        nn.init.kaiming_normal_(m.weight, mode="fan_out")
        if m.bias is not None:
            nn.init.zeros_(m.bias)
    elif isinstance(m, nn.LayerNorm):
        nn.init.zeros_(m.bias)
        nn.init.ones_(m.weight)
```

#初始化网络
```
def vit_base_patch16_224_in21k(num_classes: int = 21843, has_logits: bool = True):
    model = VisionTransformer(img_size=224,
                patch_size=16,
                embed_dim=768,
                depth=12,
                num_heads=12,
                representation_size=768 if has_logits else None,
                num_classes=num_classes)
    return model
```

ViT模型包含以上各个模块，定义较为复杂。将该函数封装在脚本vit_model.py中。

16.2.3 定义工具函数

在定义训练过程之前，还需要定义将数据集进行划分、评测等函数。定义函数之前，导入一些需要用到的模块。

```
import os
import sys
```

```
import json
import pickle
import random

import torch
from tqdm import tqdm
```

1. 数据集分割

需要将数据集分割为训练集和测试集。

```
#分割数据集
def read_split_data(root: str, val_rate: float = 0.2):
    random.seed(0)
    assert os.path.exists(root), "dataset root: {} does not exist.".format(root)

    flower_class = [cla for cla in os.listdir(root) if os.path.isdir(os.path.join(root,
                    cla))]
    flower_class.sort()
    class_indices = dict((k, v) for v, k in enumerate(flower_class))
    json_str = json.dumps(dict((val, key) for key, val in class_indices.items()),
                    indent=4)
    with open('class_indices.json', 'w') as json_file:
        json_file.write(json_str)

    train_images_path = []
    train_images_label = []
    val_images_path = []
    val_images_label = []
    every_class_num = []
    supported = [".jpg", ".JPG", ".png", ".PNG"]
    for cla in flower_class:
        cla_path = os.path.join(root, cla)
        images = [os.path.join(root, cla, i) for i in os.listdir(cla_path)
                if os.path.splitext(i)[-1] in supported]
        image_class = class_indices[cla]
        every_class_num.append(len(images))
        val_path = random.sample(images, k=int(len(images) * val_rate))

        #分割数据集和对应的标签
        for img_path in images:
            if img_path in val_path:
                val_images_path.append(img_path)
                val_images_label.append(image_class)
            else:
                train_images_path.append(img_path)
                train_images_label.append(image_class)

    print("{} images were found in the dataset.".format(sum(every_class_num)))
    print("{} images for training.".format(len(train_images_path)))
    print("{} images for validation.".format(len(val_images_path)))

    plot_image = False
```

```
    if plot_image:
        plt.bar(range(len(flower_class)), every_class_num, align='center')
        plt.xticks(range(len(flower_class)), flower_class)
        for i, v in enumerate(every_class_num):
            plt.text(x=i, y=v + 5, s=str(v), ha='center')
        plt.xlabel('image class')
        plt.ylabel('number of images')
        plt.title('flower class distribution')
        plt.show()

    return train_images_path, train_images_label, val_images_path, val_images_label
```

2．定义一个训练过程

定义一个训练过程，以便后续定义训练函数时方便调用。

```
#定义训练过程
def train_one_epoch(model, optimizer, data_loader, device, epoch):
    #模型、损失函数和优化方法
    model.train()
    loss_function = torch.nn.CrossEntropyLoss()
    accu_loss = torch.zeros(1).to(device)
    accu_num = torch.zeros(1).to(device)
    optimizer.zero_grad()

    sample_num = 0
    data_loader = tqdm(data_loader, file=sys.stdout)
    #载入批数据并训练
    for step, data in enumerate(data_loader):
        images, labels = data
        sample_num += images.shape[0]

        pred = model(images.to(device))
        pred_classes = torch.max(pred, dim=1)[1]
        accu_num += torch.eq(pred_classes, labels.to(device)).sum()

        loss = loss_function(pred, labels.to(device))
        loss.backward()
        accu_loss += loss.detach()

        data_loader.desc = "[train epoch {}] loss: {:.3f}, acc: {:.3f}".format(epoch,
                    accu_loss.item() / (step + 1),
                    accu_num.item() / sample_num)

        if not torch.isfinite(loss):
            print('WARNING: non-finite loss, ending training ', loss)
            sys.exit(1)

        optimizer.step()
        optimizer.zero_grad()

    return accu_loss.item() / (step + 1), accu_num.item() / sample_num
```

16

3. 定义评测

定义评测，以校正模型训练过程。

```python
@torch.no_grad()
def evaluate(model, data_loader, device, epoch):
    loss_function = torch.nn.CrossEntropyLoss()

    model.eval()

    # 累计预测正确的样本数
    accu_num = torch.zeros(1).to(device)
    # 累计损失
    accu_loss = torch.zeros(1).to(device)

    sample_num = 0
    data_loader = tqdm(data_loader, file=sys.stdout)
    for step, data in enumerate(data_loader):
        images, labels = data
        sample_num += images.shape[0]

        pred = model(images.to(device))
        pred_classes = torch.max(pred, dim=1)[1]
        accu_num += torch.eq(pred_classes, labels.to(device)).sum()

        loss = loss_function(pred, labels.to(device))
        accu_loss += loss

        data_loader.desc = "[valid epoch {}] loss: {:.3f}, acc: {:.3f}".format(epoch,
                    accu_loss.item() / (step + 1),
                    accu_num.item() / sample_num)

    return accu_loss.item() / (step + 1), accu_num.item() / sample_num
```

将这3个函数封装在脚本utils.py中。

16.2.4　定义训练过程

至此，准备工作已经完成，定义的训练过程如下：

```python
import os
import math
import argparse

ort torch
import torch.optim as optim
import torch.optim.lr_scheduler as lr_scheduler
from torch.utils.tensorboard import SummaryWriter
from torchvision import transforms

from my_dataset import MyDataSet
from vit_model import vit_base_patch16_224_in21k as create_model
from utils import read_split_data, train_one_epoch, evaluate
```

```python
def main(args):
    #定义设备
    device = torch.device(args.device if torch.cuda.is_available() else "cpu")

    if os.path.exists("./weights") is False:
        os.makedirs("./weights")

    tb_writer = SummaryWriter()
    #分割数据
    train_images_path, train_images_label, val_images_path, val_images_label = \
        read_split_data(args.data_path)

    #载入数据
    data_transform = {
        "train": transforms.Compose([transforms.RandomResizedCrop(224),
                transforms.RandomHorizontalFlip(),
                transforms.ToTensor(),
                transforms.Normalize([0.5, 0.5, 0.5], [0.5, 0.5, 0.5])]),
        "val": transforms.Compose([transforms.Resize(256),
                transforms.CenterCrop(224),
                transforms.ToTensor(),
                transforms.Normalize([0.5, 0.5, 0.5], [0.5, 0.5, 0.5])])}

    train_dataset = MyDataSet(images_path=train_images_path,
                images_class=train_images_label,
                transform=data_transform["train"])

    val_dataset = MyDataSet(images_path=val_images_path,
                images_class=val_images_label,
                transform=data_transform["val"])

    batch_size = args.batch_size
    nw = min([os.cpu_count(), batch_size if batch_size > 1 else 0, 8])  # number of
                                                                   workers
    print('Using {} dataloader workers every process'.format(nw))
    train_loader = torch.utils.data.DataLoader(train_dataset,
                batch_size=batch_size,
                shuffle=True,
                pin_memory=True,
                num_workers=nw,
                collate_fn=train_dataset.collate_fn)

    val_loader = torch.utils.data.DataLoader(val_dataset,
                batch_size=batch_size,
                shuffle=False,
                pin_memory=True,
                num_workers=nw,
                collate_fn=val_dataset.collate_fn)

    #定义模型
    model = create_model(num_classes=5, has_logits=False).to(device)

    if args.weights != "":
        assert os.path.exists(args.weights), "weights file: '{}' not exist."
```

16

```
                                                .format(args.weights)
        weights_dict = torch.load(args.weights, map_location=device)
        del_keys = ['head.weight', 'head.bias'] if model.has_logits \
            else ['pre_logits.fc.weight', 'pre_logits.fc.bias', 'head.weight',
                'head.bias']
        for k in del_keys:
            del weights_dict[k]
        print(model.load_state_dict(weights_dict, strict=False))

    if args.freeze_layers:
        for name, para in model.named_parameters():
            if "head" not in name and "pre_logits" not in name:
                para.requires_grad_(False)
            else:
                print("training {}".format(name))

    pg = [p for p in model.parameters() if p.requires_grad]
    optimizer = optim.SGD(pg, lr=args.lr, momentum=0.9, weight_decay=5E-5)
    lf = lambda x: ((1 + math.cos(x * math.pi / args.epochs)) / 2) * (1 - args.lrf)
                    + args.lrf  # cosine
    scheduler = lr_scheduler.LambdaLR(optimizer, lr_lambda=lf)

    #定义训练过程
    for epoch in range(args.epochs):
        train_loss, train_acc = train_one_epoch(model=model,
                optimizer=optimizer,
                data_loader=train_loader,
                device=device,
                epoch=epoch)

        scheduler.step()

        val_loss, val_acc = evaluate(model=model,
                data_loader=val_loader,
                device=device,
                epoch=epoch)

        tags = ["train_loss", "train_acc", "val_loss", "val_acc", "learning_rate"]
        tb_writer.add_scalar(tags[0], train_loss, epoch)
        tb_writer.add_scalar(tags[1], train_acc, epoch)
        tb_writer.add_scalar(tags[2], val_loss, epoch)
        tb_writer.add_scalar(tags[3], val_acc, epoch)
        tb_writer.add_scalar(tags[4], optimizer.param_groups[0]["lr"], epoch)

        torch.save(model.state_dict(), "./weights/model-{}.pth".format(epoch))

if __name__ == '__main__':
    #定义超参数
    parser = argparse.ArgumentParser()
    parser.add_argument('--num_classes', type=int, default=5)
    parser.add_argument('--epochs', type=int, default=10)
    parser.add_argument('--batch-size', type=int, default=8)
    parser.add_argument('--lr', type=float, default=0.001)
```

```
parser.add_argument('--lrf', type=float, default=0.01)

parser.add_argument('--data-path', type=str,default="./flower_photos")
parser.add_argument('--model-name', default='', help='create model name')

parser.add_argument('--weights', type=str, default=
                    './vit_base_patch16_224_in21k.pth',
                    help='initial weights path')
parser.add_argument('--freeze-layers', type=bool, default=True)
parser.add_argument('--device', default='cuda:0', help='device id (i.e. 0 or 0,
                    1 or cpu)')

opt = parser.parse_args()

main(opt)
```

训练过程中使用的脚本直接从以上定义的脚本中导入，训练过程中设置了多个灵活的参数，读者可以根据需要进行设置。

16.2.5　运行结果

设置好数据的路径，运行代码之后，得到如下结果：

```
3670 images were found in the dataset.
2939 images for training.
731 images for validation.
Using 8 dataloader workers every process
training head.weight
training head.bias
[train epoch 0] loss: 0.792, acc: 0.912: 100%|■■■■■■■■■| 368/368 [00:41<00:00,
   8.84it/s]
   0%|         | 0/92 [00:00<?, ?it/s])
[valid epoch 0] loss: 0.389, acc: 0.971: 100%|■■■■■■■■■| 92/92 [00:20<00:00,
   4.58it/s]
   0%|         | 0/368 [00:00<?, ?it/s])
[train epoch 1] loss: 0.322, acc: 0.963: 100%|■■■■■■■■| 368/368 [00:39<00:00,
   9.37it/s]
   0%|         | 0/92 [00:00<?, ?it/s])
[valid epoch 1] loss: 0.243, acc: 0.974: 100%|■■■■■■■■■| 92/92 [00:20<00:00,
   4.41it/s]
   0%|         | 0/368 [00:00<?, ?it/s])
[train epoch 2] loss: 0.255, acc: 0.957: 100%|■■■■■■■■| 368/368 [00:39<00:00,
   9.22it/s]
   0%|         | 0/92 [00:00<?, ?it/s])
[valid epoch 2] loss: 0.195, acc: 0.977: 100%|■■■■■■■■| 92/92 [00:20<00:00,
   4.51it/s]
   0%|         | 0/368 [00:00<?, ?it/s])
[train epoch 3] loss: 0.208, acc: 0.964: 100%|■■■■■■■■| 368/368 [00:38<00:00,
   9.48it/s]
   0%|         | 0/92 [00:00<?, ?it/s])
[valid epoch 3] loss: 0.172, acc: 0.979: 100%|■■■■■■■■| 92/92 [00:21<00:00,
   4.35it/s]
   0%|         | 0/368 [00:00<?, ?it/s])
```

```
[train epoch 4] loss: 0.202, acc: 0.963: 100%|■■■■■■■■■■| 368/368 [00:39<00:00,
 9.27it/s]
 0%|          | 0/92 [00:00<?, ?it/s])
[valid epoch 4] loss: 0.159, acc: 0.981: 100%|■■■■■■■■■■| 92/92 [00:20<00:00,
 4.47it/s]
 0%|          | 0/368 [00:00<?, ?it/s])
[train epoch 5] loss: 0.186, acc: 0.964: 100%|■■■■■■■■■■| 368/368 [00:39<00:00,
 9.35it/s]
 0%|          | 0/92 [00:00<?, ?it/s])
[valid epoch 5] loss: 0.151, acc: 0.981: 100%|■■■■■■■■■■| 92/92 [00:20<00:00,
 4.59it/s]
 0%|          | 0/368 [00:00<?, ?it/s])
[train epoch 6] loss: 0.181, acc: 0.962: 100%|■■■■■■■■■■| 368/368 [00:39<00:00,
 9.38it/s]
 0%|          | 0/92 [00:00<?, ?it/s])
[valid epoch 6] loss: 0.146, acc: 0.981: 100%|■■■■■■■■■■| 92/92 [00:20<00:00,
 4.57it/s]
 0%|          | 0/368 [00:00<?, ?it/s])
[train epoch 7] loss: 0.170, acc: 0.969: 100%|■■■■■■■■■■| 368/368 [00:39<00:00,
 9.38it/s]
 0%|          | 0/92 [00:00<?, ?it/s])
[valid epoch 7] loss: 0.144, acc: 0.982: 100%|■■■■■■■■■■| 92/92 [00:20<00:00,
 4.55it/s]
 0%|          | 0/368 [00:00<?, ?it/s])
[train epoch 8] loss: 0.171, acc: 0.966: 100%|■■■■■■■■■■| 368/368 [00:38<00:00,
 9.46it/s]
 0%|          | 0/92 [00:00<?, ?it/s])
[valid epoch 8] loss: 0.142, acc: 0.982: 100%|■■■■■■■■■■| 92/92 [00:20<00:00,
 4.53it/s]
 0%|          | 0/368 [00:00<?, ?it/s])
[train epoch 9] loss: 0.177, acc: 0.965: 100%|■■■■■■■■■■| 368/368 [00:39<00:00,
 9.42it/s]
 0%|          | 0/92 [00:00<?, ?it/s])
[valid epoch 9] loss: 0.142, acc: 0.982: 100%|■■■■■■■■■■| 92/92 [00:20<00:00,
 4.43it/s]
```

观察运行结果，随着迭代次数的增加，损失（Loss）在不断下降，验证集的分类正确率也达到了98.2%，说明训练的ViT模型已经可以胜任这个花朵图像分类任务。

16.3　小结

本章学习了ViT的相关内容。通过图文详细讲解了ViT的原理，在此基础上使用ViT进行了图像分类实战。ViT是近几年计算机视觉领域的研究热点，在计算机顶级会议中有众多论文发表，涉及视觉的各个方向，熟练掌握ViT相关知识有助于更快地进入新的研究热点。

参 考 文 献

[1] 廖星宇. 深度学习入门之PyTorch[M]. 北京：电子工业出版社，2017.

[2] [美]伊莱·史蒂文斯（Eli Stevens），[意]卢卡·安蒂加（Luca A）．PyTorch深度学习实战[M]. 北京：人民邮电出版社，2022.

[3] 孙玉林，余本国. PyTorch深度学习入门与实战（案例视频精讲）[M]. 北京：中国水利水电出版社，2020.

[4] [日]小川雄太郎. PyTorch深度学习模型开发实战[M]. 北京：中国水利水电出版社，2022.

[5] 李金洪. PyTorch深度学习和图神经网络 卷1 基础知识[M]. 北京：人民邮电出版社，2021.

[6] 李金洪. PyTorch深度学习和图神经网络 卷2 开发应用[M]. 北京：人民邮电出版社，2021.

[7] 王博. 深度学习框架PyTorch：入门与实践（第2版）[M]. 北京：电子工业出版社，2022.

[8] 周志华. 机器学习[M]. 北京：清华大学出版社，2016.

[9] 段小手. 深入浅出Python机器学习[M]. 北京：清华大学出版社，2018.

[10] 张校捷. 深入浅出PyTorch——从模型到源码[M]. 北京：电子工业出版社，2022.

[11] 诸葛越，葫芦娃. 百面机器学习 算法工程师带你去面试[M]. 北京：人民邮电出版社，2018.

[12] 黄海涛. Python 3破冰人工智能 从入门到实战[M]. 北京：人民邮电出版社，2020.

[13] 高扬. 白话强化学习与PyTorch[M]. 北京：电子工业出版社，2019.

[14] 集智俱乐部. 深度学习原理与PyTorch实战（第2版）[M]. 北京：人民邮电出版社，2012.

[15] 张伟振. 深度学习原理与PyTorch实战[M]. 北京：清华大学出版社，2021.

[16] 王国平. 动手学PyTorch深度学习建模与应用[M]. 北京：清华大学出版社，2022.

[17] 张敏. PyTorch深度学习实战：从新手小白到数据科学家[M]. 北京：电子工业出版社，2020.

[18] [印度]毗湿奴·布拉马尼亚（Vishnu Subramanian）. PyTorch深度学习[M]. 北京：人民邮电出版社，2019.

[19] 伊莱·史蒂文斯. PyTorch深度学习实战[M]. 北京：人民邮电出版社，2022.

[20] 董洪义. 深度学习之PyTorch物体检测实战[M]. 北京：机械工业出版社，2021.

[21] 吴茂贵等. Python深度学习：基于PyTorch[M]. 北京：机械工业出版社，2019.

[22] [美] 伊莱·史蒂文斯（Eli Stevens），[意] 卢卡·安蒂加（Luca Antiga）等. PyTorch深度学习实战. 牟大恩译. 北京：人民邮电出版社，2022.

[23] 张校捷. 深入浅出PyTorch——从模型到源码[M]. 北京：人民邮电出版社，2020.

[24] 校宝在线等. PyTorch机器学习从入门到实战[M]. 北京：机械工业出版社，2018.

[25] 袁梅宇. PyTorch编程技术与深度学习[M]. 北京：清华大学出版社，2022.

[26] [美] 海特·萨拉赫（Hyatt Saleh）. 机器学习基础——基于Python和scikit-learn的机器学习应用. 邹伟译. 北京：中国水利水电出版社，2020.

[27] 王万森，人工智能原理及其应用（第4版）[M]. 北京：电子工业出版社，2018.

[28] [美] Ian Goodfellow等. 深度学习（异步图书出品）[deep learning][M]. 北京：人民邮电出版社，2017.

[29] 范淼，李超. Python机器学习及实践：从零开始通往Kaggle竞赛之路[M]. 北京：清华大学出版社，2016.

[30] 张晓明. 人工智能基础 数学知识（异步图书出品）[M]. 北京：人民邮电出版社，2020.

[31] 阿斯顿·张（Aston Zhang），李沐（MuLi）. 动手学深度学习[M]. 北京：人民邮电出版社，2019.

[32] 王晋东，陈益强. 迁移学习导论[M]. 北京：电子工业出版社，2021.